数学的惊奇

意想不到的图形和数字

[美] 阿尔弗雷德·S.波萨门蒂尔 [德] 英格玛·莱曼——著
(Alfred S. Posamentier) (Ingmar Lehmann)
区颖怡——译

MATHEMATICAL AMAZEMENTS AND SURPRISES

Fascinating Figures and Noteworthy Numbers

重庆大学出版社

数学一直是我在学校里最爱的科目。在斯德哥尔摩的颁奖典礼上，有人告诉我，我是第一位获得诺贝尔化学奖的数学家，这让我有机会将数学提升至实至名归的高度，并最终获得诺贝尔奖评委会的认可。要知道，因为某些莫名其妙的原因，阿尔弗雷德·诺贝尔没有设立数学奖。然而，历史上最伟大的数学家之一卡尔·弗里德里希·高斯将数学称为“科学的皇后”。

具体是什么时候对数学产生兴趣的，我已经记不清了。当然，在我早年上学的时候，我在数学这一科总是表现得很出色。然而，我的确记得，有某些瞬间提升了我对数学的好感。那会儿，我还是原纽约市汤森哈里斯高中的学生，这所学校的学生禀赋过人，学校给学生提供了非常优渥的奖励：在这里完成三年学业后，可以保送纽约城市学院，免费接受美好的大学教育。在大萧条时期，这种机会可谓难能可贵。

在这个求学阶段，我记得有一次遇到一道与数字事实相关的问题，这次与数学的“邂逅”让我得以发挥特长，让朋友们眼前一亮。当时班上的一个同学提出了一个问题，这个问题让所有人都一筹莫展。当我接触到题目时，我灵机一动，几乎瞬间就把问题解决了。问题的表述很简单（这也是这道问题极有吸引力的点），看起来平平无奇。但是，我身边那些在大多数科目上都很有天赋的同学们，全都想不出解法。而我仅仅利用一个关于数字的事实，一个表述简洁但令人为之惊奇的事实，就能得出答案。

众所周知，任何整数都可以表示为 2 的幂之和。二进制计数法就很好地利用了这个性质,这也是计算机的基本工具。但这在这道问题上帮助不大,当我们想要表示的数字越来越大,我们需要更多的 2 的幂之和才能满足需求。然而,另一个不为太多人所知的事实是,任何整数都可以表示为 3 的幂之和或幂之差。对于这道难倒我的高中朋友的问题,这个事实正是解决问题的关键。

请允许我在此展示这个问题,并分享一下,后者怎么能推导出一个优美的解法。问题是这样描述的:

如果允许将砝码放在天平的两侧(即既可以将砝码与要称重的物品放在一起,也可以分别放在天平两侧),那么要称出 *n* 磅[1]之内的物品重量,则至少需要多少个整数磅砝码?

例如,要称一个 11 磅的物品,我们可以在天平的一侧放一个 9 磅砝码和一个 3 磅砝码,然后将一个 1 磅砝码和物品放在另一侧。如果天平两端平衡,则物品真的重 11 磅。自然地,我们能用更少的砝码就称出来,比如直接在天平的一侧放一个 11 磅砝码,在另一侧放要测量的 11 磅物品。但是,如果使用这种逻辑推理下去,那么我们需要 n 种不同重量的砝码才能称出 n 磅之内的物品重量——这显然不会是所需砝码的最少数量!

为了减少需要的砝码,我利用的就是上文提及的事实:任何整数都可以表示为 3 的幂之和或幂之差,亦即:30,31,32,33,34,…,或 1,3,9,27,81,…。

我们以前几次称量为例,看看怎么运用这个规则。

在表 A-1 中你能看出,如果要称量 4 磅以内的物品,我们只需要 1 到 2 个砝码(分别为 1 磅和 3 磅)。如果要称量 13 磅以内的物品,我们只需要 3 个以内的砝码(分别为 1 磅、3 磅和 9 磅)。称量 40 磅以内的物品需要最多 4 个砝码,分别是 1 磅、3 磅、9 磅和 27 磅。以此类推,称量 $1+3+9+27+81=121$ 磅以内的物品最多需要 5 个砝码:1 磅、3 磅、9 磅、27 磅和 81 磅。这些砝码的重量都是 3 的幂。

现在我们可以回答原来的问题。要称量 $(1+3+9+27+\ldots+3^n)$ 磅以内的物品,我们最多需要 $(n+1)$ 个整数磅砝码。这个策略似乎也能在称量未知重

[1] 1 磅=453.592 37 克。——译者注

量的物品时确定所需的度量单位(3 的幂)标准砝码的最少数量。但是,砝码可能有更小重量的规格,因此所需的砝码数量会更少。

通过应用“任何整数都可以表示为 3 的幂之和或幂之差”这个神奇的数学事实,我解出了这道似乎毫不相关的问题,这让高中同学对我刮目相看,自此以后我更有动力去追寻其他数学研究——有些研究就收录在这本满载数学奇迹和惊喜的书中。

表 A-1

物品重量(粗体字显示)	与物品重量相等的 3 的幂之和或幂之差	天平左侧重量	天平右侧重量	所需砝码的数量
1	1	1	**1**	1
2	3-1	3	**2**,1	2
3	3	3	**3**	1
4	3+1	3,1	**4**	2
5	9-3-1	9	**5**,3,1	3
6	9-3	9	**6**,3	2
7	9-3+1	9,1	**7**,3	3
8	9-1	9	**8**,1	2
9	9	9	**9**	1
10	9+1	9,1	**10**	2
11	9+3-1	9,3	**11**,1	3
12	9+3	9,3	**12**	2
13	9+3+1	9,3,1	**13**	3
14	27-9-3-1	27	**14**,9,3,1	4
15	27-9-3	27	**15**,9,3	3
16	27-9-3+1	27,1	**16**,9,3	4
17	27-9-1	27	**17**,9,1	3
18	27-9	27	**18**,9	2
19	27-9+1	27,1	**19**,9	3
20	27-9+3-1	27,3	**20**,9,1	4
21	27-9+3	27,3	**21**,9	3

续表

物品重量（粗体字显示）	与物品重量相等的 3 的幂之和或幂之差	天平左侧重量	天平右侧重量	所需砝码的数量
22	27−9+3+1	27,3,1	**22**,9	4
23	27−3−1	27	**23**,3,1	3
24	27−3	27	**24**,3	2
25	27−3+1	27,1	**25**,3	3
26	27−1	27	**26**,1	2
27	27	27	**27**	1
28	27+1	27,1	**28**	2
29	27+3−1	27,3	**29**,1	3
30	27+3	27,3	**30**	2
31	27+3+1	27,3,1	**31**	3
32	27+9−3−1	27,9	**32**,3,1	4
33	27+9−3	27,9	**33**,3	3
34	27+9−3+1	27,9,1	**34**,3	4
35	27+9−1	27,9	**35**,1	3
36	27+9	27,9	**36**	2
37	27+9+1	27,9,1	**37**	3
38	27+9+3−1	27,9,3	**38**,1	4
39	27+9+3	27,9,3	**39**	3
40	27+9+3+1	27,9,3,1	**40**	4

前　言

在很多人眼里，数学就是研究不同问题的序列排布，似乎没有多大实用性。我们会时不时地将在学校里学到的数学知识应用到生活中，比方说，计算两个地点之间的最短路线，或者面对同一款商品的不同数量规格，算一下哪个更实惠。当然，科学、工程、经济学领域等技术场景下的工作人员会经常用到数学。数学之美，在于挖掘出常见主题之间许多不同寻常的关系，可惜大多数人在接触数学的过程中，都没能充分体会到这种魅力。因此，本书希望借助各种数字和几何现象，为大家叩开神奇数学世界的大门。当然，在我们讨论到的问题中，有些会略微超出简单算术的范畴，比如书中会出现一些概率问题的彩蛋，也会借助代数知识证明某些奇怪的现象是事出有因的。但是总体而言，我们深谙本书面向的是普通读者群体，所以全书语言简单，术语浅显，内容通俗易懂。

例如，我们收集了一些最违反直觉的数学实例，比如以下这个例子涉及的是概率学。如果在同一个房间内有 35 个人，你觉得能在其中找到两个同月同日生的人的概率有多大(此处不考虑同年)？直觉会告诉我们，这几乎不可能，哪怕能找到，概率也很低。那么各位听好了，实际上能找到的概率高达 80%！本书中隐藏的彩蛋还有很多，这只是其中一个。

本书还会介绍很多好玩的计算小窍门，或者能一眼看出数字关系的捷径，例如目测一个已知数能被哪些数字整除。在我们的数制中，一些特定的数字还具有很多独特的属性，其中不少都很有趣、实用。探索数字的魅力会激发起你的好奇心，让你加深对数字本质的理解。再重复一遍，希望在我们的引导下,你能逐渐开始欣赏数学之美。

谈及数学之美,你可能会认为它是视觉上的美。的确,几何学非常适合用视觉效果来诠释数学的美。很多时候,你最开始看到的是一个极为普通的几何图形,经过简单重复的操作后,最后会出乎意料地收获一个漂亮的几何图形。比如,你随意画一个(丑陋的)四边形,然后将四条边的中点用线段依次连接起来,最后你总能得到一个平行四边形——有时会出现菱形,有时还会出现正方形或矩形。几何能为数学创造的美数之不尽,所以我们只摘取了部分最精妙的例子供你考量。虽然大部分例子中我们都没有提供证明其真实性的证据,但是,与其相信我们的判断,不妨试着去证明这些关系的真实性。为此,我们给你提供了详尽的参考文献清单。尽管这些关系是美丽的,但是在现象的背后,构筑起这些惊艳的几何奇迹的求证过程才蕴藏着真正的智慧。

简而言之,本书将向你展示大量神奇惊人的数学现象,这些都能让你更加接受我们的观点——数学中存在真正的美,无论这种美是视觉上还是推理上的,都值得我们细细品味。

目　录

第一章 神奇的数字

数字在我们的生活中扮演着非常重要的角色，借助数字我们能够计数和排序。然而，数字除了具有实用价值外，数字本身就足够有趣。数字中可能包含稀奇罕见的属性，可能会展现某些不为人知的美丽，或者光是它们的固有属性就足以让我们惊叹。在本章中，我们将探寻数字当中一些极具吸引力的特性，希望能带给你许多非比寻常的惊喜。

数千年来，数字有过很多种写法。比方说，埃及人用象形符号来表示数字，而罗马人采用的计数系统则沿用至今，常用于书写章节编号或奠基日期。但是事实证明，这些数字写法过于烦琐复杂，写起来很不方便。比萨的列奥纳多（约 1175—1240）——他的另一个更广为人知的名字是斐波那契——在 1202 年出版了不朽的经典著作《计算之书》，他在书中第一章的开篇就介绍了“阿拉伯数字”9，8，7，6，5，4，3，2，1 和 0，这是西方文明第一次接触并使用这些数字。往后我们将深入探讨数字的属性，在此说明一下，我们讨论的均是标准十进制计数法。

在本章中，我们将介绍许多优美的数字排列、数字属性和数字关系，分享有趣的数字分析过程。书中偶尔会展示某些模式，但因为求证过多会使行文不流畅，所以我们省略了推理过程，只提供结果。但是，如上所述，我们希望你能意识到，在数字关系中，不是所有“显而易见的模式”都适用于任何情况。举个例子，以下这个数字模式似乎能推导出一般规律，但其实不然。一起来思考下这位法国数学家的问题——阿尔方·德·波林那克（1817—1890）猜想：

任何一个大于 1 的奇数都可以表示为 2 的幂与一个质数之和

如果我们只观察以下最开头的一些等式,会发现这似乎是一个真命题。然而,从图 1-1 中的列表中可以看出,该猜想并非总是正确:对 3 至 125 以内的奇数,命题成立;对 127 这个奇数,命题不成立;对从 129 开始的奇数,命题重新成立。

$$3 = 2^0 + 2$$
$$5 = 2^1 + 3$$
$$7 = 2^2 + 3$$
$$9 = 2^2 + 5$$
$$11 = 2^3 + 3$$
$$13 = 2^3 + 5$$
$$15 = 2^3 + 7$$
$$17 = 2^2 + 13$$
$$19 = 2^4 + 3$$
$$\vdots$$
$$51 = 2^5 + 19$$
$$\vdots$$
$$125 = 2^6 + 61$$
$$127 = ?$$
$$129 = 2^5 + 97$$
$$131 = 2^7 + 3$$

图 1-1

也许你会发现紧接着这些数列的下一个数字就不符合波林那克猜想了。但是请记住,对于本书中展示的其他数字模式,我们可以保证它们在**所有**情况下都成立。

1849 年,阿尔方 · 德 · 波林那克提出了另一种猜想,至今该猜想仍未被证实或证伪。猜想是这样描述的:

存在无限多对相差为偶数 n 的连续质数。

例如,我们假设 $n=2$。存在多对相差为 2 的连续质数,如(3,5),(11,13),(17,19)等。请注意,上述猜想尚未被证明是否成立。

神奇的零和

如果你用计算器计算以下等式,你会发现结果为零。

$$123\,789^2+561\,945^2+642\,864^2-242\,868^2-761\,943^2-323\,787^2=0$$

这看起来还行,等式中有多位数的平方,这些数字似乎也没有表现出特定的模式。但是,如果我们按照某些规律处理这些数字,处理后的等式依然会神奇地得出零的结果。

1.首先,我们从每个数字中移除十万位上的数字(最左一位):

$23\,789^2+61\,945^2+42\,864^2-42\,868^2-61\,943^2-23\,787^2$,结果依然为零。

我们继续移除最左一位上的数字,每移除一位计算一次结果,以此类推:

$$3\,789^2+1\,945^2+2\,864^2-2\,868^2-1\,943^2-3\,787^2=0$$

$$789^2+945^2+864^2-868^2-943^2-787^2=0$$

$$89^2+45^2+64^2-68^2-43^2-87^2=0$$

$$9^2+5^2+4^2-8^2-3^2-7^2=0$$

2.现在我们重复类似的操作,但是这次我们移除的是每个数字的个位数(最右一位),神奇的事情再次发生,每次运算的结果依然是零:

$$123\,789^2+561\,945^2+642\,864^2-242\,868^2-761\,943^2-323\,787^2=0$$

$$12\,378^2+56\,194^2+64\,286^2-24\,286^2-76\,194^2-32\,378^2=0$$

$$1\,237^2+5\,619^2+6\,428^2-2\,428^2-7\,619^2-3\,237^2=0$$

$$123^2+561^2+642^2-242^2-761^2-323^2=0$$

$$12^2+56^2+64^2-24^2-76^2-32^2=0$$

$$1^2+5^2+6^2-2^2-7^2-3^2=0$$

3.最后我们把上述两种移除操作结合一下,亦即每次将数字上的最左一位和最右一位同时移除,没错,结果仍然为零!

$123\ 789^2 + 561\ 945^2 + 642\ 864^2 - 242\ 868^2 - 761\ 943^2 - 323\ 787^2 = 0$

$2\ 378^2 + 6\ 194^2 + 4\ 286^2 - 4\ 286^2 - 6\ 194^2 - 2\ 378^2 = 0$

$37^2 + 19^2 + 28^2 - 28^2 - 19^2 - 37^2 = 0$

这并非稀松平常的现象,这是一个非常惊人的数字关系。

一个最不可思议的数字

在本书中,我们不关心一个数字的神秘联系,我们对数字的兴趣纯粹聚焦于数学层面。但是在某些场景中,出于奇怪的原因,一些数字会被视为好运或厄运的象征。例如,2008 年 8 月 8 日,中国迎来一波超乎寻常的“婴儿潮”,而在同一天,光在北京就有超过 17 000 对新人选择登记结婚。当天晚上 8 时 8 分 8 秒,第 29 届夏季奥林匹克运动会在北京开幕。为什么偏偏是这个日期?在中国人的观念里,8 是一个幸运数字,而这一天正好能写成 08-08-08。能让 8 这个数字变得如此特别的原因还有待考证。如果仅从数学的视角出发,8 是一个完全立方数($8=2^3$);8 也是唯一一个比完全平方数 9 少 1 的立方数。另外,8 是第 6 个斐波那契数[1],也是斐波那契数列中唯一一个完全立方数(1 除外)。

而数字 666 则不一样,它由于圣经的缘故而广为人知,通常被称为“野兽的数目”,人们将其视为厄运的预兆。但同样,我们只关注这个数字神奇的数学属性。首先,数字 666 显然是一个回文数[2],亦即正序(从左向右)和倒序(从右向左)读都是一样的整数。另外,如果我们用罗马数字写 666,即 666=DCLXVI[3],不难发现,罗马记数系统中小于 1 000 的数字全都用上了,还按降序排列!

数字 666 也刚好是前 36 个数字的和:

---

[1] 斐波那契数列指的是这样一个数列:1,1,2,3,5,8,13,21,34,55,…该数列中,每一项都等于前两项之和。参阅:A. S. Posamentier and I. Lehmann, *The Fabulous Fibonacci Numbers* (Amherst, NY: Prometheus Books, 2007).

[2] 关于回文数的介绍,请参阅下一节。

[3] 罗马记数系统中,D=500,C=100,L=50,X=10,V=5,I=1。

$$1+2+3+4+5+6+7+8+9+10+11+12+13+14+15+\cdots+30+31+32+33+34+35+36=666$$

除了总和为 666 外，我们知道，从 1 开始的连续自然数[1]之和总能产生一个三角数[2]，所以 666 也是一个三角数。当然，我们也知道 36 是平方数（即 6^2）。因此可以说，前几位自然数的平方数产生了一个三角数。

为了继续揭示数字 666 的独特性，我们先来看看前 7 位质数[3]：2，3，5，7，11，13，17。我们分别取它们的平方，然后求和，没错，结果为 666。

$$2^2+3^2+5^2+7^2+11^2+13^2+17^2=4+9+25+49+121+169+289=666$$

这个奇怪的数字还有另一个惊人的事实，它的各个数位上的数字之和（6+6+6）等于它的质因数的各个数位上的数字之和。666 的质因数分解式为 $666=2\cdot3\cdot3\cdot37$，由此可见各个数位上的数字的和为 2+3+3+3+7，结果等同于 6+6+6。

有趣的是，666 也是 313 和 353 这两个连续回文质数之和。

另外，666 的 47 次幂的各数位上的数字之和，与它的 51 次幂的各数位上的数字之和，都等于 666。即：

$$\begin{aligned}666^{47}=\ &504996968442079675317314879\\&840556477294151629526540818\\&811763266893654044661603306\\&865302888989271885967029756\\&328621959466590473394585 6\end{aligned}$$

[1]　自然数就是我们计数用的数字：1，2，3，4，5，…有时 0 也被视为自然数。

[2]　例如：

$$1=1$$
$$1+2=3$$
$$1+2+3=6$$
$$1+2+3+4=10$$
$$1+2+3+4+5=15$$
$$1+2+3+4+5+6=21$$

一定数目的点可以形成一个等边三角形，这样的数被称为三角数，上方展示的都是三角数。我们会在本章后面更深入地讨论三角数。

[3]　质数是指只能被 1 和它本身整除的数字（0 和 1 除外），也可以说，质数是只有两个正整数因子的数字。

$$666^{51} = 99354075759138594033426351134$$
$$12959807238586374694310089971$$
$$20691313460713282967582530234$$
$$55821491848096074897283890063$$
$$7634215694097683599029436416$$

你也可以验算一下,这两个大数各个数位上的数字之和分别等于 666。

如果我们先取 666 的平方,再计算平方数中各个数位上的数字的立方和,然后取 666 的立方,计算立方数中各个数位上的数字之和,这两个和相加正好是 666。我们逐步展开,先分别计算 666 的平方和立方:

$$666^2 = 443\ 556$$
$$666^3 = 295\ 408\ 296$$

然后计算 666 的平方数中各个数位上的数字的立方和:

$$4^3 + 4^3 + 3^3 + 5^3 + 5^3 + 6^3 = 621$$

加上 666 的立方数中各个数位上的数字之和:

$$2 + 9 + 5 + 4 + 0 + 8 + 2 + 9 + 6 = 45$$

最后我们得出 621+45=666。

666 还有一个特质,如果我们将 20 772 199 和 20 772 200 这两个连续数字分解质因数,会发现两个数字的质因数之和均为 666

$$20\ 772\ 199 = 7 \cdot 41 \cdot 157 \cdot 461 \rightarrow 7 + 41 + 157 + 461 = 666$$
$$20\ 772\ 200 = 2 \cdot 2 \cdot 2 \cdot 5 \cdot 5 \cdot 283 \cdot 367 \rightarrow 2 + 2 + 2 + 5 + 5 + 283 + 367 = 666$$

如果我们试着在数列 1,2,3,4,5,6,7,8,9 中插入加号,会发现和数字 666 碰撞出奇特的巧合。

比如以下两种处理方式:

$$1 + 2 + 3 + 4 + 567 + 89 = 666$$

或者

$$123 + 456 + 78 + 9 = 666$$

如果我们用的是倒序的数列 9,8,7,6,5,4,3,2,1,也会出现下面的情况:

$$9+87+6+543+21=666$$

迄今为止,我们已经将 π 计算到 1.24 万亿位,这些小数位并不存在可识别的模式[1]。怪就怪在,如果你计算前 144 个小数位上的数字[2]的和,会发现结果就是 666。

$$\begin{aligned}\pi \approx\ & 3.141592653589793238462643383279502884\\ & 197169399375105820974944592307816406\\ & 286208998628034825342117067982148086\\ & 5132823066470938446095505822317253 59\end{aligned}$$

所以小数点后 144 位上的数字的和为:

$$\begin{aligned}1&+4+1+5+9+2+6+5+3+5+8+9+7+9+3+2+3+8\\ &+4+6+2+6+4+3+3+8+3+2+7+9+5+0+2+8\\ &+8+4+1+9+7+1+6+9+3+9+9+3+7+5+1+0\\ &+5+8+2+0+9+7+4+9+4+4+5+9+2+3+0+7\\ &+8+1+6+4+0+6+2+8+6+2+0+8+9+9+8+6\\ &+2+8+0+3+4+8+2+5+3+4+2+1+1+7+0+6\\ &+7+9+8+2+1+4+8+0+8+6+5+1+3+2+8+2\\ &+3+0+6+6+4+7+0+9+3+8+4+4+6+0+9+5\\ &+5+0+5+8+2+2+3+1+7+2+5+3+5+9=666\end{aligned}$$

这个不同寻常的数字虽然有时会被认为"晦气",但在它身上似乎会发生无穷无尽的数字"巧合",比如赌场轮盘上的数字加起来也等于 666。

以下这些奇妙的数字关系也都得出结果 666:

$$666=1^6-2^6+3^6$$

$$666=(6+6+6)+(6^3+6^3+6^3)$$

---

[1] 参阅:A. S. Posamentier and I. Lehmann, *π: A Biography of the World's Most Mysterious Number* (Amherst, NY: Prometheus Books, 2004).

[2] 此处指的是小数点后的数位。

$$666=(6^4-6^4+6^4)-(6^3+6^3+6^3)+(6+6+6)$$

$$666=5^3+6^3+7^3-(6+6+6)$$

$$666=2^1\cdot 3^2+2^3\cdot 3^4$$

我们甚至可以将 666 的三个数位上的数字用 1,2,3 的数字组合表示出来：

$$6=1+2+3$$

$$6=1\cdot 2\cdot 3$$

$$6=\sqrt{1^3+2^3+3^3}$$

因此，$666=(100)(1+2+3)+(10)(1\cdot 2\cdot 3)+(\sqrt{1^3+2^3+3^3})$。

数字 666 也和斐波那契数列存在千丝万缕的联系。思考以下的例子，例子中 F_n 指的是斐波那契数列中的第 n 个数：

$$F_1-F_9+F_{11}+F_{15}=1+1+27+125+512=666$$

如果仔细观察下标，还能得出：

$$1-9+11+15=6+6+6$$

同样地，如果我们计算一下斐波那契数的立方和：

$$F_1^3+F_2^3+F_4^3+F_5^3+F_6^3=1+1+27+125+512=666$$

然后我们再来计算下标：

$$1+2+4+5+6=6+6+6$$

我们对数字 666 如此喜爱，只是为了展示数学中蕴藏的美。数学在所有科学探究和发现中发挥着重要作用，而探索它轻松娱乐的一面不失为令人愉悦的意外收获。

回文数

正如上文提及过的，数字 666 是一个回文数。那么我们就以它为跳板，进入下一个妙趣横生的数字游戏吧——在这一节,数学与趣味无穷的文字游戏将同时出现,两者相得益彰。在数学中,回文数是指正读、倒读都一样的数字。回文也可以指一个正读、倒读都一样的词语、词组或句子。下面给大家展示一些幽默的回文:

EVE

RADAR

REVIVER

ROTATOR

LEPERS REPEL

MADAM I'M ADAM

STEP NOT ON PETS

DO GEESE SEE GOD

PULL UP IF I PULL UP

NO LEMONS,NO MELON

DENNIS AND EDNA SINNED

ABLE WAS I ERE I SAW ELBA

A MAN,A PLAN,A CANAL,PANAMA

A SANTA LIVED AS A DEVIL AT NASA

SUMS ARE NOT SET AS A TEST ON ERASMUS

ON A CLOVER,IF ALIVE,ERUPTS A VAST,PURE EVIL; A FIRE VOLCANO

早在2世纪就出现过一句著名的拉丁语回文,这句回文自带其他神奇的属性。原文为:“Sator arepo tenet opera rotas”,通常翻译为“播种者阿列波[人名]把旋转的轮子抓住”。如果将这句回文的字母排列在5×5的方格中(见图1-2),你就能从上下左右的不同方向读出原文。是不是难以置信!

S	A	T	O	R
A	R	E	P	O
T	E	N	E	T
O	P	E	R	A
R	O	T	A	S

图 1-2

在回文数或回文式数字表达的启发下,日期也可以作为观察对称性数字的来源。例如,2002年就是回文年,1991年也是[1]。2001年10月也出

[1] 和我们一样曾经历1991年和2002年的人,是最后一代能在未来一千年内经历两次回文年的人(基于目前的寿命水平而言)。

现过多次回文日期(以美式日期格式书写),如 10/1/01(2001 年 10 月 1 日),10/22/01(2001 年 10 月 22 日)等。而欧洲人则在 2002 年 2 月下午 8:02经历了极为纯粹的回文时刻,因为这一时刻用欧式日期格式的写法是 20:02,20.02.2002。

我们不妨开阔一下视野,11 的前 4 个次幂都是回文数:

$11^0 = 1$

$11^1 = 11$

$11^2 = 121$

$11^3 = 1\ 331$

$11^4 = 14\ 641$

回文数既可以是质数也可以是合数[1]。例如,151 是一个质数回文数,而 171 是一个合数回文数(因为 171 = **3**·**3**·**19**)。另外,除了 11 以外,其他质数回文数的数位必须是奇数。

从现成的已知数中生成一个回文数,这是一个很有趣的过程。你只需要不断地给这个数字加上它的反转数(即把各数位以倒序形式写一遍得出的数字),直到得出一个回文数。

有时只需通过一次加法就能得到回文数,打个比方,我们从 23 这个数字开始:

23 + 32 = 55(回文数)

或者需要两步,比如从数字 75 开始:

75 + 57 = 132　132 + 231 = 363(回文数)

有时则需要三步,比如从数字 86 开始:

86 + 68 = 154　154 + 451 = 605　605 + 506 = 1 111(回文数)

如果我们从数字 97 开始,则需要 6 步才能生成一个回文数:

97 + 79 = 176

176 + 671 = 847

---

[1] 自然数分为三类:质数,只有 1 和它本身这两个质因数;数字 1;合数,除了前两项以外的所有数字。

847 + 748 = 1 595

1 595 + 5 951 = 7 546

7 546 + 6 457 = 14 003

14 003 + 30 041 = **44 044**

对于数字 98 而言,则需要 24 步才能生成一个回文数。

在选择起始数字时,请小心数字 196,因为哪怕经过多达 300 万次的反转加法运算,我们还是没能通过它生成一个回文数。我们尚不清楚这个数字是否能产生回文数。如果你想在数字 196 上做试验,在你进行第 16 次加法计算时,会得出数字 227 574 622;而如果你从数字 788 开始,会发现加到第 15 次时也会得出相同的结果。这就提醒你了,如果起始数字是 788,则尚不能通过它生成回文数。实际上,在前 10 万个自然数中,尚未证实能通过反转加法运算得出回文数的有 5 996 个数字,其中包括 196,691,788,887,1 675,5 761,6 347,7 436。

我们在回文数身上也发现了一些奇妙的规律。比方说,如果一个数字的立方数是回文数,那么这个数字本身也是回文数。

数字的整除规律

在十进制数制中,我们能通过观察(有时也需要进行简单的计算)来判断一个已知数字能否被其他数字整除。例如,我们知道,如果一个已知数的个位数是偶数,那么这个数字就能被 2 整除,比如 30,32,34,36 和 38。反之,如果个位数不能被 2 整除,那么我们就知道这个数字也不能被 2 整除。

2 的幂的整除规律

我们以此为基础继续延伸,聊聊如何判断一个数字能否被 4 整除。只有当一个数字的最后**两位**能被 4 整除时,这个数字才能被 4 整除。例如,1$\underline{24}$,1$\underline{28}$,3$\underline{56}$ 和 7$\underline{68}$ 都能被 4 整除,而 322 则不能被 4 整除,因为最后两位 22 不能被 4 整除。

如果继续推导下去的话,我们可以总结出:只有当一个数字的最后**三位**

能被 8 整除时，这个数字才能被 8 整除。懂得举一反三的同学可能就会顺着这个思路继续推导：只有当一个数字的最后四位能被 16 整除，这个数字才能被 16 整除。对于其他 2 的多次幂而言，以此类推。

5 的幂的整除规律

5 的幂的整除规律与 2 的幂相似，也就是说，只有当一个数字的个位数是 5 或 0 时，这个数字才能被 5 整除。同样，只有当这个数字的最后两位能被 25 整除时，它才能被 25 整除，比如 325，450，675 和 800。与 2 的幂的整除规律相似，5 的多次幂（如 5，25，125，625 等）的整除规律也以此类推。

3 和 9 的整除规律

要判断数字能否被 3 整除，则需要用不同的检验方法。这回我们观察的是各数位上的数字相加之和。只有当各数位上的数字之和能被 3 整除时，这个数字才能被 3 整除。例如，要判断数字 345 678 能否被 3 整除，我们只需要算一下各数位相加之后能否被 3 整除，也就是 $3+4+5+6+7+8=33$，而 33 能被 3 整除，那么 345 678 就能被 3 整除。

9 的整除规律与上述类似；只有当各数位上的数字相加之和能被 9 整除时，这个数字才能被 9 整除。举个例子，我们不妨来检验一下 825 372 能否被 9 整除。各数位的和是 $8+2+5+3+7+2=27$，能被 9 整除。因此，825 372 是能被 9 整除的。

你可能会问，这些规律背后的数学原理是什么？我们以 825 372 为例，看看以下的推导过程：

$$\begin{aligned}825\,372 &= 8\cdot(99\,999+1)+2\cdot(9\,999+1)+5\cdot(999+1)+\\&\quad 3\cdot(99+1)+7\cdot(9+1)+2\\&=(8\cdot 99\,999+2\cdot 9\,999+5\cdot 999+3\cdot 99+7\cdot 9)+\\&\quad(\mathbf{8}+\mathbf{2}+\mathbf{5}+\mathbf{3}+\mathbf{7}+\mathbf{2})\end{aligned}$$

我们能看出，$(8\cdot 99\,999+2\cdot 9\,999+5\cdot 999+3\cdot 99+7\cdot 9)$ 是 9 的倍数（也是 3 的倍数）。所以，为了使整个数字能被 9（或 3）整除，我们只需要确保剩余的部分 $(8+2+5+3+7+2)$ 也是 9（或 3）的倍数即可，而这一部分恰好就是数字

825 372 各数位上的数字相加之和。在这种示例中，8+2+5+3+7+2=27，能被 9 和 3 整除。因为各数位上的数字之和能被 9 和 3 整除，所以可推导出数字 825 372 能被 9 和 3 整除。

再比如，数字 789 就不能被 9 整除，因为各数位上的数字之和是 7+8+9=24，而 24 不能被 9 整除；但是，因为 24 能被 3 整除，所以 789 能被 3 整除。

合数的整除规律

除了 6 和 7 以外，我们已经探讨过 10 以内的数字的整除规律。但在试验 7 的整除规律前，我们应该先说明一下适用于合数（非质数）的整除性测试。为了检验是否能被某个合数整除，我们需要对这个合数的“互质因数”（互质是指两个数的公因数只有 1）做整除性测试。例如，要检验某个数字能否被 12 整除，则需要检验它能否被 3 和 4 整除，这里 3 和 4 是互质的因数（要检验的不是 2 和 6，因为它们不是互质数）。再如，要检验某个数能否被 18 整除，则需要检验它能否被 2 和 9 整除（两者为互质数），而不是看它能否被 3 和 6 整除，虽然 3 和 6 的乘积也是 18，但是它们并不是互质的因数，因为它们有公因数 3。

我们总结出下面的表格，表格中展示了前几个合数和它们对应的互质因数，通过检验是否能被互质因数整除，即可判断能否被对应的合数整除。

如需检验能否被这个合数整除，	6	10	12	14	15	18	20	21	24	26
则需要检验能否被这些数字整除：	2，3	2，5	3，4	2，7	3，5	2，9	4，5	3，7	3，8	2，13

图 1-3

现在我们来思考一下质数的整除规律。

其他质数的整除规律

当我们在检验数字能否被其他质数整除时，我们发现其中的规律有点复杂，在日常生活场景中不太实用，尤其是如今计算器无处不在，没太大必要记住这些烦琐的规律。因此，我们展示以下整除规律只是出于娱乐的目的，并非将其视为实用工具。

现在我们来探讨下 7 的整除规律,与此同时,看 7 的整除规律能否给其他质数的整除规律带来什么灵感。

1.7 的整除规律

要判断一个已知数字能否被 7 整除,先移除该数字的末位,然后从剩下的数字中减去被移除的数字的 2 倍,得出结果。只有当这个结果能被 7 整除时,原来的数字才能被 7 整除。如果数字太大,经处理后的结果无法通过目测判断能否被 7 整除,那么可以重复上述操作,直到能做出判断为止。

为了让大家更好地理解这个整除性测试,我们以数字 876 547 为例,在不进行任何除法运算的前提下,通过上述方法判断其能否被 7 整除。

我们先把 876 547 的个位数 7 移除,得 87 654,然后减去 7 的 2 倍,即 14:

$$87\ 654 - 14 = 87\ 640$$

但我们还是无法通过目测就能判断 87 640 能否被 7 整除,所以我们进入下一个循环。

我们回到刚刚得出的结果,87 640,移除它的个位数 0,得 8 764,然后减去 0 的 2 倍,即 0:8 764-0=8 764。

这个数值似乎也没有太大帮助,所以我们还是继续吧。把 8 764 的个位数 4 移除,得 876,然后减去 4 的 2 倍,即 8:876-8=868。因为我们还是没法目测 868 能否被 7 整除,所以还要继续。

这次我们把 868 的个位数 8 移除,得 86,然后减去 8 的 2 倍,即 16:86-16=70,现在我们能够很轻松地判断出 70 能被 7 整除。所以原来的数字 876 547是可以被 7 整除的。

现在就轮到数学发挥它的魅力啦! 我们接下来要展示为什么上述有趣的过程真的能实现我们的目的——检验其能否被 7 整除。数学的奇妙之处就在于,它能解释说明整个流程的运作原理。

要验证 7 的整除规则,我们需要考虑可能出现的不同末位(亦即我们移除的数位),以及移除末位后相应的减法运算。在图 1-4 中,你会发现,我们移除末位上的数字,并用剩余的数字减去原末位的两倍,实际上每次减去的都是 7 的倍数。你可以理解为,我们实际上是从原来的数字中减去“一组 7 的倍数”。我们其实是将数字拆解成几个部分,如果每个部分都能被 7 整除,那么原来的数字也就能被 7 整除。因此,如果每步操作后剩余的数字(亦即减去“一组 7 的倍数”后)能被 7 整除,那就意味着原来的数字也能被 7 整除。

末位数字	从原来的数字中减去的数值
1	$20+1=21=3\cdot 7$
2	$40+2=42=6\cdot 7$
3	$60+3=63=9\cdot 7$
4	$80+4=84=12\cdot 7$
5	$100+5=105=15\cdot 7$
6	$120+6=126=18\cdot 7$
7	$140+7=147=21\cdot 7$
8	$160+8=168=24\cdot 7$
9	$180+9=189=27\cdot 7$

图 1-4

2. 11 的整除规律

我们接着讨论下一个质数,11。如果借鉴上述 7 的整除规律,我们也能通过相似方式判断数字能否被 11 整除。但是,这种方法操作起来会特别琐碎,不是很实用。既然 11 是比十进制的基数(即 10)多 1,那么我们可以采用另一种思路来检验数字能否被 11 整除。检验方法是,将间隔数位上的数字分别求和,然后取两者的差。只有当这个差值能被 11 整除时,原来的数字才能被 11 整除。为了让大家更好地掌握这个技巧,我们借助示例展开讲讲。假设我们想判断数字 246 863 727 能否被 11 整除。首先,我们计算间隔数位上的数字之和:$2+6+6+7+7=28$,以及 $4+8+3+2=17$。两个和的差值是 $28-17=11$,显然能被 11 整除。因此原来的数字 246 863 727 能被 11 整除。

要探究这个规律背后的运作原理,我们以数字 42 372 935 为例,按照以下的方式拆解该数字:

$$
\begin{aligned}
42\,372\,935 &= 4\cdot 10^7+2\cdot 10^6+3\cdot 10^5+7\cdot 10^4+2\cdot 10^3+9\cdot 10^2+ \\
&\quad 3\cdot 10^1+5\cdot 10^0 \\
&= 4\cdot(10^7+\mathbf{1}-\mathbf{1})+2\cdot(10^6+\mathbf{1}-\mathbf{1})+3\cdot(10^5+\mathbf{1}-\mathbf{1})
\end{aligned}
$$

$$
\begin{aligned}
&+7\cdot(10^4+\mathbf{1}-\mathbf{1})+2\cdot(10^3+\mathbf{1}-\mathbf{1})+9\cdot(10^2+\mathbf{1}-\mathbf{1})\\
&+3\cdot(10^1+\mathbf{1}-\mathbf{1})+5\cdot 1\\
=\ &4\cdot(10^7+1)-4\cdot 1+2\cdot(10^6-1)+2\cdot 1+3\cdot(10^5+1)\\
&-3\cdot 1+7\cdot(10^4-1)+7\cdot 1+2\cdot(10^3+1)-2\cdot 1\\
&+9\cdot(10^2-1)+9\cdot 1+3\cdot(10^1+1)-3\cdot 1+5\cdot 1\\
=\ &4\cdot(\mathbf{10^7+1})-4\cdot 1+2\cdot(\mathbf{10^6-1})+2\cdot 1+3\cdot(\mathbf{10^5+1})\\
&-3\cdot 1+7\cdot(\mathbf{10^4-1})+7\cdot 1+2\cdot(\mathbf{10^3+1})-2\cdot 1\\
&+9\cdot(\mathbf{10^2-1})+9\cdot 1+3\cdot(\mathbf{10^1+1})-3\cdot 1+5\cdot 1
\end{aligned}
$$

所有数字加粗的项，即($\mathbf{10^7+1}$)，($\mathbf{10^6-1}$)，($\mathbf{10^5+1}$)，($\mathbf{10^4-1}$)，($\mathbf{10^3+1}$)，($\mathbf{10^2-1}$)，($\mathbf{10^1+1}$)都可以被 11 整除。因此我们只需要确保剩余各项的和也能被 11 整除即可，亦即 $-4\cdot 1+2\cdot 1-3\cdot 1+7\cdot 1-2\cdot 1+9\cdot 1-3\cdot 1+5\cdot 1=\mathbf{-4+2-3+7-2+9-3+5}=11$。这就是上文所说的步骤：将数字 42 372 935 间隔数位上的数字分别求和，然后取两者的差，即(2+7+9+5)-(4+3+2+3)。

我们将 7 的整除规律作为参考，探索能被质数 13 整除的相似规律。对比 13 的整除规则和 7 的整除规则，不同之处在于：7 会被 13 替换；每次减去的不是被移除数位上的数字的 2 倍，而是被移除数位上的数字的 9 倍。

3. 13 的整除规律

要判断一个已知数字能否被 13 整除，先移除这个数字的末位，然后用剩下的数字减去被移除的数字的 9 倍，得出结果。只有当这个结果能被 13 整除时，原来的数字才能被 13 整除。如果数字太大，经处理后的结果无法通过目测判断是否能被 13 整除，那么可以重复上述操作，直到能做出判断为止。

我们用这个方法来检验一下数字 5 616 能否被 13 整除。先移除个位数 6，得 561，再减去 6 的 9 倍，即 54：561-54=507。

因为我们无法通过目测判断 507 是否能被 13 整除，所以我们继续重复上述操作。

回到数字 507，先移除个位数 7，得 50，然后减去 7 的 9 倍，即 50-63=-13，结果能被 13 整除。所以，原来的数字 5 616 能被 13 整除。

为了确定这个乘数“9”，我们找到个位数为 1 且为 13 的倍数的最小数字，也就是 91。91 的十位数是个位数的 9 倍。同样，你可以参阅图 1-5，了解不同的末位数字以及需要从原来的数字中减去的对应数值。

末位数字	从原来的数字中减去的数值
1	$90+1=91=7\cdot13$
2	$180+2=182=14\cdot13$
3	$270+3=273=21\cdot13$
4	$360+4=364=28\cdot13$
5	$450+5=455=35\cdot13$
6	$540+6=546=42\cdot13$
7	$630+7=637=49\cdot13$
8	$720+8=728=56\cdot13$
9	$810+9=819=63\cdot13$

图 1-5

在每种情况中都会从原来的数字里减去一次或多次 13 的倍数。因此，只有当剩余的结果能被 13 整除时，原来的数字才能被 13 整除。

对于下一个质数 17 的整除性检验，我们会继续使用这种方法。我们找到个位数为 1 且为 17 的倍数的数字，也就是 51。由此我们可以确定"乘数"是 5，并依此可确定以下的规律。

4. 17 的整除规律

要判断一个已知数字能否被 17 整除，先移除这个数字的末位，然后用剩下的数字减去被移除的数字的 5 倍，得出结果。一直重复上述操作，直到你得出一个可以判断是否能被 17 整除的结果。

正如我们为 7 和 13 说明整除性规律的推算原理一样，我们也可以通过相似的推导过程论证上述规律。上述操作的每一次循环都会从原有数字中减去"一组 17 的倍数"，一直减到我们能应付的程度，即可以通过目测判断得出的结果能否被 17 整除。

在探讨上述三个数字（7，13，17）的整除性规律中，我们介绍的推导模式应该能帮助你分析更大质数的整除规律。图 1-6 所展示的是对于不同的质数，在移除末位后需要用到的"乘数"。

要检验整除性的质数	7	11	13	17	19	23	29	31	37	41	43	47
做减法时用到的乘数	2	1	9	5	17	16	26	3	11	4	30	14

图 1-6

你可能想继续完善这个表格，补充的过程会很有趣，而且能加深你对数学的认识。除了完善其他质数的整除规律外，你还可能想探索其他合数（非质数）的整除规律。请记得，对于合数的整除规律，我们需要考虑这个合数包含的互质因数，这样就能确保我们会应用到这些因数对应的整除规律。

数字及它们的数位

我们的数字有很多不同寻常的特点，但这些特点通常藏得很隐蔽。能把它们发掘出来自然是一件很有成就感和有趣的事情。有时候，我们只是偶然发现了这些关系，但有些时候，这些关系的发现是凭着直觉不断实验和搜索的结果。

思考以下例子中展示的关系，并描述下发生了什么：

$$81 = (8 + 1)^2 = 9^2$$

我们取了**各数位上的数字之和的平方**。

再看另一个例子：

$$4\ 913 = (4 + 9 + 1 + 3)^3 = 17^3$$

在上述两个示例中，我们都计算了各数位上的数字之和，并取其和的幂，得出的结果等于最开始的数字。很震撼吧？感到震惊是正常的，毕竟这太难以置信了。要找出这样的数字关系绝非易事。例如，$82 \neq (8+2)^2 = 10^2 = 100$，显然 82 就不符合上述的模式。图 1-7 中列举了这些不同寻常的数字的许多示例。个中奇妙，不言自明。

还有另一个例子：

$$\begin{aligned}20\ 864\ 448\ 472\ 975\ 628\ 947\ 226\ 005\ 981\ 267\ 194\ 447\ 042\ 584\ 001 \\ = (2 + 0 + 8 + 6 + 4 + 4 + 4 + 8 + 4 + 7 + 2 + 9 + 7 + 5 \\ + 6 + 2 + 8 + 9 + 4 + 7 + 2 + 2 + 6 + 0 + 0 + 5 + 9 + 8 \\ + 1 + 2 + 6 + 7 + 1 + 9 + 4 + 4 + 4 + 7 + 0 + 4 + 2 + 5 \\ + 8 + 4 + 0 + 0 + 1)^{20} = 207^{20}\end{aligned}$$

数字=	(数位之和)^n
81=	$(8+1)^2=9^2$
512=	$(5+1+2)^3=8^3$
4 913=	$(4+9+1+3)^3=17^3$
5 832=	$(5+8+3+2)^3=18^3$
17 576=	$(1+7+5+7+6)^3=26^3$
19 683=	$(1+9+6+8+3)^3=27^3$
2 401=	$(2+4+0+1)^4=7^4$
234 256=	$(2+3+4+2+5+6)^4=22^4$
390 625=	$(3+9+0+6+2+5)^4=25^4$
614 656=	$(6+1+4+6+5+6)^4=28^4$
1 679 616=	$(1+6+7+9+6+1+6)^4=36^4$
17 210 368=	$(1+7+2+1+0+3+6+8)^5=28^5$
52 521 875=	$(5+2+5+2+1+8+7+5)^5=35^5$
60 466 176=	$(6+0+4+6+6+1+7+6)^5=36^5$
205 962 976=	$(2+0+5+9+6+2+9+7+6)^5=46^5$
34 012 224=	$(3+4+0+1+2+2+2+4)^6=18^6$
8 303 765 625=	$(8+3+0+3+7+6+5+6+2+5)^6=45^6$
24 794 911 296=	$(2+4+7+9+4+9+1+1+2+9+6)^6=54^6$
68 719 476 736=	$(6+8+7+1+9+4+7+6+7+3+6)^6=64^6$
612 220 032=	$(6+1+2+2+2+0+0+3+2)^7=18^7$
10 460 353 203=	$(1+0+4+6+0+3+5+3+2+0+3)^7=27^7$
27 512 614 111=	$(2+7+5+1+2+6+1+4+1+1+1)^7=31^7$
52 523 350 144=	$(5+2+5+2+3+3+5+0+1+4+4)^7=34^7$
271 818 611 107=	$(2+7+1+8+1+8+6+1+1+1+0+7)^7=43^7$
1 174 711 139 837=	$(1+1+7+4+7+1+1+1+3+9+8+3+7)^7=53^7$
2 207 984 167 552=	$(2+2+0+7+9+8+4+1+6+7+5+5+2)^7=58^7$
6 722 988 818 432=	$(6+7+2+2+9+8+8+8+1+8+4+3+2)^7=68^7$
20 047 612 231 936=	$(2+0+0+4+7+6+1+2+2+3+1+9+3+6)^8=46^8$
72 301 961 339 136=	$(7+2+3+0+1+9+6+1+3+3+9+1+3+6)^8=54^8$
248 155 780 267 521=	$(2+4+8+1+5+5+7+8+0+2+6+7+5+2+1)^8=63^8$

图 1-7

优美的数字关系

很多时候无须详述,数字本身就会说话。以下的例子就是很好的说明。不妨观察下这些等式,看你能不能发现其他相似的例子。

$1^1+6^1+8^1=15=2^1+4^1+9^1$

$1^2+6^2+8^2=101=2^2+4^2+9^2$

$1^1+5^1+8^1+12^1=26=2^1+3^1+10^1+11^1$

$1^2+5^2+8^2+12^2=234=2^2+3^2+10^2+11^2$

$1^3+5^3+8^3+12^3=2\ 366=2^3+3^3+10^3+11^3$

$1^1+5^1+8^1+12^1+18^1+19^1=63=2^1+3^1+9^1+13^1+16^1+20^1$

$1^2+5^2+8^2+12^2+18^2+19^2=919=2^2+3^2+9^2+13^2+16^2+20^2$

$1^3+5^3+8^3+12^3+18^3+19^3=15\ 057=2^3+3^3+9^3+13^3+16^3+20^3$

$1^4+5^4+8^4+12^4+18^4+19^4=260\ 755=2^4+3^4+9^4+13^4+16^4+20^4$

阿姆斯特朗数

如果某个数字有 k 位,且各数位的 k 次幂之和等于该数字,我们常把这些数字称为阿姆斯特朗数[1]。

举个例子,153 有 3 个数位,且 $153=1^3+5^3+3^3$。奇怪的是,不存在两位数的阿姆斯特朗数,但三位数的阿姆斯特朗数有 4 个,见图 1-8。

n	**$100\leqslant n\leqslant 999$**	
153	$1^3+5^3+3^3=1+125+27$	$=153$
370	$3^3+7^3+0^3=27+343+0$	$=370$
371	$3^3+7^3+1^3=27+343+1$	$=371$
407	$4^3+0^3+7^3=64+0+343$	$=407$

图 1-8

[1] 参阅:L. Deimel Jr. and M. Jones, "Finding Pluperfect Digital Invariants," *Journal of Recreational Mathematics* 42, no. 2(1981-1982): 87-107.

四位数的阿姆斯特朗数有 3 个(图 1-9)。

n	$1\,000 \leqslant n \leqslant 9\,999$	
1 634	$1^4+6^4+3^4+4^4=1+1\,296+81+256$	$=1\,634$
8 208	$8^4+2^4+0^4+8^4=4\,096+16+0+4\,096$	$=8\,208$
9 474	$9^4+4^4+7^4+4^4=6\,561+256+2\,401+256$	$=9\,474$

图 1-9

五位数的阿姆斯特朗数有 3 个(图 1-10)。

n	$10\,000 \leqslant n \leqslant 99\,999$	
54 748	$5^5+4^5+7^5+4^5+8^5=3\,125+1\,024+16\,807+1\,024+32\,768$	$=54\,748$
92 727	$9^5+2^5+7^5+2^5+7^5=59\,049+32+16\,807+32+16\,807$	$=92\,727$
93 084	$9^5+3^5+0^5+8^5+4^5=59\,049+243+0+32\,768+1\,024$	$=93\,084$

图 1-10

六位数的阿姆斯特朗数只有 1 个:548 834。

$$
\begin{aligned}
& 5^6+4^6+8^6+8^6+3^6+4^6 \\
= & 15\,625+4\,096+262\,144+262\,144+729+4\,096 \\
= & 548\,834
\end{aligned}
$$

图 1-11 的表格列出了七到十位数的阿姆斯特朗数。

k	阿姆斯特朗数
7	$n=$1 741 725,4 210 818,9 800 817,9 926 315
8	$n=$24 678 050,24 678 051,88 593 477
9	$n=$146 511 208,472 335 975,534 494 836,912 985 153
10	$n=$4 679 307 774

图 1-11

这是一个有 39 个数位的数字:

115 132 219 018 763 992 565 095 597 973 971 522 401

每位数字的 39 次幂之和等于原来的数字,所以它是阿姆斯特朗数。而且,它是最大的阿姆斯特朗数。换言之,

$$1^{39}+1^{39}+5^{39}+1^{39}+3^{39}+2^{39}+2^{39}+1^{39}+9^{39}+0^{39}+1^{39}+8^{39}+7^{39}$$
$$+6^{39}+3^{39}+9^{39}+9^{39}+2^{39}+5^{39}+6^{39}+5^{39}+0^{39}+9^{39}$$
$$+5^{39}+5^{39}+9^{39}+7^{39}+9^{39}+7^{39}+3^{39}+9^{39}+7^{39}+1^{39}$$
$$+5^{39}+2^{39}+2^{39}+4^{39}+0^{39}+1^{39}$$
$$=115\ 132\ 219\ 018\ 763\ 992\ 565\ 095\ 597\ 973\ 971\ 522\ 401$$
$$\approx 1.151\ 322\ 190\cdot 10^{38}$$

阿姆斯特朗数

k	*k* 位阿姆斯特朗数
1	0,1,2,3,4,5,6,7,8,9
3	153,370,371,407
4	1 634,8 208,9 474
5	54 748,92 727,93 084
6	548 834
7	1 741 725,4 210 818,9 800 817,9 926 315
8	24 678 050,24 678 051,88 593 477
9	146 511 208,472 335 975,534 494 836,912 985 153
10	4 679 307 774
11	32 164 049 650,32 164 049 651,40 028 394 225,42 678 290 603, 44 708 635 679,49 388 550 606,82 693 916 578,94 204 591 914
14	28 116 440 335 967
16	4 338 281 769 391 370,4 338 281 769 391 371
17	21 897 142 587 612 075,35 641 594 208 964 132, 35 875 699 062 250 035
19	1 517 841 543 307 505 039,3 289 582 984 443 187 032, 4 498 128 791 164 624 869,4 929 273 885 928 088 826
20	63 105 425 988 599 693 916
21	128 468 643 043 731 391 252,449 177 399 146 038 697 307
23	21 887 696 841 122 916 288 858,27 879 694 893 054 074 471 405, 27 907 865 009 977 052 567 814,28 361 281 321 319 229 463 398, 35 452 590 104 031 691 935 943
24	174 088 005 938 065 293 023 722,188 451 485 447 897 896 036 875, 239 313 664 430 041 569 350 093

（续）

k	k 位阿姆斯特朗数
25	1 550 475 334 214 501 539 088 894,1 553 242 162 893 771 850 669 378, 3 706 907 995 955 475 988 644 380,3 706 907 995 955 475 988 644 381, 4 422 095 118 095 899 619 457 938
27	121 204 998 563 613 372 405 438 066, 121 270 696 006 801 314 328 439 376, 128 851 796 696 487 777 842 012 787, 174 650 464 499 531 377 631 639 254, 177 265 453 171 792 792 366 489 765
29	14 607 640 612 971 980 372 614 873 089, 19 008 174 136 254 279 995 012 734 740, 19 008 174 136 254 279 995 012 734 741, 23 866 716 435 523 975 980 390 369 295
31	1 145 037 275 765 491 025 924 292 050 346, 1 927 890 457 142 960 697 580 636 236 639, 2 309 092 682 616 190 307 509 695 338 915
32	17 333 509 997 782 249 308 725 103 962 772
33	186 709 961 001 538 790 100 634 132 976 990, 186 709 961 001 538 790 100 634 132 976 991
34	1 122 763 285 329 372 541 592 822 900 204 593
35	12 639 369 517 103 790 328 947 807 201 478 392, 12 679 937 780 272 278 566 303 885 594 196 922
37	1 219 167 219 625 434 121 569 735 803 609 966 019
38	12 815 792 078 366 059 955 099 770 545 296 129 367
39	115 132 219 018 763 992 565 095 597 973 971 522 400, 115 132 219 018 763 992 565 095 597 973 971 522 401

图 1-12

当 $k=2,12,13,15,18,22,26,28,30,36$(及 $k>39$)时，不存在阿姆斯特朗数。实际上，在整个十进制数字里，只有 89 个阿姆斯特朗数。

以下这些是**连续的**阿姆斯特朗数：

$k=3$　　370,371

$k=8$　　24 678 050,24 678 051

$k=11$　　32 164 049 650,32 164 049 651

$k=16$　　4 338 281 769 391 370,4 338 281 769 391 371

$k=25$	3 706 907 995 955 475 988 644 380,3 706 907 995 955 475 988 644 381
$k=29$	19 008 174 136 254 279 995 012 734 740, 19 008 174 136 254 279 995 012 734 741
$k=33$	186 709 961 001 538 790 100 634 132 976 990, 186 709 961 001 538 790 100 634 132 976 991
$k=39$	115 132 219 018 763 992 565 095 597 973 971 522 400, 115 132 219 018 763 992 565 095 597 973 971 522 401

顺便提一句,第一个阿姆斯特朗数 153 还有其他神奇的属性。比如,它是一个三角数:

$$1+2+3+4+5+6+7+8+9+10+11+12+13+14+15+16+17=153$$

数字 153 不仅等于其各数位上的数字的立方和($1^3+5^3+3^3=1+125+27=153$),它还可以用连续的阶乘[1]和来表示:$1!+2!+3!+4!+5!=153$。

关于这个无处不在的数字,你还能发现更多其他特性吗?

更多罕见而有趣的数字关系

作为阿姆斯特朗数的"延伸",我们会继续介绍更多各数位上的数字的幂之和与原数字相等的实例。但是两者有所不同,在阿姆斯特朗数中,各数位上的数字的幂的指数与原数字的位数相同,而在接下来要介绍的例子里,各个数位上的数字的幂的指数会比原数字的位数多 1 或少 1。

首先,我们来看一下这些四位数,它们各个数位上的数字的 5 次幂之和等于原来的数字。

$4\ 150 = 4^5 + 1^5 + 5^5 + 0^5$

$4\ 151 = 4^5 + 1^5 + 5^5 + 1^5$

其次,以下是一些非阿姆斯特朗数的其他例子:

$194\ 979 = 1^5 + 9^5 + 4^5 + 9^5 + 7^5 + 9^5$

[1] $n!$ 读作"n 的阶乘",$n!=n\cdot(n-1)\cdot(n-2)\cdots\cdots3\cdot2\cdot1$。

$$14\ 459\ 929 = 1^7 + 4^7 + 4^7 + 5^7 + 9^7 + 9^7 + 2^7 + 9^7$$

这是一个有 41 个数位的数字[1],其各数位上的数字的 42 次幂之和等于该数字:36 428 594 490 313 158 783 584 452 532 870 892 261 556

$$\begin{aligned}&3^{42} + 6^{42} + 4^{42} + 2^{42} + 8^{42} + 5^{42} + 9^{42} + 4^{42} + 4^{42} + 9^{42} + 0^{42} + 3^{42} + 1^{42} + 3^{42}\\&\quad + 1^{42} + 5^{42} + 8^{42} + 7^{42} + 8^{42} + 3^{42} + 5^{42} + 8^{42} + 4^{42} + 4^{42} + 5^{42}\\&\quad + 2^{42} + 5^{42} + 3^{42} + 2^{42} + 8^{42} + 7^{42} + 0^{42} + 8^{42} + 9^{42} + 2^{42} + 2^{42}\\&\quad + 6^{42} + 1^{42} + 5^{42} + 5^{42} + 6^{42}\\&\quad = 36\ 428\ 594\ 490\ 313\ 158\ 783\ 584\ 452\ 532\ 870\ 892\ 261\ 556\end{aligned}$$

数字和幂之间的关系很吸引人,不妨看看以下例子,感受下个中的乐趣。

请留心,这些例子与之前所述的正好相反,幂的指数与原数字相同,而幂的底数则保持不变。

$$4\ 624 = 4^4 + 4^6 + 4^2 + 4^4$$
$$1\ 033 = 8^1 + 8^0 + 8^3 + 8^3$$
$$595\ 968 = 4^5 + 4^9 + 4^5 + 4^9 + 4^6 + 4^8$$
$$3\ 909\ 511 = 5^3 + 5^9 + 5^0 + 5^9 + 5^5 + 5^1 + 5^1$$
$$13\ 177\ 388 = 7^1 + 7^3 + 7^1 + 7^7 + 7^7 + 7^3 + 7^8 + 7^8$$
$$52\ 135\ 640 = 19^5 + 19^2 + 19^1 + 19^3 + 19^5 + 19^6 + 19^4 + 19^0$$

还有一些与上述例子截然不同的数字,它们呈现出更为惊人的模式:各数位上的数字的幂的指数和底数都与原数位上的数字保持一致[2]。

$$3\ 435 = 3^3 + 4^4 + 3^3 + 5^5$$
$$438\ 579\ 088 = 4^4 + 3^3 + 8^8 + 5^5 + 7^7 + 9^9 + 0^0 + 8^8 + 8^8$$

我们还发现了这种模式的反转版,也就是说,幂的底数与原数位上的数字保持一致,但指数却以原数位上的数字的倒序排列。

[1] 参阅: L. E. Deimel Jr. and M. T. Jones, *Journal of Recreational Mathematics* 14, no. 4(1981-1982): 284.

[2] 虽然 0^0 没有商定值,但在这里出于推导的目的,我们将其结果定义为 0。

$48\ 625 = 4^5 + 8^2 + 6^6 + 2^8 + 5^4$

$397\ 612 = 3^2 + 9^1 + 7^6 + 6^7 + 1^9 + 2^3$

如果检索一下我们的计数系统,就能发现很多有趣好玩的模式,比如以下的例子中,各数位上的数字的指数是连续的自然数:

$43 = 4^2 + 3^3$

$63 = 6^2 + 3^3$

$89 = 8^1 + 9^2$

$1\ 676 = 1^5 + 6^4 + 7^3 + 6^2$

然而,当我们尝试定义上述数字关系的规律,并用连续的自然数作为指数时,我们发掘出以下这些令人惊异的关系:

$135 = 1^1 + 3^2 + 5^3$

$175 = 1^1 + 7^2 + 5^3$

$518 = 5^1 + 1^2 + 8^3$

$598 = 5^1 + 9^2 + 8^3$

$1\ 306 = 1^1 + 3^2 + 0^3 + 6^4$

$1\ 676 = 1^1 + 6^2 + 7^3 + 6^4$

$2\ 427 = 2^1 + 4^2 + 2^3 + 7^4$

$2\ 646\ 798 = 2^1 + 6^2 + 4^3 + 6^4 + 7^5 + 9^6 + 8^7$

你可能会留意到,1 676 同时出现在两个连续指数的列表中。

在以下的例子中你还能感受到数学更大的魅力,当然此处讨论的还是在十进制数字的范围内。以下这些例子中,你可能会觉得有点人为操作的痕迹,但我们只是希望强调,在我们的计数系统中,可能还有无穷无尽、极具价值的成果尚待我们挖掘。

$$\mathbf{16}^3 + \mathbf{50}^3 + \mathbf{33}^3 = 4\ 096 + 125\ 000 + 35\ 937 = \mathbf{165\ 033} = 165\ 033$$

$$\mathbf{166}^3 + \mathbf{500}^3 + \mathbf{333}^3 = 4\ 574\ 296 + 125\ 000\ 000 + 36\ 926\ 037$$
$$= \mathbf{166\ 500\ 333} = 166\ 500\ 333$$

$$\mathbf{588}^2 + \mathbf{2\ 353}^2 = 345\ 744 + 5\ 536\ 609 = \mathbf{5\ 882\ 353} = 5\ 882\ 353$$

更多非比寻常的数字关系

在十进制计数制中,特定数字之间也存在着非比寻常的关系。关于这部分,没有太多需要解释的地方。所以只要享受其中的乐趣,然后看看你能不能找到与它们相似的其他数字。

以下是一些数字对,它们的和与乘积的数位顺序刚好相互颠倒(见图 1-13)。

数字对		乘积	和
9	9	81	18
3	24	72	27
2	47	94	49
2	497	994	499

图 1-13

我们继续数字探秘,看一下 3 025 这个数字。如果我们将它拆分为 30 和 25,然后将两者相加 30+25=55。接着,如果我们取 55 的平方,会惊讶地发现我们竟然回到了原点:$55^2=3\ 025$。那么问题就来了:"这个操作是不是也适用于其他数字?"

没错,的确还有一些这样的数字:

$9\ 801 \to 98+01=99$ 且 $99^2=9\ 801$

$2\ 025 \to 20+25=45$ 且 $45^2=2\ 025$

$088\ 209 \to 088+209=297$ 且 $297^2=88\ 209$

$494\ 209 \to 494+209=703$ 且 $703^2=494\ 209$

$998\ 001 \to 998+001=999$ 且 $999^2=998\ 001$

$99\ 980\ 001 \to 9\ 998+0\ 001=9\ 999$ 且 $9\ 999^2=99\ 980\ 001$

也许你还能发现更多存在相同关系的其他数字。

既然我们都进入"拆"数字的模式了,那么我们就继续拆下去,看能不能得出其他有趣的关系。

$1\ 233 \to 12|33 = 12^2 + 33^2$

$8\ 833 \to 88|33 = 88^2 + 33^2$

$990\ 100 \to 990|100 = 990^2 + 100^2$

$94\ 122\ 353 \to 9412|2353 = 9\ 412^2 + 2\ 353^2$

$7\ 416\ 043\ 776 \to 74160|43776 = 74\ 160^2 + 43\ 776^2$

$116\ 788\ 321\ 168 \to 116788|321168 = 116\ 788^2 + 321\ 168^2$

$221\ 859 \to 22|18|59 = 22^3 + 18^3 + 59^3$

$166\ 500\ 333 \to 166|500|333 = 166^3 + 500^3 + 333^3$

你可能会想验证以下这些可拆分的数字，在这些数字中，拆分后的各部分的平方和等于原来的数字：

$$10\ 100 \to 10|100 = 10^2 + 100^2$$

$$5\ 882\ 353 \to 588|2353 = 588^2 + 2353^2$$

能袭用相同规律的数字还有以下这些：9 901 0|09 901 1 765 0|38 125 2 584 0|43 776 999 900|010 000 123 288|328 768 等。不妨尝试验证这个关系，你也可以发现更多类似的数字。

如果取的是两部分平方的差而不是和，也能产生出类似的有趣关系：

$$48 \to 4|8 = 8^2 - 4^2$$

$$3\ 468 \to 34|68 = 68^2 - 34^2$$

$$416\ 768 \to 416|768 = 768^2 - 416^2$$

$$33\ 346\ 668 \to 3334|6668 = 6\ 668^2 - 3\ 334^2$$

你可能也想验证以下这些可拆分的数字，它们拆分后的平方差等于原数字：16|128 34|188 140|400 484|848 530|901 334|668 234|1 548 等。

一种特殊的情况

有时候，数字可能会因为一些意外而发生改变。最近一本出版物中记载了这样的情况：因为电脑出现故障，所有乘方的指数都成了普通数字，比如，8^3 显示为 83。这当中有没有一个值会不受电脑故障的影响呢？你可以试验所有的可能性，然后偶然间，你会发现 $2^5 \cdot 9^2 = 2\ 592$，相信这就是唯一一个不受影响的值。

亲和数

是什么能使两个数字变得友好亲和呢？你的第一反应可能是，这些数字对你很友好。其实，我们即将要观察的，是数字之间怎么对另一方"友好"。数学家们曾界定过，如果两个数字中，**彼此的**全部真因数[1]之和与另一方相等，那么这一对数字称为"亲和数"(在更为专业的著作中，也常用"amicable"一词，意为"友善")。

听着很复杂？其实要理解起来也没有那么困难。我们先来看一下最小的一对亲和数吧。

220 的因数(220 本身除外)有 1,2,4,5,10,11,20,22,44,55 和 110，这些因数的总和是 1+2+4+5+10+11+20+22+44+55+110 = **284**。

284 的因数(284 本身除外)有 1,2,4,71 和 142，这些因数的总和是 1+2+4+71 = **220**。由此可见，这两个数字是亲和数。

尽管早在约公元前 500 年，毕达哥拉斯就已经发现了这一对亲和数，但是直到 1636 年，法国数学家皮耶·德·费马[2](1607—1665)才发现第二对亲和数：17 296 和 18 416。

$$17\ 296 = 2^4 \cdot 23 \cdot 47, \quad 18\ 416 = 2^4 \cdot 1\ 151$$

17 296 的因数之和为：

$$1 + 2 + 4 + 8 + 16 + 23 + 46 + 47 + 92 + 94 + 184 + 188 + 368 + 376 + 752 + 1\ 081 + 2\ 162 + 4\ 324 + 8\ 648 = \mathbf{18\ 416}$$

18 416 的因数之和为：

---

[1] 对数字 n 而言，**真因数**是指比数字 n 小的因数，所以 1 是真因数，但 n 不是。

[2] 也有证据表明，费马的发现曾被摩洛哥数学家伊本·班纳·马拉库什·亚兹德(Ibn al-Banna alMarakushi al-Azdi，1256—约 1321)预言过。

1 + 2 + 4 + 8 + 16 + 1 151 + 2 302 + 4 604 + 9 208 = **17 296**

所以，它们真的是很友好的亲和数！

两年后，法国数学家勒内·笛卡尔（1596—1650）发现了另一对亲和数：9 363 584 和 9 437 056。直至 1747 年，瑞士数学家莱昂哈德·欧拉（1707—1783）发现了 60 对亲和数，但他似乎遗漏了第二小的亲和数，然后在 1866 年被 16 岁的少年尼科洛·帕格尼尼发现了：

1 184 的因数之和为 1+2+4+8+16+32+37+74+148+296+592=1 210

而 1 210 的因数之和为 1+2+5+10+11+22+55+110+121+242+605=1 184

时至今日，我们已找到了超过 363 000 对亲和数，其中包括：

2 620 和 2 924

5 020 和 5 564

6 232 和 6 368

10 744 和 10 856

12 285 和 14 595

63 020 和 76 084

111 448 537 712 和 118 853 793 424

你可能会想验证一下上述亲和数的“友谊”！

对专家来说，以下公式是寻找亲和数的一种办法：

$$\text{假设 } a = 3 \cdot 2^{n} - 1$$
$$b = 3 \cdot 2^{n-1} - 1$$
$$c = 3^{2} \cdot 2^{2n-1} - 1$$

如果 n 是≥2 的整数，且 a,b,c 均为质数，则 $2^{n} \cdot ab$ 和 $2^{n} \cdot c$ 是亲和数。（注意，当 $n=2,4,7$ 时，a,b,c 均为质数。）

图 1-14 是小于 10 000 000 的亲和数列表：

	第一个数字	第二个数字	发现年份/年	发现者
1	220	284	—	毕达哥拉斯
2	1 184	1 210	1860	帕格尼尼
3	2 620	2 924	1747	欧拉
4	5 020	5 564	1747	欧拉
5	6 232	6 368	1747	欧拉
6	10 744	10 856	1747	欧拉
7	12 285	14 595	1939	布朗
8	17 296	18 416	约 1310/1636	伊本·班纳/费马
9	63 020	76 084	1747	欧拉
10	66 928	66 992	1747	欧拉
11	67 095	71 145	1747	欧拉
12	69 615	87 633	1747	欧拉
13	79 750	88 730	1964	罗尔夫
14	100 485	124 155	1747	欧拉
15	122 265	139 815	1747	欧拉
16	122 368	123 152	1941/1942	普莱
17	141 664	153 176	1747	欧拉
18	142 310	168 730	1747	欧拉
19	171 856	176 336	1747	欧拉
20	176 272	180 848	1747	欧拉
21	185 368	203 432	1966	阿拉宁/奥雷/斯坦普尔
22	196 724	202 444	1747	欧拉
23	280 540	365 084	1966	阿拉宁/奥雷/斯坦普尔
24	308 620	389 924	1747	欧拉
25	319 550	430 402	1966	阿拉宁/奥雷/斯坦普尔
26	356 408	399 592	1921	梅森
27	437 456	455 344	1747	欧拉
28	469 028	486 178	1966	阿拉宁/奥雷/斯坦普尔
29	503 056	514 736	1747	欧拉
30	522 405	525 915	1747	欧拉

(续)

	第一个数字	第二个数字	发现年份/年	发现者
31	600 392	669 688	1921	梅森
32	609 928	686 072	1747	欧拉
33	624 184	691 256	1921	梅森
34	635 624	712 216	1921	梅森
35	643 336	652 664	1747	欧拉
36	667 964	783 556	1966	阿拉宁/奥雷/斯坦普尔
37	726 104	796 696	1921	梅森
38	802 725	863 835	1966	阿拉宁/奥雷/斯坦普尔
39	879 712	901 424	1966	阿拉宁/奥雷/斯坦普尔
40	898 216	980 984	1747	欧拉
41	947 835	1 125 765	1946	埃斯科特
42	998 104	1 043 096	1966	阿拉宁/奥雷/斯坦普尔
43	1 077 890	1 099 390	1966	李
44	1 154 450	1 189 150	1957	加西亚
45	1 156 870	1 292 570	1946	埃斯科特
46	1 175 265	1 438 983	1747	欧拉
47	1 185 376	1 286 744	1929	热拉尔丹
48	1 280 565	1 340 235	1747	欧拉
49	1 328 470	1 483 850	1966	李
50	1 358 595	1 486 845	1747	欧拉
51	1 392 368	1 464 592	1747	欧拉
52	1 466 150	1 747 930	1966	李
53	1 468 324	1 749 212	1967	布拉特里/麦凯
54	1 511 930	1 598 470	1946	埃斯科特
55	1 669 910	2 062 570	1966	李
56	1 798 875	1 870 245	1967	布拉特里/麦凯
57	2 082 464	2 090 656	1747	欧拉
58	2 236 570	2 429 030	1966	李
59	2 652 728	2 941 672	1921	梅森

（续）

	第一个数字	第二个数字	发现年份/年	发现者
60	2 723 792	2 874 064	1929	普莱
61	2 728 726	3 077 354	1966	李
62	2 739 704	2 928 136	1747	欧拉
63	2 802 416	2 947 216	1747	欧拉
64	2 803 580	3 716 164	1967	布拉特里/麦凯
65	3 276 856	3 721 544	1747	欧拉
66	3 606 850	3 892 670	1967	布拉特里/麦凯
67	3 786 904	4 300 136	1747	欧拉
68	3 805 264	4 006 736	1929	普莱
69	4 238 984	4 314 616	1967	布拉特里/麦凯
70	4 246 130	4 488 910	1747	欧拉
71	4 259 750	4 445 050	1966	李
72	4 482 765	5 120 595	1957	加西亚
73	4 532 710	6 135 962	1957	加西亚
74	4 604 776	5 162 744	1966	李
75	5 123 090	5 504 110	1966	李
76	5 147 032	5 843 048	1747	欧拉
77	5 232 010	5 799 542	1967	布拉特里/麦凯
78	5 357 625	5 684 679	1966	李
79	5 385 310	5 812 130	1967	布拉特里/麦凯
80	5 459 176	5 495 264	1967	李
81	5 726 072	6 369 928	1921	梅森
82	5 730 615	6 088 905	1966	李
83	5 864 660	7 489 324	1967	布拉特里/麦凯
84	6 329 416	6 371 384	1966	李
85	6 377 175	6 680 025	1966	李
86	6 955 216	7 418 864	1946	埃斯科特
87	6 993 610	7 158 710	1957	加西亚
88	7 275 532	7 471 508	1967	布拉特里/麦凯

（续）

	第一个数字	第二个数字	发现年份/年	发现者
89	7 288 930	8 221 598	1966	李
90	7 489 112	7 674 088	1966	李
91	7 577 350	8 493 050	1966	李
92	7 677 248	7 684 672	1884	泽尔霍夫
93	7 800 544	7 916 696	1929	热拉尔丹
94	7 850 512	8 052 488	1966	李
95	8 262 136	8 369 864	1966	李
96	8 619 765	9 627 915	1957	加西亚
97	8 666 860	10 638 356	1966	李
98	8 754 130	10 893 230	1946	埃斯科特
99	8 826 070	10 043 690	1967	布拉特里/麦凯
100	9 071 685	9 498 555	1946	埃斯科特
101	9 199 496	9 592 504	1929	热拉尔丹/普莱
102	9 206 925	10 791 795	1967	布拉特里/麦凯
103	9 339 704	9 892 936	1966	李
104	9 363 584	9 437 056	约 1600/1638	亚兹迪/笛卡尔
105	9 478 910	11 049 730	1967	布拉特里/麦凯
106	9 491 625	10 950 615	1967	布拉特里/麦凯
107	9 660 950	10 025 290	1966	李
108	9 773 505	11 791 935	1967	布拉特里/麦凯

图 1-14　小于 10 000 000 的亲和数列表

其他类型的“亲和”数

我们可以经常寻找数字间的友好关系。有些关系真的会让人难以想象，比如这一对数字 6 025 和 3 869。

按照以下步骤，一起来验证下这些神奇的结果。

$6\,205 = 38^2 + 69^2$ 和 $3\,869 = 62^2 + 05^2$

$5\ 965 = 77^2 + 06^2$ 和 $7\ 706 = 59^2 + 65^2$

类似地，留意以下等式的对称性：

$244 = 1^3 + 3^3 + 6^3$ 和 $136 = 2^3 + 4^3 + 4^3$

寻找以某种有意义的方式关联起来的其他数字，既具有挑战性，又能收获成就感。你可能会想尝试下，看自己能否创造出一些亲和数对。

另一种非同寻常的数字关系

有些特定的数字对，哪怕将各自数位上数字颠倒过来，它们的乘积依然不变，你能想象吗？比如，$12 \cdot 42 = 504$，如果我们把两个数字的数位都颠倒过来，即 $21 \cdot 24 = 504$，乘积不变。同样的关系也发生在数字 36 和 84 之间，即 $36 \cdot 84 = 3\ 024 = 63 \cdot 48$。

说到这你可能会好奇，其他数字对也会存在这样的关系吗？答案是会的，但只有 14 对数字会出现这样的情况：

$$12 \cdot 42 = 21 \cdot 24 = 504$$
$$12 \cdot 63 = 21 \cdot 36 = 756$$
$$12 \cdot 84 = 21 \cdot 48 = 1\ 008$$
$$13 \cdot 62 = 31 \cdot 26 = 806$$
$$13 \cdot 93 = 31 \cdot 39 = 1\ 209$$
$$14 \cdot 82 = 41 \cdot 28 = 1\ 148$$
$$23 \cdot 64 = 32 \cdot 46 = 1\ 472$$
$$23 \cdot 96 = 32 \cdot 69 = 2\ 208$$
$$24 \cdot 63 = 42 \cdot 36 = 1\ 512$$
$$24 \cdot 84 = 42 \cdot 48 = 2\ 016$$
$$26 \cdot 93 = 62 \cdot 39 = 2\ 418$$
$$34 \cdot 86 = 43 \cdot 68 = 2\ 924$$
$$36 \cdot 84 = 63 \cdot 48 = 3\ 024$$
$$46 \cdot 96 = 64 \cdot 69 = 4\ 416$$

我们不妨仔细观察下上述 14 对数字,在每一个例子中,十位数的乘积和个位数的乘积都是相等的。我们可以借助下列代数方法来思考这个现象,假设有数字 z_1, z_2, z_3, z_4:

$$z_1 \cdot z_2 = (10a + b) \cdot (10c + d) = 100ac + 10ad + 10bc + bd$$

且

$$z_3 \cdot z_4 = (10b + a) \cdot (10d + c) = 100bd + 10bc + 10ad + ac$$

这里 a, b, c, d 代表十位上 0,1,2,…,9 任意一个数字,且 $a \neq 0$ 及 $c \neq 0$。

要使 $z_1 \cdot z_2 = z_3 \cdot z_4$,则

$$\begin{aligned} 100ac + 10ad + 10bc + bd &= 100bd + 10bc + 10ad + ac \\ 100ac + bd &= 100bd + ac \\ 99ac &= 99bd \\ ac &= bd \end{aligned}$$

结论与我们之前观察到的一致。

完全数

大多数数学老师可能都告诉过你,数学里的一切都是完美的。那我们就假设数学方面的一切都是完美的,那这种完美有比较级吗,有没有可能存在最完美的东西?于是我们遇见了这样一种数字:完全数,这是一个数学界官方命名的名称。在数论领域,有一种名为“完全数”的存在。如果一个数恰好等于它的真因数(即除了自身以外的约数)之和,则称该数为“完全数”。最小的完全数是 6,因为 6=1+2+3,这正好是除了 6 以外的所有约数之和[1]。

下一个比 6 大的完全数是 28,因为 28=1+2+4+7+14。然后下一个完全数是 496,因为 496 的所有真因数之和等于 496:496=1+2+4+8+16+31+62+124+248。

---

[1] 这也是唯一一个 3 个相同数字的和与乘积相等的数字:$6=1 \cdot 2 \cdot 3=3!$ 另外,$6=\sqrt{1^3+2^3+3^3}$,同样有趣的是,$\frac{1}{1}=\frac{1}{2}+\frac{1}{3}+\frac{1}{6}$。顺便提一下,6 及其平方数 36 都是三角数。

前四个完全数是由古希腊人发现的，分别是 6，28，496 和 8 128。

欧几里得（约公元前 300 年）提出了一个定理，概括出寻找完全数的计算方法。他表示，对于整数 k，如果 2^k-1 是质数，则 $2^{k-1}(2^k-1)$ 是完全数。

也就是说，只要我们找到能让 2^k-1 成为质数的 k 值，我们就能得到一个完全数。对于 k，我们不需要尝试所有整数，因为如果 k 是合数，那么 2^k-1 也必然为合数[1]。

如果用欧几里得提出的定理来找完全数，我们可以得到以下的表格（图 1-15）：

k 值	**当 2^k-1 是质数时，对应 $2^{k-1}(2^k-1)$ 的值**
2	6
3	28
4	496
7	8 128
13	33 550 336
17	8 589 869 056
19	137 438 691 328

图 1-15

接下来的一些完全数是：

2 305 843 008 139 952 128

2 658 455 991 569 831 744 654 692 615 953 842 176

191 561 942 608 236 107 294 793 378 084 303 638 130 997 321 548 169 216

当然，我们也不期望你逐个检验，其实你相信我们的话就行。

通过观察，我们发现了完全数的一些特性。它们似乎都以 6 或 28 结尾，而且 6 和 28 之前的数位都是奇数；另外，它们看起来都是三角数，也就是连

[1] 如果 $k=pq$，则 $2^k-1=2^{pq}-1=(2^p-1)(2^{p(q-1)}+2^{p(q-2)}+\cdots+1)$。因此，当 2^k-1 是质数时，必然 k 是质数，但这不代表当 k 是质数时，2^k-1 就是质数，我们可以从下表中 k 与对应 2^k-1 的值中看出：

k	2	3	5	7	11	13
2^k-1	3	7	31	127	2 047	8 191

其中，$2\,047=23\cdot89$ 不是质数，所以不符合完全数的标准。

续自然数的总和(例如,496=1+2+3+4+…+28+29+30+31)。

我们继续推算下去,每个比 6 大的完全数都是 $1^3+3^3+5^3+7^3+9^3+11^3+\cdots$ 这一数列的部分总和,例如：

$$28 = 1^3 + 3^3$$

$$496 = 1^3 + 3^3 + 5^3 + 7^3$$

$$8\,128 = 1^3 + 3^3 + 5^3 + 7^3 + 9^3 + 11^3 + 13^3 + 15^3$$

比 6 大的完全数与连续奇数的立方数之和的关系真的远超我们的想象!

你也可以试着寻找一下其他完全数等于上述数列的哪部分总和。

我们尚不清楚是否存在奇数完全数,因为目前为止还没有人发现。借助如今的计算机技术,我们更容易发现更多完全数。你可以试试利用欧几里得的计算公式寻找更大的完全数。

三角数

我们可以数字所代表的正方形的数量所构成的形状来对数字进行分类。例如,如果我们有 4 个正方形,则可以轻松得到一个正方形排列。同样地,我们利用 9 个或 16 个正方形也能得到正方形排列。这些都是众所周知的平方数:1,4,9,16,25,36,49,…(见图 1-16),这些数字(即 n^2)可从前 n 位奇数自然数的和推算而来。

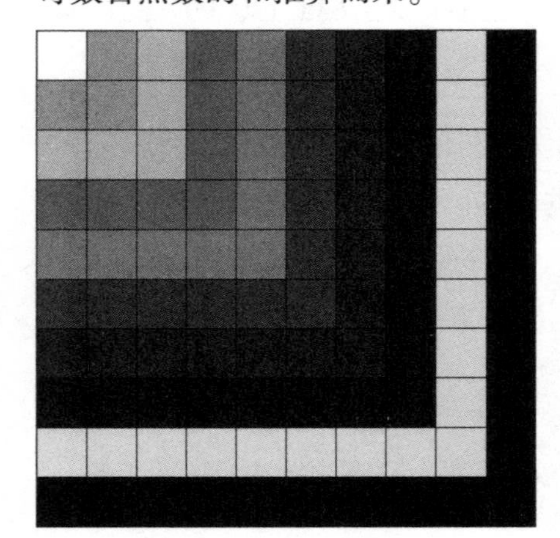

1=1
4=1+3
9=1+3+5
16=1+3+5+7
25=1+3+5+7+9
36=1+3+5+7+9+11
49=1+3+5+7+9+11+13
64=1+3+5+7+9+11+13+15
81=1+3+5+7+9+11+13+15+17
100=1+3+5+7+9+11+13+15+17+19

图 1-16

更鲜为人知,但可能更令人着迷的是三角数。这些数字代表着能构成等边三角形的点的数量(见图 1-17),它们依次为:1,3,6,10,15,21,28,…。

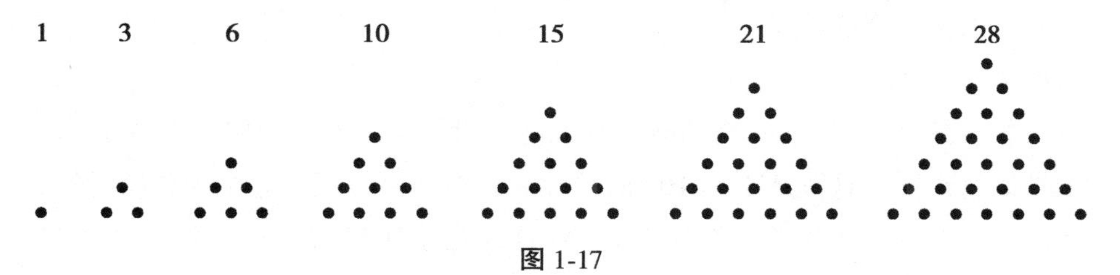

图 1-17

我们只需计算前 n 个自然数的和,即可得出第 n 个三角数(我们称其为 t_n),详见图 1-18 及附录。

n	前 n 个自然数的和	三角数 t_n
1	1	1
2	1+2	3
3	1+2+3	6
4	1+2+3+4	10
5	1+2+3+4+5	15
6	1+2+3+4+5+6	21
7	1+2+3+4+5+6+7	28
8	1+2+3+4+5+6+7+8	36
9	1+2+3+4+5+6+7+8+9	45
10	1+2+3+4+5+6+7+8+9+10	55
11	1+2+3+4+5+6+7+8+9+10+11	66
12	1+2+3+4+5+6+7+8+9+10+11+12	78
13	1+2+3+4+5+6+7+8+9+10+11+12+13	91
14	1+2+3+4+5+6+7+8+9+10+11+12+13+14	105
15	1+2+3+4+5+6+7+8+9+10+11+12+13+14+15	120
16	1+2+3+4+5+6+7+8+9+10+11+12+13+14+15+16	136
17	1+2+3+4+5+6+7+8+9+10+11+12+13+14+15+16+17	153
18	1+2+3+4+5+6+7+8+9+10+11+12+13+14+15+16+17+18	171

图 1-18

我们先偏题一下,探讨一下计算连续自然数之和的简便方法。卡尔·弗里德里希·高斯(1777—1855)也许是历史上最具天赋的数学家之一。他在数学领域取得辉煌成就的部分原因,可归功于他那神乎其技的“对大量的数字进行运算”的能力——他能以惊人的速度进行算术运算。他所推导的许多数学定理都可归因于他能人所不能。这种天赋让他对数量关系形成更为深入的洞见,助力他取得了许多至今仍举世闻名的突破。高斯在小学时代有个家喻户晓的故事[1],刚好可以作为一个很好的开场白,引出算术数列加法这个话题。

故事是这样的:小高斯的老师比特纳先生,想让班上的同学专注起来;于是他就让同学计算从 1 到 100 的总和。就在他刚布置完这个任务的时候,小高斯就在自己的板子上写了个数字,这还是个正确答案!比特纳先生自然会觉得高斯要么是算错了,要么就是作弊了。总之,他没有理会高斯的回答,等学生花了差不多的时间计算后,他才询问其他同学的答案。但是,除了高斯以外,没有人算出正确的结果。为什么高斯通过心算就能算出答案?高斯解释了自己的方法:与其把数字按照它们出现的次序计算,亦即 1+2+3+4+…+97+98+99+100,他觉得把一头一尾的两个数相加会更合理,也就是第一个数加倒数第一个数,第二个数加倒数第二个数,第三个数加倒数第三个数,依此类推。这样就能得出一个简单得多的求和:

$$1+100=101;2+99=101;3+98=101;4+97=101$$

更简单地说,我们只要求出 50 对总和为 101 的数字的和即可;也就是,$50\cdot 101=5\ 050$。事实上,高斯推导出连续自然数求和公式 $S=\frac{n}{2}\cdot(a+b)$,其中 n 是指要相加数字的总个数,a 是第一个数,b 是最后一个数。

借用高斯的方法来求前 n 个自然数的和,我们先算出首尾数字之和,然后乘以要相加数字的总个数的一半。例如,如果我们想知道第 200 个三角数(用 t_{200} 表示),我们可以计算从 1 到 200 的自然数之和:1+2+3+4+5+…+196+197+198+199+200。把首尾数字之和成对相加,我们能得到 100 对总和为 201 的数字(如 1+200=201,2+199=201,…),因此得出所有数字的总和 $t_{200}=20\ 100$。

---

[1] 根据 E.T.贝尔所著的《数学大师》(*Men of Mathematics*,西蒙 & 舒斯特公司,1937 年),高斯在成年后讲述过这个故事,但他解释道,当时的情况比交口相传的那个版本要复杂得多。他描述到,当时他的老师比特纳先生给出了一个五位数(如 81 297),并让全班同学把这个五位数与一个三位数(如 198)连续加 100 次,计算整个数列的和。至于哪个版本才是真实发生的,我们也只能靠猜的了!

总结一下,我们能用以下的公式来找到第 n 个三角数:

$$t_n = \frac{n}{2} \cdot (1 + n) = \frac{n \cdot (n + 1)}{2}$$

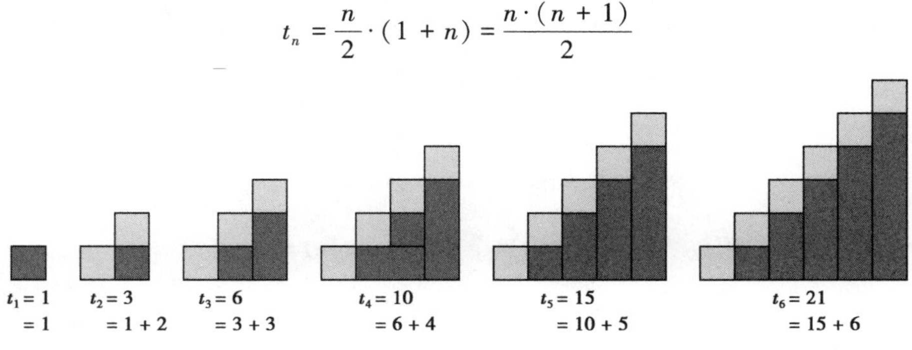

图 1-19

有太多有趣的数字现象与三角数相关,这也是它们让人惊叹的原因。我们在这里展示一些例子,希望你能感受到这些数字的无穷魅力。

- 任意两个连续三角数的和总是一个平方数。例如,$6+10=16=4^2$,$21+28=49=7^2$。如果用符号来表述一下,则是 t_n+t_{n+1} = 一个平方数。你可能想用点阵排列验证一下,当我们将两个连续三角数的点阵排列拼凑在一起时,便能得到一个正方形排列(见图 1-20)。

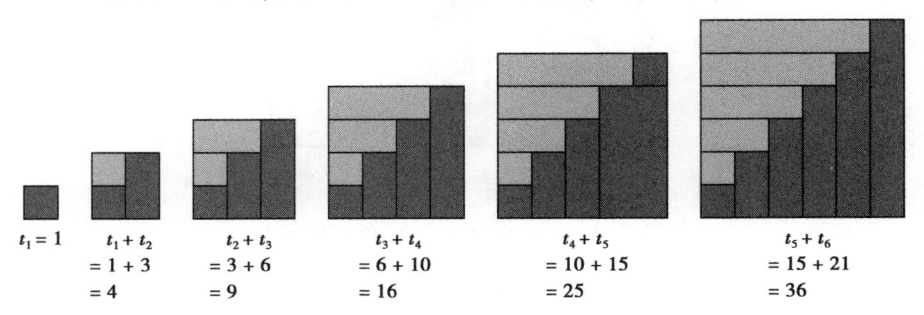

图 1-20

- 三角数的个位不会是 2,4,7 或 9。

- 如果你将一个三角数乘以 9 再加 1,你总能得到另一个三角数。比如:

$$9 \cdot t_3 + 1 = 9 \cdot 6 + 1 = 55 = t_{10}$$

$$9 \cdot t_4 + 1 = 9 \cdot 10 + 1 = 91 = t_{13}$$

$$9 \cdot t_7 + 1 = 9 \cdot 28 + 1 = 253 = t_{22}$$

我们可以用数学符号来表示这个**三角数**：$9t_n+1=t_{3n+1}$。

- 如果你将一个三角数乘以 8 再加 1，你总能得到一个平方数。比如：

$$8\cdot t_3+1=8\cdot 6+1=49=7^2=s_7$$

$$8\cdot t_5+1=8\cdot 15+1=121=11^2=s_{11}$$

$$8\cdot t_8+1=8\cdot 36+1=289=17^2=s_{17}$$

我们可以用数学符号来表示这个**平方数**：$8t_n+1=s_{2n+1}$。

你也能用几何方法验证这个结论，首先将 8 个相同三角数以几何形式排列在一起，其次在正中间加上一个额外的方块，即可得到一个平方数的排列，如图 1-21 所示。

图 1-21

- 前 n 位自然数的立方和等于第 n 位三角数的平方。比如：

$$1^3+2^3+3^3+4^3+5^3=1+8+27+64+125=225=15^2=t_5^2$$

这正是第 5 个三角数的平方。

我们可以用数学符号来表示这个数值：$t_n^2=1^3+2^3+3^3+4^3+\cdots+n^3$

- 对于任意一个自然数 n，如果我们计算从 9 的 0 次幂到 9 的 n 次幂的和，我们会得出一个三角数。也就是说，$9^0+9^1+9^2+9^3+9^4+\cdots+9^n$ 总是一个三角数。为了证明这个说法是“可行的”，我们来观察下前几个数值：

$9^0 = 1 = t_1$

$9^0 + 9^1 = 10 = t_4$

$9^0 + 9^1 + 9^2 = 91 = t_{13}$

$9^0 + 9^1 + 9^2 + 9^3 = 820 = t_{40}$

$9^0 + 9^1 + 9^2 + 9^3 + 9^4 = 7\ 381 = t_{121}$

- 每个比 1 大的 4 次幂都可以表示为两个三角数的和：

$2^4 = 16 = s_4 = 6 + 10 = t_3 + t_4$

$3^4 = 81 = s_9 = 36 + 45 = t_8 + t_9$

$4^4 = 256 = s_{16} = 120 + 136 = t_{15} + t_{16}$

我们来观察下这种模式是如何推演出来的：上述求和的两个三角数中，较大三角数的下标数值正是 4 次幂的底数的平方。我们可以用数学符号来表示这个关系：$n^4 = s_n^2 = t_{n^2-1} + t_{n^2}$

- 大于 1 的三角数不会是 3 次幂、4 次幂或 5 次幂。

- 所有完全数都是三角数，如 6，28，495，8 128，33 550 336…

$6 = t_3$，$28 = t_7$，$495 = t_{31}$，$8\ 128 = t_{127}$，$33\ 550\ 336 = t_{8\ 191}$…

- 数字 3 是唯一一个质数三角数。

- 我们可以把所有自然数表示为最多 3 个三角数的和。举些例子：7 = 6+1；23 = 10+10+3；30 = 21+6+3。你可能想尝试一下将其他数字表示为最多 3 个三角数的和[1]。

- 在比10^{10}小的三角数中，有 28 个三角数是回文数，如下所示：

$1 = t_1$

$3 = t_2$

---

[1] 这个数字关系是由著名数学家卡尔·弗里德里希·高斯首先发现的，他非常引以为豪。1796 年 7 月 10 日，他在日记中写道："我找到了！ *num* = Δ+Δ+Δ"这句话的意思是，每个数字（*num*）都是最多 3 个三角数（Δ）的和。

$6 = t_3$

$55 = t_{10}$

$66 = t_{11}$（指数[1] 11 也是一个回文数）

$171 = t_{18}$

$595 = t_{34}$

$666 = t_{36}$

$3\,003 = t_{77}$（指数也是回文数）

$5\,995 = t_{109}$

$8\,778 = t_{132}$

$15\,051 = t_{173}$

$66\,066 = t_{363}$（指数也是回文数）

$617\,716 = t_{1\,111}$（指数也是回文数）

$828\,828 = t_{1\,287}$

$1\,269\,621 = t_{1\,593}$

$1\,680\,861 = t_{1\,833}$

$3\,544\,453 = t_{2\,662}$（指数也是回文数）

$5\,073\,705 = t_{3\,185}$

$5\,676\,765 = t_{3\,369}$

$6\,295\,926 = t_{3\,548}$

$35\,133\,153 = t_{8\,382}$

$61\,477\,416 = t_{11\,088}$

$178\,727\,871 = t_{18\,906}$

$1\,264\,114\,621 = t_{50\,281}$

$1\,634\,004\,361 = t_{57\,166}$

$5\,289\,009\,825 = t_{102\,849}$

$6\,172\,882\,716 = t_{111\,111}$（指数也是回文数）

- 虽然所有回文三角数倒过来读也是三角数，但是还有些非回文数的三角数，倒过来读也依然是一个三角数。例如，以下这些三角数，倒

---

[1] 用来表明三角数的序数（或位置）的下标数字，被称为指数。

过来读也依然是三角数(其中的回文数用下划线标示)：

1；3；6；10；55；66；120；153；171；190；300；351；595；630；666；820；3 003；5 995；8 778；15 051；17 578；66 066；87 571；156 520；180 300；185 745；547 581；557 040；617 716；678 030；828 828；1 269 621；1 461 195；1 680 861；1 851 850；3 544 453；5 073 705；5 676 765；5 911 641；6 056 940；6 295 926；12 145 056；2 517 506；16 678 200；35 133 153；56 440 000；60 571 521；61 477 416；65 054 121；157 433 640；178 727 871；188 267 310；304 119 453；354 911 403；1 261 250 200；1 264 114 621；1 382 301 910；1 634 004 361；1 775 275 491；1 945 725 771

- 有些三角数也是平方数,例如：

$$t_1 = 1 = 1^2 = s_1$$

$$t_8 = 36 = 6^2 = s_6$$

$$t_{49} = 1\ 225 = 35^2 = s_{35}$$

$$t_{288} = 41\ 616 = 204^2 = s_{204}$$

$$t_{1\ 681} = 1\ 413\ 721 = 1\ 189^2 = s_{1\ 189}$$

$$t_{9\ 800} = 48\ 024\ 900 = 6\ 930^2 = s_{6\ 930}$$

$$t_{57\ 121} = 1\ 631\ 432\ 881 = 40\ 391^2 = s_{40\ 391}$$

$$t_{332\ 928} = 55\ 420\ 693\ 056 = 235\ 416^2 = s_{235\ 416}$$

- 有些三角数对的和以及差也是三角数(见图 1-22)：

三角数对	两数的和	两数的差
$t_5=15, t_6=21$	$15+21=36=t_8$	$21-15=6=t_3$
$t_{14}=105, t_{18}=171$	$105+171=276=t_{23}$	$171-105=66=t_{11}$
$t_{27}=378, t_{37}=703$	$378+703=1\ 081=t_{46}$	$703-378=325=t_{25}$
$t_{39}=780, t_{44}=990$	$t_{44}+t_{39}=1\ 770=t_{59}$	$t_{44}-t_{39}=210=t_{20}$
$t_{54}=1\ 485, t_{91}=4\ 186$	$t_{91}+t_{54}=5\ 671=t_{106}$	$t_{91}-t_{54}=2\ 701=t_{73}$
$t_{65}=2\ 145, t_{86}=3\ 741$	$t_{86}+t_{65}=5\ 886=t_{108}$	$t_{86}-t_{65}=1\ 596=t_{56}$
$t_{104}=5\ 460, t_{116}=6\ 786$	$t_{116}+t_{104}=12\ 246=t_{156}$	$t_{116}-t_{104}=1\ 326=t_{51}$
$t_{125}=7\ 875, t_{132}=8\ 778$	$t_{132}+t_{125}=16\ 653=t_{182}$	$t_{132}-t_{125}=903=t_{42}$

图 1-22

- 有些三角数是两个连续数字的乘积，见图 1-23 举出的例子：

$$
\begin{aligned}
2\cdot 3 &= 6 &&= t_{3}\\
14\cdot 15 &= 210 &&= t_{20}\\
84\cdot 85 &= 7\ 140 &&= t_{119}\\
492\cdot 493 &= 242\ 556 &&= t_{696}\\
2\ 870\cdot 2\ 871 &= 8\ 239\ 770 &&= t_{4\ 059}\\
16\ 730\cdot 16\ 731 &= 279\ 909\ 630 &&= t_{23\ 660}\\
97\ 512\cdot 97\ 513 &= 9\ 508\ 687\ 656 &&= t_{137\ 903}
\end{aligned}
$$

图 1-23

- 有 6 个三角数是 3 个连续数字的乘积，如图 1-24 所示：

$$
\begin{aligned}
1\cdot 2\cdot 3 &= 6 &&= t_{3}\\
4\cdot 5\cdot 6 &= 120 &&= t_{15}\\
5\cdot 6\cdot 7 &= 210 &&= t_{20}\\
9\cdot 10\cdot 11 &= 990 &&= t_{44}\\
56\cdot 57\cdot 58 &= 185\ 136 &&= t_{608}\\
636\cdot 637\cdot 638 &= 258\ 474\ 216 &&= t_{22\ 736}
\end{aligned}
$$

图 1-24

- 事实上，甚至有一个三角数是 3，4，5 个连续数字的乘积：$\mathbf{4\cdot 5\cdot 6=2\cdot 3\cdot 4\cdot 5=1\cdot 2\cdot 3\cdot 4\cdot 5=120=}t_{15}\mathbf{=5!}$

- 有些三角数是两个质数的乘积，见图 1-25 中举的部分例子：

$$
\begin{aligned}
2\cdot 3 &= 6 &&= t_{3}\\
3\cdot 5 &= 15 &&= t_{5}\\
3\cdot 7 &= 21 &&= t_{6}\\
5\cdot 11 &= 55 &&= t_{10}\\
7\cdot 13 &= 91 &&= t_{13}\\
11\cdot 23 &= 253 &&= t_{22}\\
19\cdot 37 &= 703 &&= t_{37}
\end{aligned}
$$

图 1-25

- 有些三角数能被它的各数位上的数字之和整除。例如：三角数 $t_{17}=153$，其各数位上的数字之和为 $1+5+3=9$，因为 $\frac{153}{9}=17$，所以该三角数能被各数位上的数字之和整除。其他能被各数位上的数字之和整除的三角数还有：

1；3；6；10；21；36；45；120；153；171；190；210；300；351；378；465；630；666；780；820；990；1 035；1 128；1 275；1 431；1 540；1 596；1 770；2 016；2 080；2 556；2 628；2 850；2 926；3 160；3 240；3 321；3 486；3 570；4 005；4 465；4 560；4 950；5 050；5 460；5 565；5 778；5 886；7 140；7 260；8 001；8 911；9 180；10 011；10 296；10 440；11 175；11 476；11 628；12 720；13 041；13 203；14 196；14 706；15 225；15 400；15 576；16 110；16 290；16 653；17 020；17 205；17 766；17 955；18 145；18 528；20 100；21 321；21 528；21 736；21 945；22 155；23 220；23 436；24 090；24 310；24 976；25 200；28 680；29 646；30 628；31 626；32 640；33 930；35 245；36 585；37 128；39 060；40 470；41 328；41 616；43 365；43 956；45 150；46 360；51 040；51 360；51 681；52 326；52 650；53 956；56 280；56 616；61 776；63 903；64 620；65 341；67 896；69 006；70 125；70 500；72 010；73 536；73 920；76 636；78 210；79 401；79 800；80 200；81 810；88 410；89 676；90 100；93 096；93 528；97 020；100 128；101 025；103 740；105 111

图 1-26 显示了前几十个三角数 t_n 和它们各数位上的数字之和$S(t_n)$的关系：

n	t_n	$S(t_n)$	$t_n/S(t_n)$
1	1	1	1
2	3	3	1
3	6	6	1
4	10	1	
6	21	3	7
8	36	9	4
9	45	9	5
15	120	3	40
17	153	9	17
18	171	9	19
19	190	10	19
20	210	3	70
24	300	3	100

n	t_n	$S(t_n)$	$t_n/S(t_n)$
26	351	9	39
27	378	18	21
30	465	15	31
35	630	9	70
36	**666**	18	37
39	780	15	52
40	820	10	82
44	990	18	55
45	1 035	9	115
47	1 128	12	94
50	1 275	15	85
53	1 431	9	159
55	1 540	10	154

图 1-26

- 各数位上的数字重复的三角数只有以下 3 个：$t_{10}=55$，$t_{11}=66$，$t_{36}=666$。（还记得我们之前对最后一个数字的讨论吗？）

- 有些三角数对的乘积是平方数。例如（见图 1-27）：

$$
\begin{aligned}
t_2\cdot t_{24} &= 3\cdot 300 &&= 900 &&= 30^2 &&= s_{30}\\
t_2\cdot t_{242} &= 3\cdot 29\ 403 &&= 88\ 209 &&= 297^2 &&= s_{297}\\
t_3\cdot t_{48} &= 6\cdot 1\ 176 &&= 7\ 056 &&= 84^2 &&= s_{84}\\
t_6\cdot t_{168} &= 21\cdot 14\ 196 &&= 298\ 116 &&= 546^2 &&= s_{546}
\end{aligned}
$$

图 1-27

- 三角数也能呈现出某些优美的模式。观察下图（见图 1-28）数字中这些精巧可爱的模式：

$$
\begin{aligned}
t_1+t_2+t_3 &= 10 &&= t_4\\
t_5+t_6+t_7+t_8 &= 100 &&= t_9+t_{10}\\
t_{11}+t_{12}+t_{13}+t_{14}+t_{15} &= 460 &&= t_{16}+t_{17}+t_{18}\\
t_{19}+t_{20}+t_{21}+t_{22}+t_{23}+t_{24} &= 1\ 460 &&= t_{25}+t_{26}+t_{27}+t_{28}
\end{aligned}
$$

图 1-28

有的三角数组也能构成毕达哥拉斯三元数组[1]（又称勾股数组）：$t_{132}^2+t_{143}^2=8\ 778^2+10\ 296^2=183\ 060\ 900=13\ 530^2=t_{164}^2$

在以下这个著名的帕斯卡三角形[2]（又称杨辉三角）中，三角数构成了部分斜线，详见图 1-29 中的灰色阴影区域。

[1] 毕达哥拉斯三元数组（*Pythagorean triple*）是由 3 个数字构成的数组，其中两个数字的平方和等于第 3 个数字的平方。

[2] 帕斯卡三角形（*Pascal triangle*）是以著名的法国数学家布莱士·帕斯卡（Blaise Pascal，1623—1662）的名字来命名的，在这个三角数列中，每个数都等于它上方两数之和。

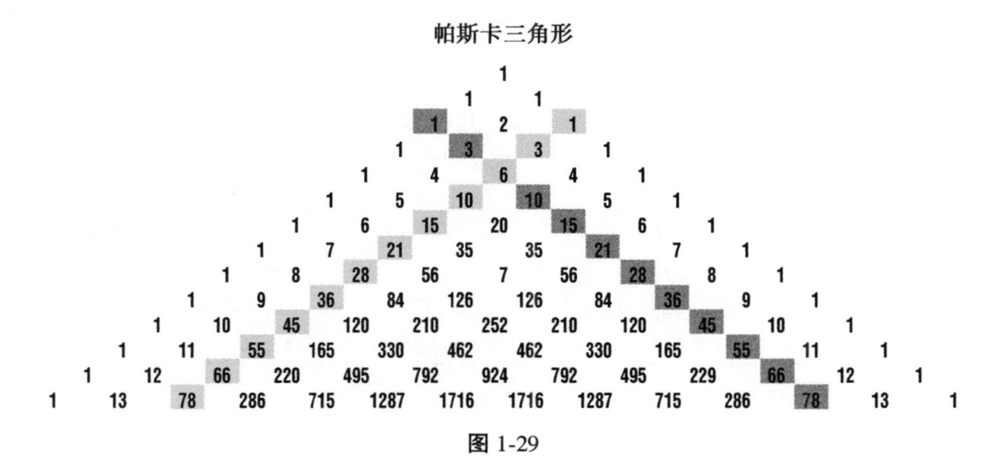

图 1-29

以原数字结尾的平方数

当我们给某些数字取平方时,得出的结果会以原数字结尾。例如,我们取 5 的平方,得到 25,其个位数正好是 5。同样,我们取 6 的平方,得到 36,其个位数正好是 6。如果原数字是两位数呢？比如我们取 25 的平方,得到 625,刚好也是以 25 结尾。再举一个例子,76 的平方数是 5 776,同样地,结尾的数字正好是取平方的原数字。下一个呈现此规律的数字是 100,这就很容易验证了。如果我们借助计算机检索具有此属性的三位数,只能找到两个数字。它们分别是:

$376^2 = 141\ 376$

$625^2 = 390\ 625$

图 1-30 展示了从 0 到 3 亿的所有数字中,其平方数以原数字结尾的数字(已排除尾数为 0 的情况):

你可能想仔细观察这列平方数,看是否能发现那些以 5 和 6 结尾的数字所呈现的规律。在此,我们再次见证了隐藏在数字背后的美好。

n	n^2
1	1
5	25
6	36
25	625
76	5 776
376	141 376
625	390 625
9 376	87 909 376

n	n^2
90 625	8 212 890 625
109 376	11 963 109 376
890 625	793 212 890 625
2 890 625	8 355 712 890 625
7 109 376	50 543 227 109 376
12 890 625	166 168 212 890 625
87 109 376	7 588 043 387 109 376
212 890 625	45 322 418 212 890 625

图 1-30

数字命理学

在我们结束关于数字的讨论前,我们希望从一个不那么数学的视角聊些别的见解。数字命理学是从其他角度来观察数字,比如心理学或哲学。1995 年,一项研究[1]表明,100 以内的数字中,最容易记住的数字分别为 8,1,100,2,17,5,9,10,99 和 11,而最难记住的数字分别为 82,56,61,94,85,45,83,59,41 和 79。

这项心理学研究可能与你关系不大,但却有可能与其他人息息相关!

关于数字 13,一直存在萦绕不散的迷信说法。有的人认为这个数字在《圣经》中有着很多不祥的联系,而有的人则认为,如果 13 号这天刚好是星期五(相比于一周内的其他日子,13 号更常与星期五重叠[2]),那么这天会被视为不幸或不吉利的日子。甚至还有“十三恐惧症患者”(triskaidekaphobics[3])的说法,拿破仑 · 波拿巴、赫伯特 · 胡佛、马克 · 吐温、理查德 · 瓦格纳和富兰克林 · 德拉诺 · 罗斯福都曾受这种症状的影响。举个例子,理查德 · 瓦格纳(1813—1883)是著名的德国作曲家,曾在音乐界掀起了改革

[1] 参阅:Marisca Milikowski and Jan J. Elshout, “What Makes Numbers Easy to Remember?” *British Journal of Psychology*(1995): 537-547.

[2] 参阅: A. S. Posamentier, *Math Charmers: Tantalizing Tidbits for the Mind*(Amherst, NY: Prometheus Books, 2003), p. 230.

[3] 对数字 13 的恐惧。

浪潮。我们不妨看看,13 这个数字在他的一生中扮演着何等神奇的角色:

- 瓦格纳出生于 18**13** 年,这个年份的各数位上的数字之和为 **13**。
- 瓦格纳逝世于 1883 年 2 月 **13** 日,这一年是德意志统一的第 **13** 年。
- 瓦格纳一生中创作了 **13** 部歌剧。
- 理查德·瓦格纳(Richard Wagner)的姓名包含 **13** 个字母。
- 瓦格纳创作的歌剧《唐豪瑟》完成于 1845 年 4 月 **13** 日。
- 1861 年 5 月 **13** 日,瓦格纳的歌剧《唐豪瑟》在巴黎首演,这是他从德国逃亡的第 **13** 年。
- 瓦格纳在德国拜罗伊特设计了一座拜罗伊特瓦格纳节日剧院,该剧院于 1876 年 8 月 **13** 日落成。
- 瓦格纳最后一部歌剧《帕西法尔》完成于 1882 年 1 月 **13** 日。
- 瓦格纳在拜罗伊特(即瓦格纳节日剧院的所在地)的最后一天是 1882 年 9 月 **13** 日。

这种"数学命理学"只是为了娱乐消遣,与数学没有什么关系。但是,我们希望以一种轻松的口吻来结束这个章节。我们已经带你遍览了各种各样的数字,见证了十进制数字展现出的神奇属性,希望这能让你感到敬畏和惊叹。还有许多类似的美好或神奇隐藏其中,我们想留待你逐一发现。

谁说数字不能产生美好的联系!经历过这一系列独特的发现后,希望你能感受到,"数字"里还有更多无法一眼洞察的东西。当然,你可能想要验证这些联系,但我们也鼓励你发掘更多能被视为"美好"的关联。

第二章 奇趣运算

近年来,由于计算器和计算机的出现,运算的艺术似乎就被晾在一边。然而,如果你感受过运算关系以及运算过程中隐藏的宝藏,你就能对数字有更加牢固深刻的把握,对数学魅力的欣赏之情也会油然而生。是的没错,我们能让运算变得真正有趣起来!我们先来认识一下一些身怀运算绝技的牛人吧!

计算天才

齐拉·科尔伯恩(1804—1839)是最早的计算天才之一。他的父亲是来自美国佛蒙特州的农民。在还没学会阅读之前,他就能够计算100以内的两位数乘法。他父亲带着他在美国境内巡游赚钱,这样他就能承担自己在伦敦和巴黎的学费。在8岁时,他的才华在伦敦受到《社科年鉴》的认可,被赞誉为人类历史上最不可思议的现象。他在自传中提到,1811年在新罕布什尔州,有人向他发起过挑战。应别人的要求,他需要计算出从耶稣诞生到1811年年初共有多少天、多少个小时。他只花了20秒,就给出661 015天和15 864 360个小时的答案。当被问及11年里有多少秒时,他在4秒内回答:346 896 000秒。科尔伯恩做乘法运算时,他会把数字拆分成这些数字的因数,比如,在计算21 734乘543时,他会将543分解成181和3两个因数,这样他就能先将21 734乘181得出3 933 854,然后再将其乘3得出11 801 562。

和科尔伯恩的经历相似，英国神童乔治·帕克·比德（1806—1878）在9岁之前也跟随着父亲到处巡游，展现自己的天赋。比如，他在10岁时就能算出$\sqrt{119\ 550\ 669\ 121}=345\ 761$。1818年，科尔伯恩和比德这两位年轻小伙进行了一场二人博弈，最终比德赢得了胜利。比德在爱丁堡大学的工程学专业继续深造，并顺利毕业，而科尔伯恩则放弃了自己出神入化的速算技巧，成为一位循道宗牧师。

我们将目光转向德国，1861年，约翰·马丁·扎哈里亚斯·达斯（1824—1861）能在6分钟内准确算出两个20位数的乘积，在40分钟内算出两个48位数的乘积，并在8.75个小时内算出两个100位数的乘积，他因此名声大震。他能在54秒内算出两个8位数乘积，这创造了当时的纪录。1839年，达斯在德国、奥地利和英国巡回演出，施展才华，但他并没有非常高的数学天赋。因为他就像一台快如闪电的人形计算器，著名的德国数学家卡尔·弗里德里希·高斯就经常让他做运算，本质上是将他当成一台自动计算器。这显然是对达斯才华的赞赏和肯定，因为高斯也因他惊人的数字处理能力闻名于世。高斯派给达斯的其中一个任务是，分解自然数的质因数，而达斯最终分解出从数字7到900万的所有质因数。

印度数学家斯里尼瓦瑟·拉马努金（1887—1920）则因在高等数学领域的造诣而闻名，巨大的数学潜能帮助他探索到不为人知的惊人真相。他曾在剑桥大学三一学院与另一位著名的英国数学家高德菲·哈罗德·哈代（1877—1947）密切合作。

数字1 729是著名的哈代-拉马努金数。这个数字的命名和名声，源自哈代前往医院探望拉马努金的故事。哈代是这么描述的：

> 我记得有一次，他（指拉马努金）生病了，我前去帕特尼看望他。我当时乘坐的出租车车牌号是1729，我说这是一个无聊乏味的数字，并表示希望这并不是什么坏兆头。“不，哈代，”拉马努金说，“这是一个非常有趣的数字；它是能用两种方式表示为两个立方数之和的最小的数。”

在上述对话中，有时会使用“正立方数”的表达方式，因为如果接受负数的完全立方数（即一个负整数的立方），那么能满足上述条件的最小的数是91，即：$91=6^3+(-5)^3=4^3+3^3$。另，91也恰好是1 729的因数。

我们可以推算下，$1\ 729=1^3+12^3=1+1\ 728$且$1\ 729=10^3+9^3=1\ 000+729$。这就是能用**两种**方式表示为两个正立方数之和的最小的数。你也能注意到，能表示为两个正立方数之和的最小的数是2，即$2=1^3+1^3$。

新西兰也诞生了类似的数学天才——亚历山大·克雷格·艾特肯（1895—1967），他后来在爱丁堡大学担任数学教授。据说，有人让他将$\frac{4}{47}$转换成小数形式，他在4秒内说出答案0.085 106 382 978 723 404 255 319 14…，并表示自己已经尽最大努力了。他还说过，自从买了一台机械计算器后，他的心算能力就日渐衰退。这让我们这些用电子计算器的人还能说啥？

印度也诞生过一位速算天才——夏琨塔拉·戴维（1939—2013[1]），她在1977年算出了一个201位数的23次方根。她曾在短短28秒内正确算出7 686 369 774 870和2 465 099 745 779两数的乘积为18 947 668 177 995 426 462 773 730，并因此被列入《吉尼斯世界纪录》。

2004年，第一届心算世界杯在德国城市安娜贝格-布赫霍尔茨举办。参赛的17位选手需要在10分钟内做十个十位数加法、两个八位数乘法和取六位数的平方根。来自英国的罗伯特·方丹赢得桂冠。两年后，他与26位参赛者同台竞技，但一心卫冕的他只在开平方根的一轮中守住领先位置。2007年11月，心算世界杯比赛在纽约市举行，来自法国的27岁参赛者亚力克西·勒迈尔在72.4秒内开出一个200位数的13次方根，一举夺得冠军。一年后，比赛在德国的莱比锡举办，西班牙人阿尔韦托·科托击败其余27位参赛者，将冠军头衔收入囊中。

但我们最熟悉的是我们的朋友亚瑟·本杰明（1961—），他是美国加州哈维穆德学院的一名教授。虽然他不是心算世界杯的参赛选手，但他却将自己的心算天赋用在更富有成效的地方：教育。这位教育大师将他所使用的闪电心算算法[2]传授给他的受众。无论是要求在写下数字的瞬间就能开出一个五位数的平方根，还是判断任意挑选的某个人出生在星期几，这些

---

[1] 关于这位数学家的生辰，两点说明：能检索到的资料都显示其出生于1929年，此处怀疑是原文错误；二是她已于2013年辞世。——译者注

[2] 我们已经将算法定义为一个分步解决问题的过程，特别是一个已确定的递归计算过程，用于在有限的步骤中解决一个问题。

问题都可以应用到这套算法。无论面对的是学生、教师还是大众人群，他都激励大家普及数学、深入钻研数学。这是一项意义重大、值得付诸努力的工作。

数位之和

我们提及一个数字的数位之和时，就是指将各数位上的数字简单相加。例如，251 的数位之和就是 $2+5+1=8$。

我们不妨再往前走一大步，思考一下从 1 到 1 000 000 的所有数字的数位之和是多少。回答这个问题的其中一个方法是，从 1 开始，计算所有连续数字的数位之和（见图 2-1）。

这似乎不是什么高效的办法，计算过程也稍显狼狈。为了算出这个总和，与其简单地将所有数字的数位上的数字相加，我们不如将这些数字排列一下，看看我们能否避开所有烦琐的相加步骤，更加高效地得出总和。

我们将 0 到 999 999 的数字分别按正序和倒序排列一下（见图 2-2）。

数字	数位之和
1	1
2	2
3	3
…	…
35	$3+5=8$
36	$3+6=9$
37	$3+7=10$
38	$3+8=11$
…	

图 2-1

递增顺序	递减顺序	两数字各数位之和
0	999 999	54
1	999 998	54
2	999 997	54
3	999 996	54
…	…	…
127	999 872	54
…	…	…
257 894	742 105	54
…	…	…
999 997	2	54
999 998	1	54
999 999	0	54

图 2-2

我们先把 1 000 000 放在一边，稍后再来处理它。

因为每对数字的数位上的数字之和都是 54，且两列里的数字完全相同，所以其中一列的数位上的数字之和应是 $27\cdot 1\ 000\ 000$。现在我们再加上最后一个数字 1 000 000 的数位之和，也就是 1。

所以，从 1 到 1 000 000 的所有数字的数位之和是 $1\ 000\ 000 \cdot 27+1=27\ 000\ 001$。从这个例子可以看出，运算不仅是做加减乘除这些基础运算工作，它还要求我们具备思维能力。

你能够数到多远？

如果你问一个人能数到多远，答案通常是："只要我还能认数，我都能数。"其实，我们通过简单的乘法运算就能得出一个更加确定的答案。一个人说出一个两位数平均需要 1 秒，说出一个六位数大约需要 5 秒。那我们来估算一下，比方说，说出一个数字平均需要 4 秒。假设我们从 10 岁就开始这个数数练习，一直持续到 70 岁，其间不允许任何中断！

我们先把闰年忽略不计，在连续不停地数了 60 年后，我们应该会数到数字 473 040 000。我们通过简单的运算就能得出这个结果。我们会一直数 60 年，每年有 365 天，每天有 24 个小时，每小时有 60 分钟，每分钟有 60 秒。那么我们可以数到 $\frac{60 \cdot 365 \cdot 24 \cdot 60 \cdot 60}{4}=473\ 040\ 000$，或者说是比 4.73 亿多一点点，这还是在不中断的前提下！

无须相加，即可判断哪个和更大

观察一下以下这两列数字，每个数字都比前一个数字新增一位，且新增的那一位依循自然数 1 到 9 的排序。第一个数列按递增顺序排序，第二个数列按递减顺序排序。

$$S_1 = 1 + 12 + 123 + 1\ 234 + 12\ 345 + 123\ 456 + 1\ 234\ 567 + 12\ 345\ 678 + 123\ 456\ 789$$

和

$$S_2 = 987\ 654\ 321 + 87\ 654\ 321 + 7\ 654\ 321 + 654\ 321 + 54\ 321 + 4\ 321 + 321 + 21 + 1$$

上述哪个数列的和更大，S_1 还是 S_2？

通过观察,我们能清楚看出 S_2 大于 S_1。

你可能通过观察就能得出答案,但如果你需要一点“证据”的话,以下是两列数字的总和:

$$S_1 = 1 + 12 + 123 + 1\,234 + 12\,345 + 123\,456 + 1\,234\,567 + 12\,345\,678 + 123\,456\,789 = 137\,174\,205$$

和

$$S_2 = 987\,654\,321 + 87\,654\,321 + 7\,654\,321 + 654\,321 + 54\,321 + 4\,321 + 321 + 21 + 1 = 1\,083\,676\,269$$

这一次,我们把问题变得复杂一点,我们给 S_1 数列中的前八个数字都补上 0,使得每个数字都成了九位数。那么现在,哪个和更大,S_3 还是 S_2?

$$S_3 = 100\,000\,000 + 120\,000\,000 + 123\,000\,000 + 123\,400\,000 + 123\,450\,000 + 123\,456\,000 + 123\,456\,700 + 123\,456\,780 + 123\,456\,789$$

$$S_2 = 987\,654\,321 + 87\,654\,321 + 7\,654\,321 + 654\,321 + 54\,321 + 4\,321 + 321 + 21 + 1$$

神奇的事情发生了!答案是两个总和相等!

也就是说,两个数列的和均为:$S_2 = S_3 = 1\,083\,676\,269$

要得出这个神奇结果的证据,不需要按照传统的方法将其简单相加,我们可以略施伎俩,将这些要相加的数字用特别的方式写下来。通过将两列数字分别写到左右两栏中(见图 2-3),并按照我们的方式整理一下,答案是显而易见的。

S_2	S_3
987654321	123456789
87654321	12345678**0**
7654321	1234567**00**
654321	123456**000**
54321	12345**0000**
4321	1234**00000**
321	123**000000**
21	12**0000000**
1	1**00000000**

图 2-3

请留意,S_2 和 S_3 中,每一个数位的纵列——个位、十位、百位等——总和都是相等的,如图 2-4 所总结的。

S_2	S_3
$9 \cdot 1=9$	$1 \cdot 9=9$
$8 \cdot 2=16$	$2 \cdot 8=16$
$7 \cdot 3=21$	$3 \cdot 7=21$
$6 \cdot 4=24$	$4 \cdot 6=24$
$5 \cdot 5=25$	$5 \cdot 5=25$
$4 \cdot 6=24$	$6 \cdot 4=24$
$3 \cdot 7=21$	$7 \cdot 3=21$
$2 \cdot 8=16$	$8 \cdot 2=16$
$1 \cdot 9=9$	$9 \cdot 1=9$

图 2-4

也就是说,两个数列中每个数位上的数字总和分别为:

个位 = 9

十位 = 16

百位 = 21

千位 = 24,依此类推。

因此,$S_2 = S_3$。

再强调下,除了按照题目要求做简单的数字加法,你可以用更聪明的方式来判断和的大小。

你能定位数字吗?

假设我们按照图 2-5 所示,以三角形排列的方式写自然数。

				1				
			2	3	4			
		5	6	7	8	9		
	10	11	12	13	14	15	16	
17	18	19	20	21	22	23	24	25
26	27	28	…					

图 2-5

我们能在第几行、第几列找到数字 2 000?

我们首先要问的问题是:要得出问题的答案,我们已经获取到足够多的信息了吗? 我们真的要扩大整个三角形数字排列,直到 2 000 这个数字出现吗? 我们可以通过观察数字的模式来巧妙规避实际的运算。

你会留意到,每一行的结尾都是一个平方数——与每一行的序号数相对应的平方数。比如第 3 行的最后一个数是 3^2,也就是 9;第 5 行以 25 结尾,也就是 5^2;所以第 n 行会以 n^2 结尾。

每一行的第一个数,比上一行的最后一个数多 1,也就是比上一行的序号数的平方数多 1。所以,在第 n 行,我们可以将第一个数表示为$(n-1)^2+1$。

因为每一行的数字都是连续的,所以每一行最中间的数是该行第一个数和最后一个数的平均数。所以在第 n 行,最中间的数是:

$$\frac{[(n-1)^2+1]+n^2}{2}=\frac{n^2-2n+1+1+n^2}{2}=n^2-n+1$$

现在回到我们的问题,定位数字 2 000。因为$44^2=1\ 936$,$45^2=2\ 025$,所以数字 2 000 一定在 44^2 和 45^2 之间。因此,它必定是在以 45^2 结尾的行中,也就是在第 45 行。

借助上述计算每行第一个数的公式$(n-1)^2+1$,我们能算出第 45 行的第一个数是$(45-1)^2+1=1\ 937$。最后一个数是$45^2=2\ 025$,最中间的数是两者的平均数,即 1 981。所以我们可以很轻松地推断出,数字 2 000 在第 20 列。

你最喜欢的数字

你可以和朋友玩一下这个计算“小游戏”。在一张纸上写下这个数字:12 345 679(注意数字里没有 8)。然后让你的朋友在 1—9 中选一个他最喜欢的数字,将选中的数字乘 9,再乘以原来的数字,得出的结果就只包含他最喜欢的数字了。

例如,观察一下以下三个例子(见图 2-6),在这三个例子中,你的朋友分别选了 4,2 和 5 作为他最喜欢的数字。

最喜欢数字 **4**	最喜欢数字 **2**	最喜欢数字 **5**
乘积 $\mathbf{4}\cdot 9=\mathbf{36}$	乘积 $\mathbf{2}\cdot 9=\mathbf{18}$	乘积 $\mathbf{5}\cdot 9=\mathbf{45}$
$12\ 345\ 679\cdot 36=444\ 444\ 444$	$12\ 345\ 679\cdot 18=222\ 222\ 222$	$12\ 345\ 679\cdot 45=555\ 555\ 555$

图 2-6

通过这个例子,你就能看到怎么利用算术来找点乐子啦。

一个小巧的计算方案

选择任意一个三位数,写两遍,组成一个六位数。例如,如果你选的是数字 357,那么就写出六位数 357 357。我们将这个数字除以 7,然后把得出的商除以 11,再把得出的商除以 13:

$$\frac{357\ 357}{7}=51\ 051$$

$$\frac{51\ 051}{11}=4\ 641$$

$$\frac{4\ 641}{13}=357$$

得到的就是那你最开始选择的数字啦!

这个方案背后的原理是,要得到最开始的六位数,你实际上是在原来的三位数上乘 1 001,亦即 $357\cdot 1\ 001=357\ 357$。

但是,$1\ 001=7\cdot 11\cdot 13$,因此,通过依次除以 7、11 和 13 的操作,我们相当于撤销了 1 001 的乘法操作,还原到最开始的三位数。

既然我们已经聊到 1 001 这个数字,那么我们就来看一下,这个数字能不能在我们处理其他数字乘法时帮我们一把。

$$221\cdot 77=(17\cdot 13)(11\cdot 7)=1\ 001\cdot 17=1\ 000\cdot 17+1\cdot 17=17\ 017$$

$$264\cdot 91=(24\cdot 11)(13\cdot 7)=1\ 001\cdot 24=1\ 000\cdot 24+1\cdot 24=24\ 024$$

$$407\cdot 273=(37\cdot 11)(3\cdot 7\cdot 13)=1\ 001\cdot 111=1\ 000\cdot 111+1\cdot 111=111\ 111$$

最后一个数字 111 111,可以逐步分解为:

$$111 = 3 \cdot 37$$
$$1\,111 = 11 \cdot 101$$
$$11\,111 = 41 \cdot 271$$
$$111\,111 = 3 \cdot 7 \cdot 13 \cdot 37$$

因此，$\frac{111\,111}{37}=3\,003$，$\frac{111\,111}{143}=\frac{111\,111}{11 \cdot 13}=777$，等等。

所以，例如，假设你要计算 $74 \cdot 3\,003$。

$$74 \cdot 3\,003 = (2 \cdot 37) \cdot 3\,003 = (2 \cdot 37) \cdot \frac{111\,111}{37}$$
$$= 2 \cdot 111\,111 = 222\,222$$
$$858 \cdot 777 = (2 \cdot 3 \cdot 11 \cdot 13) \cdot 777 = (2 \cdot 3 \cdot 11 \cdot 13) \cdot \frac{111\,111}{11 \cdot 13}$$
$$= 2 \cdot 3 \cdot 111\,111 = 666\,666$$

对的，算术中能发掘出很多隐藏的数字宝藏。

777 数字把戏

从上文所述以及下文中即将介绍的例子中，我们不难发现，在一些休闲消遣的场合里使用一下算术技巧，能让我们更真切地感受到数字的魅力。以下这个小把戏你可能会想和朋友玩一玩。让你的朋友在 500 和 1 000 之间随意挑一个数；然后让他算出这个数和 777 相加的和。因为算出来的和超过了 1 000，所以这时让他移除千位上的数字，并将这个数字加到个位上。然后，把现在得到的这个数字和他最初挑选的数字相减。现在你可以肯定地告诉他，他算出来的结果是 222。

好，我们重新演算一遍。假设你的朋友选的数字是 600。他把 600 和 777 相加，即 600+777=1 377。然后他把千位上的 1 移去，得出 377，再把 1 加到个位上，得出 378。将 600 和 378 相减，即 600−378=222。

你可能会很好奇，这到底是怎么发生的？当你在 500 和 1 000 之间任意挑一个数字时，这个数字和 777 相加的和总是会超过 1 000，所以千位数肯定是 1。我们把千位上的 1 移去，又将它加到个位上，这就相当于用这个和减去 999，亦即 $-999=-1\ 000+1$。

如果我们把挑出来的数字设为 n，那么整个过程用公式表示出来为：

$$n-(n+777-999)=n-n-777+999=222$$

记住，n 代表着被随机挑选出来的那个数字。

如果我们不用 777，换一个“神奇”数字，比如 591，那么无论你的朋友在 500 到 1 000 之间选中哪个数字，他最终肯定会算出 408。如果“神奇”数字是 733，那么最终结果总是 266。记住哦，任意挑选的数字不能少于 500，否则加出来的和可能不会超过 1 000；另外，这个数字也不能大于 999，不然千位上的数字可能是 2，这样就会毁掉你的小把戏啦！

间接推算

有时候，光凭简单的计算还不足以找到问题的答案，这时候我们就必须借助逻辑推理来支持运算了。以下这个小问题就是一个非常恰当的例子。

> 一位妇人带着她的三个女儿经过邻居家，这时邻居问她，三个女儿多大年纪了。妇人回答说，真巧，她们仨年龄相乘的积是 36，年龄相加的和与他家的门牌号一样。他困惑地看了看自家的门牌，丝毫没有头绪。但更让他疑惑不解的是，妇人接着告诉他，她差点忘了一个重要的线索：她最大的女儿叫丽莎。这下他彻底懵了。根据这些信息，邻居要怎么判断三个女儿的年龄呢？（这里我们只讨论整数的年龄。）

要推算出三个女儿的年龄，这个邻居做了个表，表中列出了女儿们可能的年龄组合（见图 2-7）。三个人年龄的乘积都是 36：

从图 2-7 中我们可以看到，在所有乘积为 36 的可能组合中，只有一种情况是需要借助额外的信息才能找出答案的——当三个人年龄相加的和是 13 的时候。所以，当妇人告诉邻居，她遗漏了关键的信息时，这条信息肯定能帮他区分这两种和为 13 的情况。她提到，自己最大的女儿叫丽莎，隐含的意思是，她只有一个大女儿，这就排除了有一对 6 岁双胞胎的情况。因此，三个女儿的年龄分别为 2 岁、2 岁和 9 岁。

女儿 a 的年龄	女儿 b 的年龄	女儿 c 的年龄	年龄总和 a+b+c
1	1	36	38
1	2	18	21
1	3	12	16
1	4	9	14
1	6	6	13
2	2	9	13
2	3	6	11
3	3	4	10

图 2-7

由此可见,有时单靠算术运算是找不出问题的答案的。

互联网上常见的数字把戏

以下这种互动式小把戏在互联网上广泛传播,且有多种变体。大多数用户都会很困惑,计算机怎么就能猜中自己私下选择的数字呢?很显然计算机没法看到这个数字,用户也没有向计算机明确透露过这个数字。

这种计算机网站和用户之间的互动过程可能是这样的(见图 2-8):

计算机	游戏者
在纸上随机写下一个五位数(5 个数位上的数字不能完全相同)。	35 630
重新调整下你所选数字各个数位上的数字。	53 306
将两数相减。	53 306−35 630=17 767
从这个差中任意删除一个数位上的数字(1—9),但别删除 0,只有你自己知道这个数字。	17 6~~7~~6
重新调整这个数字各个数位上的数字,并在计算机上输入你调整后的结果。	7,6,1,6
我可以告诉你,你删除的是 7。	怎么可能!

图 2-8

用户可能还会多试几次,最后只会发现,计算机总能判断出被删除的是哪个数字。这怎么可能呢?如果你储备一些数字属性的知识,也许就能破解这个秘密。

首先,你需要了解一个很重要的事实:对于利用两组相同数字构成的数字,它们相减后得出的差,其数位上的数字之和必然是9的倍数——亦即,9,18,27,36,45,依此类推。所以当你删除掉其中一个数位上的数字,并告诉计算机剩余的数字时,计算机只需计算出这些数字的和,并挑一个能让数位之和与下一个9的倍数相等的数字就可以了,这个数字肯定就是你删除掉的数字。所以你看,这种"把戏"完全是建立在这个概念之上的:对于数位上的数字之和相等的两个数,两个数相减后得出的差,其数位上的数字之和必然是9的倍数。这种算术小常识能让你更好地掌握数字的属性。

与数字9相关的数字把戏

我们可以利用数字9的属性,构思出很多与9相关的有趣小把戏,这些都得益于9的一个特性:9只比我们数制的基数(10)少1。如果一个数字是9的倍数,那么该数字的数位上的数字之和也是9的倍数,而且通过连续计算所得结果的数位上的数字之和,最终会得出数字9,这是很多把戏背后的规律。

我们不妨来设计一个类似的小把戏吧。让你的朋友随机选一个数字,然后加上自己的年龄。得出结果后,让他加上自己电话号码的后两位,然后再将结果乘以18。让他计算这个乘积的数位上的数字之和,再计算这个和的数位上的数字之和,依此类推,直到得出的结果是一个个位数。这时候你可以告诉他,最后得出的这个数是9,他一定会因此啧啧称奇。

我们拿数字39来试验下这个把戏吧。在39上加上我们的年龄(37),得出76。然后再加上我们电话号码的后两位(31),得出107。再将107乘18,得出1 926。这个数字的数位上的数字之和1+9+2+6=18,而18的数位上的数字之和是1+8=9。

这个把戏能够实现,关键在于我们将所有数字相加后的结果乘以18,这样我们就能确保这个结果是一个9的倍数,也就顺理成章地确保最后的数位上的数字之和为9。

一些乘法小窍门

大多数人都知道,要计算某个数字乘以 10 的积,只需要在这个数字的后面加上一个 0。例如,78 乘 10 的结果是 780。

一个数学"窍门"越简单,它就越吸引人。下面会介绍一个计算与 11 的乘积的实用小妙招。哪怕是毫不知情的数学恐惧症患者,也会被这个方法所吸引,因为实在是太简单了,比用计算器还简单!

规则非常简单:

要计算一个两位数与 11 的乘积,只需要将这个两位数的数位上的数字相加,并将这个和放到两个数字之间,就能得出结果。

我们来试试这个方法。假设你想要计算 45 乘 11 的结果。根据规则,计算 4 和 5 的和,得出 9,然后将 9 放在 4 和 5 之间,得出 495。

如果数位上的数字之和是一个两位数,那情况就有点复杂,这时我们该怎么办?这时我们不能将一个个位数放在原来的两个数位之间了。所以,如果数位上的数字之和大于 9,那么我们先将数位上的数字之和的个位数放到原来的两位数之间,然后将数位上的数字之和的十位数"进"到被乘数[1]的百位上。拿 78·11 作为例子。首先,7+8=15;我们将 5 放在 7 和 8 之间,然后将 1 加到 7 上,得出[7+1][5][8]即 858。

这时你自然会好奇,如果大于两位的数与 11 相乘,这个规律还成立吗?

那我们就来看一些较大的数字,比如 12 345,观察下它与 11 相乘的规律。我们从个位开始,由右向左依次放入每一对数位上的数字的和。

1[1 + 2][2 + 3][3 + 4][4 + 5]5 = 135 795

如果两个数位上的数字的和大于 9,那么就遵循前文介绍的处理方法:将数位上的数字之和的个位数放好后,再将十位数进到往左一位上。我们

[1] 被乘数是指乘法中被(乘数)乘的数字。在运算中,被乘数和乘数是可以互换的,两者位置取决于问题的描述,因为即使两数互换,乘积是相同的。例如,2·3 和 3·2。2·3 是指"把 2 加了 3 次",而 3·2 是指"把 3 加了 2 次"。

来展示其中一个例子。

计算 456 789 和 11 的乘积。我们一步步演示整个过程:

4[4 + 5][5 + 6][6 + 7][7 + 8][8 + 9]9
4[4 + 5][5 + 6][6 + 7][7 + 8][17]9
4[4 + 5][5 + 6][6 + 7][7 + 8 + 1][7]9
4[4 + 5][5 + 6][6 + 7][16][7]9
4[4 + 5][5 + 6][6 + 7 + 1][6][7]9
4[4 + 5][5 + 6][14][6][7]9
4[4 + 5][5 + 6 + 1][4][6][7]9
4[4 + 5][12][4][6][7]9
4[4 + 5 + 1][2][4][6][7]9
4[10][2][4][6][7]9
[4 + 1][0][2][4][6][7]9
[5][0][2][4][6][7][9]
5 024 679

你应该和朋友们分享这个计算与 11 的乘积的规则。他们不仅会被你的聪明才智所折服,还会可能因为知道了这个事半功倍的方法而非常感谢你。

对于某些特殊的数对,也有一些快捷的乘法计算技巧。例如,如果两个数字只有个位数不同,且两个个位数的和为 10,那么我们将其中一个数字缩小至离它最近的 10 的倍数,把另一个数字增大至离它最近的 10 的倍数,然后将这两个变动后的数字相乘。将这个乘积与原来个位数的乘积相加,即可得出结果。

下面是上述步骤的示例:

$13 \cdot 17 = 10 \cdot 20 + 3 \cdot 7 = 200 + 21 = 221$
$36 \cdot 34 = 30 \cdot 40 + 6 \cdot 4 = 1\ 200 + 24 = 1\ 224$
$64 \cdot 66 = 60 \cdot 70 + 4 \cdot 6 = 4\ 200 + 24 = 4\ 224$
$72 \cdot 78 = 70 \cdot 80 + 2 \cdot 8 = 5\ 600 + 16 = 5\ 616$
$104 \cdot 106 = 100 \cdot 110 + 4 \cdot 6 = 11\ 000 + 24 = 11\ 024$
$307 \cdot 303 = 300 \cdot 310 + 7 \cdot 3 = 93\ 000 + 21 = 93\ 021$

一些心算窍门

计算20以内的两位数乘法有多种方法。以下提供了其中一部分,也许能启发你想出其他方法。

心算 $18 \cdot 17$ 的乘积。这里我们先将10的倍数提取出来。

$$\begin{aligned}18 \cdot 17 &= 18 \cdot 10 + 18 \cdot 7 = 18 \cdot 10 + 10 \cdot 7 + 8 \cdot 7 \\ &= 180 + 70 + 56 = 306\end{aligned}$$

或者

$$18 \cdot 17 = 10 \cdot 17 + 8 \cdot 17 = 170 + 136 = 306$$

另一种计算乘积的方法是将原来的数字变换为我们更熟悉的因数:

$$18 \cdot 17 = (20 - 2) \cdot 17 = 20 \cdot 17 - 2 \cdot 17 = 340 - 34 = 306$$

或者

$$18 \cdot 17 = 18 \cdot (20 - 3) = 18 \cdot 20 - 18 \cdot 3 = 360 - 54 = 306$$

下面介绍的是另一种截然不同的方法:

第一步:将其中一个数字与另一个数字的个位数相加。即 $18+7=25$

第二步:在第一步的结果加一个0。即250

第三步:将两数的个位相乘。即 $8 \cdot 7=56$

第四步:将第二、三步的结果相加。即 $250+56=306$

在其他20以内的两位数乘法中试试这个技巧吧!

速算与10的幂的因数的乘积

我们都知道,计算与10的幂的乘积相对容易,你只需要在要计算乘积的数字后加相应的零即可。比如,685乘以1 000等于685 000。

但是,要计算与10的幂的因数的乘积则有点复杂,但在很多情况下也可以只凭心算得出结果。比如,我们来思考下与25(100的因数)的乘积。

因为 $25=\frac{100}{4}$，所以 $16\cdot25=16\cdot\frac{100}{4}=\frac{16}{4}\cdot100=4\cdot100=400$。

这样的例子还有：

$$38\cdot25=38\cdot\frac{100}{4}=\frac{38}{4}\cdot100=\frac{19}{2}\cdot100=9.5\cdot100=950$$

$$1.7\cdot25=\frac{17}{10}\cdot\frac{100}{4}=\frac{17}{4}\cdot\frac{100}{10}=4.25\cdot10=42.5$$

（记住 $\frac{16}{4}=4$ 和 $\frac{1}{4}=0.25$，因此，$\frac{17}{4}=\frac{16}{4}+\frac{1}{4}=4+0.25=4.25$。）

类似地，我们也可以计算与 125 的乘积，因为 $125=\frac{1\ 000}{8}$。

以下是一些计算与 125 相乘的例子，全凭心算哦！

$$32\cdot125=32\cdot\frac{1\ 000}{8}=\frac{32}{8}\cdot1\ 000=4\cdot1\ 000=4\ 000$$

$$78\cdot125=78\cdot\frac{1\ 000}{8}=\frac{78}{8}\cdot1\ 000=\frac{39}{4}\cdot1\ 000=9.75\cdot1\ 000=9\ 750$$

$$3.4\cdot125=3.4\cdot\frac{1\ 000}{8}=\frac{3.4}{8}\cdot1\ 000=\frac{1.7}{4}\cdot1\ 000=0.425\cdot1\ 000=425$$

当计算与 50 的乘积时，你可以利用 $50=\frac{100}{2}$，同理，计算与 20 的乘积时，利用 $20=\frac{100}{5}$。

多加练习，熟练掌握这些特殊数字能给你提供极大的帮助，因为相比于到处翻找再打开计算器，这种方法能让你在更短时间内完成很多运算。

心算个位数为 5 的数字的平方

假设我们要计算 45 的平方。亦即，$45^2=45\cdot45=2\ 025$

计算过程包括以下三步：

第一步：将要计算平方的数分别向上、向下取离它最近的 10 的倍数，然

后两数相乘。即 $40 \cdot 50 = 2\,000$

第二步:取个位的平方数。即 $5 \cdot 5 = 25$

第三步:将上述两个步骤的结果相加。即 $2\,000 + 25 = 2\,025$

感兴趣的话,也可以看看以下的推算过程:

$$
\begin{aligned}
45 \cdot 45 &= (40+5) \cdot (50-5) = 40 \cdot 50 + 40 \cdot (-5) + 5 \cdot 50 + 5 \cdot (-5) \\
&= 40 \cdot 50 - 40 \cdot 5 + 5 \cdot 50 - 5 \cdot 5 \\
&= 40 \cdot 50 + 5 \cdot (-40 + 50 - 5) \\
&= 40 \cdot 50 + 5 \cdot 5 \\
&= 2\,000 + 25 \\
&= 2\,025
\end{aligned}
$$

我们还用初等代数的方法提供了简短的证明,算是给纯粹主义者的小福利。

我们知道,$(u+v)^2 = u^2 + 2uv + v^2$。

我们设 x 是要计算平方的 5 的倍数。

$$
\begin{aligned}
x^2 &= (10a+5)^2 = 100a^2 + 100a + 25 = 100a(a+1) + 25 \\
&= a(a+1) \cdot 100 + 25
\end{aligned}
$$

或者

$x^2 = a \cdot 10 \cdot (a+1) \cdot 10 + 25$,这是从代数的角度,复述了上面三个步骤的操作。

以下用一个例子来帮助你理解。

再次借用 $45 \cdot 45$ 的例子:

这里$a=4$;因此,$x^2 = a \cdot 10 \cdot (a+1) \cdot 10 + 25 = 4 \cdot 10 \cdot (4+1) \cdot 10 + 25 = \mathbf{40 \cdot 50 + 5 \cdot 5} = 2\,025$

另外一个帮助你理解的例子:

对于 $175 \cdot 175$ 相乘[1]:

[1] 这里我们可以使用上述计算 $18 \cdot 17$ 的技巧,算出 $17 \cdot 18 = 306$。

$$a = 17; x^2 = a \cdot 10 \cdot (a+1) \cdot 10 + 25$$
$$= 17 \cdot 10 \cdot (17+1) \cdot 10 + 25 = \mathbf{170 \cdot 180} + \mathbf{5 \cdot 5}$$
$$= 30\,600 + 25 = 30\,625$$

另一种理解这种技巧的方式是思考以下数列的规律。观察以下数列，看你能否洞察出两位数平方的模式。

$05^2 =$ **25**

$15^2 =$ 2**25**

$25^2 =$ 6**25**

$35^2 =$ 1 2**25**

$45^2 =$ 2 0**25**

$55^2 =$ 3 0**25**

$65^2 =$ 4 2**25**

$75^2 =$ 5 6**25**

$85^2 =$ 7 2**25**

$95^2 =$ 9 0**25**

你能留意到，每一列的平方数都以 25 结尾，再往前的数位则遵循以下规律：

$05^2 =$ **0 0**25, $0 = 0 \cdot 1$

$15^2 =$ **0 2**25, $2 = 1 \cdot 2$

$25^2 =$ **0 6**25, $6 = 2 \cdot 3$

$35^2 =$ **1 2**25, $12 = 3 \cdot 4$

$45^2 =$ **2 0**25, $20 = 4 \cdot 5$

$55^2 =$ **3 0**25, $30 = 5 \cdot 6$

$65^2 =$ **4 2**25, $42 = 6 \cdot 7$

$75^2 =$ **5 6**25, $56 = 7 \cdot 8$

$85^2 =$ **7 2**25, $72 = 8 \cdot 9$

$95^2 =$ **9 0**25, $90 = 9 \cdot 10$

相同的规律也可以应用在三位数甚至更大的数字身上。例如，$235^2 =$

55 225；552 = 23 · 24。当我们要算超过两位数的运算时，心算就没有太大优势了，因为我们需要计算两个两位数的乘法，而这仅凭心算通常是不太容易做到的。

更为通用的心算乘法方法

在之前的例子中，我们利用到二项式相乘的特性。在这部分我们会以更加通用的方式使用这种特性。你可以回忆一下以下形式的二项式相乘：

$$u^2 - uv + uv - v^2 = u^2 - v^2,$$

式中，u 和 v 可以是我们能方便取到的任何值。

我们可以将这个公式运用到 93 · 87 的计算上。我们留意到两数与 90 的差值是相等的。因此我们可以这样推算：

$$93 \cdot 87 = (90 + 3)(90 - 3) = 90^2 - 3^2 = 8\ 100 - 9 = 8\ 091$$

我们来回顾下刚才的运算：

第一步：90^2	= 8 100
第二步：3^2	= 9
第三步：两数相减	= 8 091

以下还有更多例子，看完之后你应该自行练习，将其变成你的运算技巧之一。

$$42 \cdot 38 = (40 + 2)(40 - 2) = \mathbf{40^2} - \mathbf{2^2} = 1\ 600 - 4 = 1\ 596$$

$$21 \cdot 19 = (20 + 1)(20 - 1) = \mathbf{20^2} - \mathbf{1^2} = 400 - 1 = 399$$

$$64 \cdot 56 = (60 + 4)(60 - 4) = \mathbf{60^2} - \mathbf{4^2} = 3\ 600 - 16 = 3\ 584$$

为了帮助你更加得心应手地应用这些乘法心算技巧，我们为你提供了以下例子作为指引：

$$67 \cdot 63 = (65 + 2)(65 - 2) = \mathbf{65^2} - \mathbf{2^2} = [60 \cdot 70 + 5 \cdot 5] - 4$$
$$= 4\ 225 - 4 = 4\ 221$$

$$26 \cdot 24 = (25+1)(25-1) = \mathbf{25^2} - \mathbf{1^2} = [20 \cdot 30 + 5 \cdot 5] - 1$$
$$= 625 - 1 = 624$$
$$138 \cdot 132 = (135+3)(135-3) = \mathbf{135^2} - \mathbf{3^2} = [130 \cdot 140 + 5 \cdot 5] - 9$$
$$= [(13 \cdot 14) \cdot 100 + 5 \cdot 5] - 9 = [(170+12) \cdot 100 + 5 \cdot 5] - 9$$
$$= 182 \cdot 100 + 5 \cdot 5 - 9 = 18\,200 + 25 - 9 = 18\,200 + 16 = 18\,216$$

心算更有挑战，但非常有用！

光从纸上看，你可能会觉得我们介绍的一些心算方法比用传统运算方法还要复杂。但是经过练习后，利用这些方法来进行两位数运算，比在纸上计算或使用传统运算方法还要简便。

以求 95·97 的乘积为例子，以下这些步骤都可以通过心算完成（只要稍加练习，就能游刃有余！）：

第一步：95+97=192
第二步：删除百位数=92
第三步：在数字后面添加两个零=9 200
第四步：(100−95)(100−97)=5·3=15
第五步：将第三、四步两数相加=9 215

这是另外一个使用该技巧的例子：

93·96=…
93+96=189
~~1~~89 删除百位数
在尾部添加两个零=8 900
最后，加上(100−93)(100−96)=7·4=28 得到 8 928

这种技巧也同样适用于两数相差较大的情况：

89·73=…
89+73=162
~~1~~62（删除百位数）

在尾部添加两个零得到 6 200

最后,加上(100−89)(100−73)= $11\cdot27=297$,得出 6 497。

如果你想了解这背后的运算原理,我们可以展示简单的代数公式来验证其可行性。

我们从两位数 $100-a$ 和 $100-b$ 开始,此处 $0<a,b<100$。

第一步:$(100-a)+(100-b)=200-a-b$

第二步:删除百位数,也就是从数中减去 100:$(200-a-b)-100=100-a-b$

第三步:在尾部添加两个零,即乘以 100:

$(100-a-b)\cdot100=10\,000-100a-100b$

第四步:$a\cdot b$

第五步:将前述两步的结果相加:

$$\begin{aligned}&10\,000-100a-100b+a\cdot b\\&=100(100-a)-(100b-ab)\\&=100(100-a)-b(100-a)\\&=(100-a)(100-b)\end{aligned}$$

这就是我们最开始要计算的结果。现在你只需多加练习就能熟练掌握!

来一场加法速算竞赛！向你的朋友发起挑战吧！

既然我们已经思考过一些做普通运算的可选方法,那就利用这些数字关系来和你的朋友玩点小把戏吧。记住,每个数学“把戏”的背后都有优美的数字关系或数学特性为依据。这个过程非常具有启发性。所以,是时候展示真正的实力了,相信你能比任何一个朋友更快地完成加法运算!

我们以纵列形式写上要做加法的数字。开始竞赛后,让你的朋友随机选写一个五位数。假设你的朋友选了 **45 712**。

现在让他选另一个五位数,把它写在第一个数字的底下。

45 712

31 788

现在轮到我们来挑一个五位数,并写在前两个数的底下:

45 712

31 788

68 211

让朋友选下一个五位数:

45 712

31 788

68 211

41 527

然后我们选下一个五位数:

45 712

31 788

68 211

41 527

58 472

现在我们可以加一下总和:

45 712

31 788

68 211

41 527

+58 472

245 710

很明显,我们会比朋友更快地得出总和。但是朋友会问,我们是怎么做到的?

在我们揭晓这个加法问题的谜题之前,先看看以下的例子:

(朋友选择的)　　12 915
(朋友选择的)　　12 708
(我们选择的)　　87 291
(朋友选择的)　　31 535
(我们选择的)　　+68 464

212 913

如果观察一下第 2 和第 3 个数字,会留意到两数的和是 99 999。

“出乎意料的是”,最后两个数字的和也是 99 999。记住,每个数对中有一个是我们自己挑选的,是我们故意让它们的总和为 99 999。剩下的加法运算就很简单了:99 999 + 99 999 = 100 000 − 1 + 100 000 − 1 = 200 000 − 2

因此,为了算出总和,我们只需要算出 200 000+第一个数字−2。在这个例子中,即 200 000+12 915−2=212 913。

为帮助你掌握这个把戏,这里还有另一个例子(见图 2-9):

$$
\begin{array}{rr|rr}
 & 45\,712 & & 45\,712 \\
 & \left\{\begin{array}{r} 31\,788 \\ 68\,211 \end{array}\right\} & & 99\,999 \\
+ & \left\{\begin{array}{r} 41\,527 \\ 58\,472 \end{array}\right\} & + & 99\,999 \\
\hline
 & 245\,710 & & 245\,710 \\
 & & = & \\
 & & & 200\,000 \\
 & & - & 2 \\
 & & + & 45\,712 \\
\hline
 & & & 245\,710
\end{array}
$$

图 2-9

所以,在你的朋友给出第一个数字的时候,我们就已经知道最终结果了。

6 个数字的加法把戏

这个把戏和之前的游戏一样有趣,你将看到我们怎么通过简单的代数就能分析出看似令人困惑的结果。把戏开始,还是先请我们信赖的朋友选择任意一个三位数，这个数字的数位上的数字必须互不相同且不包含零。然后，让他用这个三位数里的数字组合出其他 5 个三位数[1]。假设朋友选了数字 473，那么这些数字能组合出的所有三位数是：

473

437

347

374

743

734

可以得出这些数字的总和是 3 108，甚至在朋友写完这些数字之前，我们就已经算出结果。为什么我们能算得这么迅速？实际上，我们只需要计算原始数字的数位上的数字之和（在这个例子中，即 $4+7+3=14$），然后将 14 乘以 222 得出 3 108，这就是 6 个数字的总和。为什么是 222？让我们用简单代数来研究下这些数字的特殊属性：

假设数字 $\overline{abc}=100a+10b+c$，式中 a，b，c 可以是 1，2，3，…，9 中的任意一个数字。

这三个数字的和是 $a+b+c$。现在我们列出用这些数字组合出的全部 6 个数字：

$100a + 10b + c$

$100a + 10c + b$

$100b + 10a + c$

$100b + 10c + a$

$100c + 10a + b$

$100c + 10b + a$

它们的和等于：

[1] 如果你之前接触过排列组合的知识，就会明白，用三个不同的数字只能组合出 6 个三位数——这就是为什么我们一开始要求三个数字必须互不相同！

$$100(2a+2b+2c)+10(2a+2b+2c)+1(2a+2b+2c)$$
$$=200(a+b+c)+20(a+b+c)+2(a+b+c)$$
$$=222(a+b+c)$$

这正是用三个数字之和乘以222。如果你真的想做到技艺娴熟、让朋友输得心服口服,那么你可能需要把以下这张表做成小抄,方便你快速参考(见图2-10)。

数位上的数字之和	6	7	8	9	10	11	12	13	14	15
六个数之和	1 332	1 554	1 776	1 998	2 220	2 442	2 664	2 886	3 108	3 330

数位上的数字之和	16	17	18	19	20	21	22	23	24
六个数之和	3 552	3 774	3 996	4 218	4 440	4 662	4 884	5 106	5 328

图2-10

只要做好上述准备工作,我们就不需要做实际的加法运算啦。

基于斐波那契属性的数字把戏

你不妨来体验一下这个基于著名的斐波那契数的小数字把戏[1]。在这个把戏里,你将有机会心算10个数字的和,体验一番被人膜拜的乐趣。让你的朋友选择任意两个自然数,并将两数相加。然后让他将这个和与刚选的第二个数字相加。接着,让他将新得出的和与此前数列的最后一个数字相加。按照这个规则依次加下去,一直加到出现第10个数字。以下展示了你让朋友所做的操作:假设 z_1 和 z_2 是你朋友挑选的前两个数字,那么第三个数字就是 $z_3(=z_1+z_2)$。然后朋友会将 z_2 和 z_3 相加,得出它们的和 z_4。为了方便起见,我们将这些数字按纵列排序。

z_1

z_2

[1] 参阅:A. S. Posamentier and I. Lehmann, *The Fabulous Fibonacci Numbers*(Amherst, NY: Prometheus Books, 2007), pp. 142-143.

z_3

$z_4(=z_2+z_3)$

继续往下,直到第 10 个数字出现:$z_1,z_2,z_3,z_4,z_5,z_6,z_6,z_7,z_8,z_9,z_{10}$

我们快速观察下这些数字,并回忆一下我们刚刚学过的心算数字与 11 相乘的技巧(见“一些乘法小窍门”一节的内容),相信你瞬间就能算出总和。那么具体是怎么做到的呢?我们只需将第七个数字 z_7 乘以 11,就能得出全部 10 个数字的总和。在我们开始验证前,我们先举个例子,演示下这个把戏。我们假设头两个数字是 123 和 456。

于是我们得出:

z_1							=	123
z_2							=	456
z_3	=	z_1+z_2	=	123	+	456	=	579
z_4	=	z_2+z_3	=	456	+	579	=	1 035
z_5	=	z_3+z_4	=	579	+	1 035	=	1 614
z_6	=	z_4+z_5	=	1 035	+	1 614	=	2 649
z_7	=	z_5+z_6	=	1 614	+	2 649	=	4 263
z_8	=	z_6+z_7	=	2 649	+	4 263	=	6 912
z_9	=	z_7+z_8	=	4 263	+	6 912	=	11 175
z_{10}	=	z_8+z_9	=	6 912	+	11 175	=	18 087

$$\begin{aligned} s &= z_1+z_2+z_3+z_4+z_5+z_6+z_7+z_8+z_9+z_{10} \\ &= 123+456+579+1\,035+1\,614+2\,649+4\,263+ \\ &\quad 6\,912+11\,175+18\,087 \\ &= 46\,893 \end{aligned}$$

窍门就是,这个和总是与第七个数字和 11 的乘积相等,也就是:$46\,893=11\cdot 4\,263$。

即,$s=z_1+z_2+z_3+z_4+z_5+z_6+z_7+z_8+z_9+z_{10}=11\cdot z_7$

为了欣赏背后的运作原理,我们用代数的形式再观察一遍整个过程:

z_1							=	z_1
z_2							=	z_2
z_3	=	z_1+z_2					=	z_1+z_2
z_4	=	z_2+z_3	=	z_2	+	(z_1+z_2)	=	z_1+2z_2
z_5	=	z_3+z_4	=	(z_1+z_2)	+	(z_1+2z_2)	=	$2z_1+3z_2$
z_6	=	z_4+z_5	=	(z_1+2z_2)	+	(z_1+3z_2)	=	$3z_1+5z_2$
z_7	=	z_5+z_6	=	(z_1+3z_2)	+	(z_1+5z_2)	=	$5z_1+8z_2$
z_8	=	z_6+z_7	=	(z_1+5z_2)	+	(z_1+8z_2)	=	$8z_1+13z_2$
z_9	=	z_7+z_8	=	(z_1+8z_2)	+	(z_1+13z_2)	=	$13z_1+21z_2$
z_{10}	=	z_8+z_9	=	(z_1+13z_2)	+	(z_1+21z_2)	=	$21z_1+34z_2$

通过将这十个数字相加,我们得到:

$$
\begin{aligned}
s &= z_1 + z_2 + z_3 + z_4 + z_5 + z_6 + z_7 + z_8 + z_9 + z_{10} \\
&= 55z_1 + 88z_2 \\
&= 11 \cdot (5z_1 + 8z_2) \\
&= 11 \cdot (z_5 + z_6) \\
&= 11 \cdot z_7
\end{aligned}
$$

通过观察上述数列的系数,你可能就发现了斐波那契数:1,1,2,3,5,8,13,21 和 34。这串无处不在的数列值得继续深入研究,我们推荐你参考以下资源:《难以置信的斐波那契数》(*The Fabulous Fibonacci Numbers*, by Alfred S. Posamentier and Ingmar Lehmann, Amherst, NY: Prometheus Books, 2007)。你能在这些数字上发掘到很多其他有趣的关系。

其他国家有各自的运算方法

减法

对于我们在小学学到的运算方法,我们不仅习以为常,还常会认为加减乘除就只能这么算。显然,事实并非如此。在全世界范围内还有许多种不同的运算方法,或者说计算技巧。我们在下文展示了其中一些,让你感受下方法之间的差异。

在美国和其他国家，“借位”是减法计算中的常用方法。在 20 世纪以前，很多国家里都没有应用这种方法。德国使用的是“展开–加法”。我们在图 2-11 和图 2-12 中对比了这两种减法方法。

美国

```
   1 15  2 16
   2  5  3  6
 - 1  6  2  8
 ------------
      9  0  8
```

借位和相减

思维过程

从 3 借 10（3 变成 2），然后 10 和 6 相加，最后 16−8=**8**，写 8

2−2=**0**，写 0

从 2 借 10（2 变成 1），然后 10 和 5 相加，最后 15−6=**9**，写 9

1−1=0（不需要写 0）

图 2-11

德国/奥地利

```
   2 5 3 6
 - 1 6 2 8
   1   1
 ---------
     9 0 8
```

展开和相加

思维过程

? +8=16，得 **8**，进 1

? +1+2=3，3+**0**=3，写 0

? +6=15，得 **9**，进 1

? +1+1=2，2+**0**=2（0 不会写出来）

图 2-12

乘法

有些国家和美国一样，计算乘积时因数（被乘数和乘数）是上下排列着写的（见图 2-13）。但在其他国家，因数是并排着写的（见图 2-14）。在有些国家，部分乘积是从右往左写的，但其他国家则相反。

美国

```
      5 3 6
  ×     8 7
  ---------
    3 7 5 2
  4 2 8 8
    1 1
  ---------
  4 6 6 3 2
```

因数上下排列，用符号×表示乘法

思维过程

7×6=42，写 **2**，进 4

7×3=21，…+4=25，写 **5**，进 2

7×5=35，…+2=37，写 **37**

（最后将各部分乘积相加）

图 2-13

德国

```
5 3 6 · 8 7
-----------
  4 2 8 8 0
    3 7 5 2
    1 1
-----------
  4 6 6 3 2
```

因数并排排列，用符号·表示乘号

思维过程

8·6=48，写 **8**，进 4

8·3=24，…+4=28，写 **8**，进 2

8·5=40，…+2=42，写 **42**

7·6=42，写 **2**，进 4

7·3=21，…+4=25，写 **5**，进 2

7·5=35，…+2=37，写 **37**

（最后将各部分乘积相加）

图 2-14

第一个整数（被乘数 536）会被第二个整数（乘数 87）的各数位上的数字分别相乘，从被乘数的最右位（536 中的 6）和乘数的最左位（87 中的 8）相乘开始，此过程中忽略数位上的 0[1]。

计算乘数中的每个数位上的数字与被乘数的乘积时，你都需要另起一行。将部分乘积依次向下叠加排列，最后将各个乘积相加。部分乘积需写在乘数的对应数位之下。

亚洲

亚洲通用的乘法运算中不存在“进位”的问题。被乘数和乘数的每个数位都会单独计算乘积，每个乘积会写在恰当的位置。如果位置上刚好被其他乘积占位了，需要将乘积写在新的一行。

```
5 3 6 · 8 7
-----------
  4 0 4 8
    2 4 4 2
      2 1
    3 5
    1 1
-----------
  4 6 6 3 2
```

8·6=48，写 **48**；8·3=24，另起一行写 **24**

8·5=40，在第一行写 **40**（在 48 前面）

7·6=42，在第二行写 **42**（因为那两个数位都空着）

7·3=21，在新的一行写 **21**

7·5=35，在新的一行写 **35**

将所有部分乘积相加

图 2-15

[1] 不要忽略最开始的部分乘积 42 880 中的 0。

除法

瑞典

被除数与除数相邻排列，用冒号作为操作符，商写在上方

```
      3 0 8
   ___________________
   1 5 0 9 2 : 4 9
 - 1 4 7
   _____
       3 9 2
     - 3 9 2
       _____
           0
```

图 2-16

被除数和商都会直接写在彼此的上方——但在德国，情况就不一样了。

德国

被除数、除数和商相邻排列，用冒号作为操作符

```
   1 5 0 9 2 : 4 9 = 3 0 8
 - 1 4 7
   _____
     3 9 2
   - 3 9 2
     _____
         0
```

图 2-17

俄罗斯

被除数和除数相邻排列，但中间被一条竖线隔开

商写在除数下方，两者用一条横线隔开

```
   1 5 0 9 2 | 4 9
 - 1 4 7     |______
   _____     | 3 0 8
     3 9 2
   - 3 9 2
     _____
         0
```

图 2-18

我们展示了其他运算方法，你能看到，你使用起来最顺心的方法，可能对在另一个国家长大的人来说是完全陌生的。

俄罗斯农民的乘法运算

据说,俄罗斯的农民在计算两个数字的乘积时,使用的是颇为奇怪,甚至有点原始的方法。算法其实很容易理解,就是算起来有点累赘复杂。我们一起来看一下吧。

假设现在我们要算出 **43 · 92** 的乘积。

我们一起来做一下这个乘法。先绘制一个两列的表格,将这两个要相乘的数字写在第一行里。在图 2-19 中你能看到 43 和 92 分别在每一列的首行。在第一列中,每一个数字都是上一个数字的两倍,而在第二列中,每一个数字则是上一个数字的一半,且在减半过程中省去余数。为方便起见,我们将第一列设定为计算双倍的列,而第二列则是计算减半的列。请注意,在将奇数减半时,如 23(第二列的第三个数字),我们得出 11 余 1,此时我们就省去余数 1。接下来的减半计算规则也是如此。

在减半的列中(也就是右列)找出所有的奇数,然后在双倍的列中(也就是左列)找到与这些奇数相对应的数字,并算出这些对应数字的和。表中已将这些数字加粗显示。这个和就是 43 和 92 的乘积。换句话说,利用俄罗斯农民的算法,我们得出 43 · 92 = 172+344+688+2 752 = 3 956。

在上面的例子中,我们选择将左列设为双倍数列,右列为减半数列。我们也可以再次利用俄罗斯农民的算法,将第一列设为减半数列,第二列设为双倍数列,如图 2-20 所示。

43	92
86	46
172	**23**
344	**11**
688	5
1 376	2
2 752	**1**

图 2-19

43	**92**
21	**184**
10	368
5	**736**
2	1 472
1	**2 944**

图 2-20

要完成乘法运算,我们要从减半数列中找到所有奇数(已加粗显示),然后在第二列中(现在是双倍数列)找到与这些奇数相对应的数字,并算出这些对应数字的和。所以我们得出 $43\cdot 92=92+184+736+2\,944=3\,956$。

当然在现今的高科技时代,我们也不希望你复用俄罗斯农民的方法来做乘法运算。但是,能观察到这套原始的运算方法是如何实际运作的,也是一件饶有趣味的事。这样的探索过程可谓兼具启发性和趣味性。

现在你可以看一下,在这套乘法算法下到底发生了什么[1]。

*43·92	=	(21·2+1)(92)	=	21·184	+	**92**	=	3 956
*21·184	=	(10·2+1)(184)	=	10·368	+	**184**	=	3 864
10·368	=	(5·2+0)(368)	=	5·736	+	0	=	3 680
*5·736	=	(2·2+1)(736)	=	2·1 472	+	**736**	=	3 680
2·1 472	=	(1·2+0)(1 472)	=	1·2 944	+	0	=	2 944
*1·2 944	=	(0·2+1)(2 944)	=	0	+	**2 944**	=	2 944

加粗数列的和是 3 956

对二进制(即基数为 2)比较熟悉的人也可以用下列等式解释俄罗斯农民的这套算法。

$$
\begin{aligned}
43\cdot 92 &= 2^5 + 0\cdot 2^4 + 1\cdot 2^3 + 0\cdot 2^2 + 1\cdot 2^1 + 1\cdot 2^0 \\
&= 2^0\cdot 92 + 2^1\cdot 92 + 2^3\cdot 92 + 2^5\cdot 92 \\
&= 92 + 184 + 736 + 2\,944 \\
&= 3\,956
\end{aligned}
$$

无论你有没有完全理解俄罗斯农民的乘法运算方法,现在你至少会更加欣赏自己在学校里学到的运算方法,不过现在大多数人都用计算器来做乘法运算。除此以外,还有很多其他的乘法运算方法。我们刚介绍的这种算法可能是最奇怪的,但由于它太不可思议,我们能从中感受到,正是数学运算中强大的一致性,让我们能创造出这么一种算法。

纳皮尔筹

约翰·纳皮尔(1550—1617),苏格兰数学家,为推动对数的发展做出了

[1] 请记住,算法是一个分步解决问题的过程,特别是一个已确定的递归计算过程,用于在有限的步骤中解决一个问题。带星号的表示图 2-19 和图 2-20 中的粗体条目。

功不可没的贡献。他发明了一个乘法“计算器”——“纳皮尔筹”，这个工具由木条制成，木条上刻有数字 1–9 的连续乘积（见图 2-21）。

索引	1	2	3	4	5	6	7	8	9
1	0/1	0/2	0/3	0/4	0/5	0/6	0/7	0/8	0/9
2	0/2	0/4	0/6	0/8	1/0	1/2	1/4	1/6	1/8
3	0/3	0/6	0/9	1/2	1/5	1/8	2/1	2/4	2/7
4	0/4	0/8	1/2	1/6	2/0	2/4	2/8	3/2	3/6
5	0/5	1/0	1/5	2/0	2/5	3/0	3/5	4/0	4/5
6	0/6	1/2	1/8	2/4	3/0	3/6	4/2	4/8	5/4
7	0/7	1/4	2/1	2/8	3/5	4/2	4/9	5/6	6/3
8	0/8	1/6	2/4	3/2	4/0	4/8	5/6	6/4	7/2
9	0/9	1/8	2/7	3/6	4/5	5/4	6/3	7/2	8/1

图 2-21

你也可以用硬纸板来制作自己的纳皮尔筹。解释纳皮尔筹计算原理的最好方法，应该就是借助现成的工具来演示例子。

假如我们要计算 523·467 的乘积。我们先把编号为 5，2，3 的木条找出来，把它们与索引条并排对齐（见图 2-22）。然后比照乘数的各数位，从索引条中挑出对应的行。在每一行中，将对角线上的两个数字加在一起。

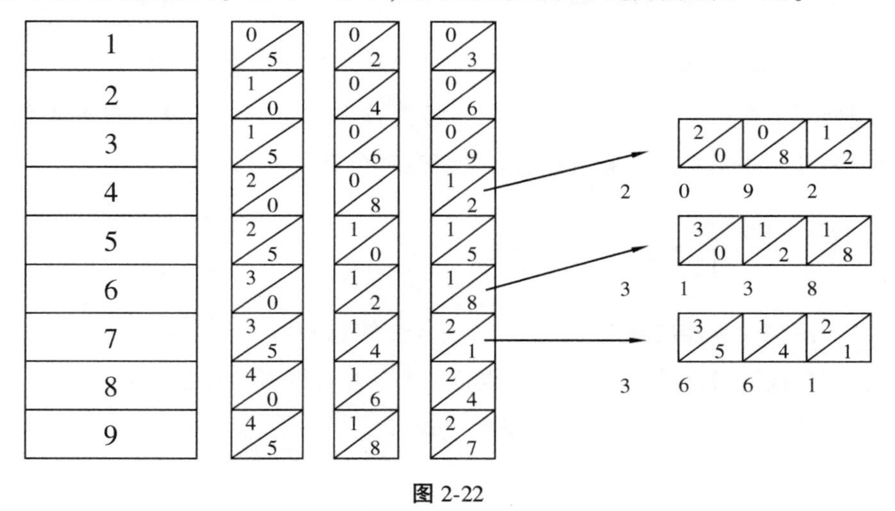

图 2-22

所以得出来的数字是：

$$2\ 092 = 4 \cdot 523$$

$$3\ 138 = 6 \cdot 523$$

$$3\ 661 = 7 \cdot 523$$

在考虑了各个数字的对应位值后,我们将各数值相加。

$$467 = 400 + 60 + 7$$

$$(467)(523) = (400)(523) + (60)(523) + (7)(523)$$

$$\begin{aligned}(467)(523) = {} & 209\ 200 \\ & 31\ 380 \\ & \underline{\ \ 3\ 661} \\ & 244\ 241\end{aligned}$$

我们认真细致地讨论了最后一步,因为这不仅能让你了解这台计算“机器”,还会让你充分理解这个工具背后的“**工作原理**”。

通过发现模式来做运算

很多时候,我们都会遇到棘手的计算问题,如果我们能找到模式,这些问题便迎刃而解。这些模式能帮我们轻松省去许多乏味单调的计算工作。以下是其中一个示例。假设你需要计算这些分数的总和:

$$\frac{1}{2} + \frac{1}{6} + \frac{1}{12} + \frac{1}{20} + \cdots + \frac{1}{2\ 450}$$

即使在计算器的辅助下,计算这些分数的总和依然非常耗时。但是,如果我们能找到可循的模式,那么(也许)就能省去很多枯燥的工作。我们先给一些分母分解因式,看能不能发现模式。

$$\frac{1}{1 \cdot 2} + \frac{1}{2 \cdot 3} + \frac{1}{3 \cdot 4} + \frac{1}{4 \cdot 5} + \cdots + \frac{1}{49 \cdot 50}$$

现在我们来计算一下部分和,看能不能呈现出某些模式。

$$\frac{1}{1\cdot 2}=\frac{1}{2}$$

$$\frac{1}{1\cdot 2}+\frac{1}{2\cdot 3}=\frac{2}{3}$$

$$\frac{1}{1\cdot 2}+\frac{1}{2\cdot 3}+\frac{1}{3\cdot 4}=\frac{3}{4}$$

$$\frac{1}{1\cdot 2}+\frac{1}{2\cdot 3}+\frac{1}{3\cdot 4}+\frac{1}{4\cdot 5}=\frac{4}{5}$$

我们留意到，这些求和数列中，最后一个分数的分母乘积决定了整个数列的总和。因此，这个数列的最后一个分数是$\frac{1}{49\cdot 50}$，该数列的和为$\frac{49}{50}$。

发现模式尤其实用，请看以下的另一个例子：

$$\frac{1}{\sqrt{2}+\sqrt{1}}+\frac{1}{\sqrt{3}+\sqrt{2}}+\frac{1}{\sqrt{4}+\sqrt{3}}+\cdots+\frac{1}{\sqrt{99}+\sqrt{98}}+\frac{1}{\sqrt{100}+\sqrt{99}}$$

首先，我们找找模式。为了确定是否存在某种模式，我们可以先将每个分数的分母化为有理数。怎么转化呢？我们把每个分数的分子、分母乘以分母的共轭数[1]（相当于每个分数乘以 1）：

$$\frac{1}{\sqrt{2}+\sqrt{1}}=\frac{1}{\sqrt{2}+\sqrt{1}}\cdot\frac{\sqrt{2}-\sqrt{1}}{\sqrt{2}-\sqrt{1}}=\frac{\sqrt{2}-\sqrt{1}}{2-1}$$

$$\frac{1}{\sqrt{3}+\sqrt{2}}=\frac{1}{\sqrt{3}+\sqrt{2}}\cdot\frac{\sqrt{3}-\sqrt{2}}{\sqrt{3}-\sqrt{2}}=\frac{\sqrt{3}-\sqrt{2}}{3-2}$$

$$\frac{1}{\sqrt{4}+\sqrt{3}}=\frac{1}{\sqrt{4}+\sqrt{3}}\cdot\frac{\sqrt{4}-\sqrt{3}}{\sqrt{4}-\sqrt{3}}=\frac{\sqrt{4}-\sqrt{3}}{4-3}$$

直到

$$\frac{1}{\sqrt{100}+\sqrt{99}}=\frac{1}{\sqrt{100}+\sqrt{99}}\cdot\frac{\sqrt{100}-\sqrt{99}}{\sqrt{100}-\sqrt{99}}=\frac{\sqrt{100}-\sqrt{99}}{100-99}$$

这个数列可以写成：

---

[1] $\sqrt{a}-\sqrt{b}$的共轭数是$\sqrt{a}+\sqrt{b}$，反之亦然。

$$\frac{1}{\sqrt{2}+\sqrt{1}}+\frac{1}{\sqrt{3}+\sqrt{2}}+\frac{1}{\sqrt{4}+\sqrt{3}}+\cdots+\frac{1}{\sqrt{99}+\sqrt{98}}+\frac{1}{\sqrt{100}+\sqrt{99}}$$
$$=\frac{\sqrt{2}-\sqrt{1}}{2-1}+\frac{\sqrt{3}-\sqrt{2}}{3-2}+\frac{\sqrt{4}-\sqrt{3}}{4-3}+\cdots+\frac{\sqrt{99}-\sqrt{98}}{99-98}+\frac{\sqrt{100}-\sqrt{99}}{100-99}$$
$$=\sqrt{2}-\sqrt{1}+\sqrt{3}-\sqrt{2}+\sqrt{4}-\sqrt{3}+\cdots+\sqrt{99}-\sqrt{98}+\sqrt{100}-\sqrt{99}$$
$$=-\sqrt{1}+\sqrt{100}=10-1=9$$

所以,在你着手任何复杂的计算前,切记先观察下能否找到某种模式,或者将已有信息转换为有用的模式。

字母算术

西方文明从印度文明和阿拉伯文明承继而来,其后所取得的一大进展,就是在运算中使用位值系统。罗马数字不仅烦琐难用,还让很多算法几乎无法实现。印度-阿拉伯数字系统[1]首次出现于斐波那契1202年的著作《计算之书》中。位值系统不仅实用,还让一些趣味数学运算成为可能,得益于此,我们对数学的理解得到拓展,使用算法的能力也因此增强。

在分析加法算法时应用推理能力,是锻炼数学思维的有效途径。**字母算术**,又称覆面算[2]或密码算术,这是一种以多种伪装形式出现的数字谜题。有时,这些谜题要求还原一些计算问题中的数字;有时候则需要解码完整的算法问题,谜题中会用字母代替所有的数字。基本上,设计这类型谜题并不难,但是往往需要仔细研究许多运算要素后才能找到答案。在问题的各个阶段出现的线索都需要认真验证并追踪。

每道字母算术问题都会遵循两个显而易见但不得不提的规则:

1. 字母和数字的映射是一一对应的。也就是说,同一个字母总是对应同一个数字,而同一个数字也总是对应同一个字母。

---

[1] 印度-阿拉伯数字系统,或称印度数字系统,是一系列的十进制进位制的计数系统,起源于9世纪的印度。——译者注

[2] 覆面算是用英文字母(亦可以是方块字或符号)来取代0至9的数字,要求玩者找回那些字母代表的数字的趣题形式。——译者注

2.数字 0 不允许出现在任何加数或和的最左位。

例如,假设我们打算在一道加法问题上省去某些特定数位。我们需要填充上缺失的数字。我们也假设我们不知道这些数字是什么,所以要面对的可能是以下这道只剩框架的问题(见图 2-23):

①	②	③	④	⑤
		__	6	2
	3	9	4	__
+	__	8	__	7
__	3	3	1	2

图 2-23

从第 5 列中看到,2+__+7=12(这样才能找到使该数位上的数字为 2 的数)。因此,第 5 列中缺失的数字肯定是 3。在第 4 列中,我们已知 1+6+4+__=11(这样就能找到使该数位上的数字为 1 的数),因此这一列缺失的数字肯定为 0。

在第 3 列中,我们已知 1+__+9+8=23,所以缺失的数字肯定为 5。

现在,从第 2 列中,能得出 2+3+__=13,说明这个数字肯定为 8,因此,在第一列、最后一行中,3 左边的数字肯定是 1。

我们把这个数学问题重整一下,见图 2-24。

①	②	③	④	⑤
		5	6	2
	3	9	4	3
+	8	8	0	7
1	3	3	1	2

图 2-24

现在,你应该能够算出图 2-25 的加法问题里缺失的数字。

(先不要看这一章的结尾哦。)

$$\begin{array}{cccccc} & 5 & 6 & 7 & \_ \\ + & \_ & 8 & \_ & 9 \\ \hline \_ & 3 & \_ & 3 & 3 \end{array}$$

图 2-25

以下这个例子(见图 2-26)展示的是一道有多个解的问题。

$$\begin{array}{cccc} & \_ & 8 & 7 \\ & 3 & \_ & 1 \\ + & 5 & 6 & \_ \\ \hline \_ & 3 & \_ & 0 \end{array}$$

图 2-26

在个位数那一列,7+1+_ =10,所以缺失的数字肯定是**2**。

$$\begin{array}{cccc} & \_ & 8 & 7 \\ & 3 & \_ & 1 \\ + & 5 & 6 & \mathbf{2} \\ \hline \_ & 3 & \_ & 0 \end{array}$$

图 2-27

在十位数的那一列中(见图 2-27),1+8+_ +6=15,亦即 15+_ =_。这时候我们必须观察下百位数的那一列,才能考虑到所有可能性。在百位数的那一列中,已知_ +3+5=13。所以,如果在十位数的那一列的第 2 行空格中分别代入 5,6,7,8 或 9 的值,我们会得到 15+5=20 或 15+6=21 或 15+7=22 或 15+8=23 或 15+9=24。

$$\begin{array}{cccc} & \mathbf{3} & 8 & 7 \\ & 3 & \_ & 1 \\ + & 5 & 6 & 2 \\ \hline 1 & 3 & \_ & 0 \end{array}$$

图 2-28

所以就能推导出百位数的那一列缺失的数字是 3,因为十位向百位进 2。

因此，我们能得出以下可能的解：

$$\begin{array}{r}387\\351\\+562\\\hline 1\ 300\end{array}\quad 或 \quad\begin{array}{r}387\\361\\+562\\\hline 1\ 310\end{array}\quad 或 \quad\begin{array}{r}387\\371\\+562\\\hline 1\ 320\end{array}\quad 或 \quad\begin{array}{r}387\\381\\+562\\\hline 1\ 330\end{array}\quad 或 \quad\begin{array}{r}387\\391\\+562\\\hline 1\ 340\end{array}$$

从另一个角度上看，如果我们在十位数列的第 2 行空格中分别代入 0，1，2，3，4 的值，那么百位数列的第 1 行所缺失的数字肯定是 4，因为十位向百位进 1（而不是上述解中的进 2）。所以，以下这些也是可行的解：

$$\begin{array}{r}487\\301\\+562\\\hline 1\ 350\end{array}\quad 或 \quad\begin{array}{r}487\\311\\+562\\\hline 1\ 360\end{array}\quad 或 \quad\begin{array}{r}487\\321\\+562\\\hline 1\ 370\end{array}\quad 或 \quad\begin{array}{r}487\\331\\+562\\\hline 1\ 380\end{array}\quad 或 \quad\begin{array}{r}487\\341\\+562\\\hline 1\ 390\end{array}$$

因此，在这道同一列缺失两个数字的问题中，共有 10 种不同的解。

第二种谜题类型是，所有数位上的数字都会被字母替代（顾名思义，“字母算术”），这样一来，问题就与前述的类型很有大差别了。这种情况下，我们必须从“谜题”的线索中分析出字母所代表的各种可能的值。解决字母算术问题没有一劳永逸的通用法则。要解决此类问题，我们需要了解基础运算和逻辑推理，还需要有极大的耐心。

图 2-29 中的加法问题便是一个很好的示例。

$$\begin{array}{ccccc}①&②&③&④&⑤\\ \mathbf{F}&\mathbf{O}&\mathbf{R}&\mathbf{T}&\mathbf{Y}\\ &&\mathbf{T}&\mathbf{E}&\mathbf{N}\\ &+&\mathbf{T}&\mathbf{E}&\mathbf{N}\\\hline \mathbf{S}&\mathbf{I}&\mathbf{X}&\mathbf{T}&\mathbf{Y}\end{array}$$

图 2-29

既然第 1 行和第 4 行的第 4、5 列都是 **T** 和 **Y**，这就说明两个 **E** 和两个 **N** 的和肯定都以 0 作末位数。如果我们设 **N**=0，那么 **E** 肯定为 5，这时会往第 3 列进 1。现在我们能得出图 2-30：

```
①  ②  ③  ④  ⑤
F  O  R  T  Y
      T  5  0
   +  T  5  0
--------------
S  I  X  T  Y
```

图 2-30

因为每一个 **T E N** 之前都有两位空出，所以 **F O R T Y** 中的 **O** 肯定是9，而且因为从百位数（第 3 列）上进 2，所以 **I** 肯定是 1。同时，第 2 列向第 1 列进 1，所以 **F**+1=**S**。你知道为什么从第 3 列进位到第 2 列的是 2 而不是 1 吗？原因是，如果进位的是 1，那么 **I** 和 **N** 肯定都为 0，而这是不可能的，所以进位的只能是 2。现在我们就只剩下数字 2，3，4，6，7，8 可选。

```
①  ②  ③  ④  ⑤
F  9  R  T  Y
      T  5  0
   +  T  5  0
--------------
S  1  X  T  Y
```

图 2-31

在百位数的那一列（见图 2-31），可以得知 2**T**+**R**+1（1 是从第 4 列中进位而来的），这个和肯定等于或大于 22，也就意味着 **T** 和 **R** 肯定大于 5。因此，**F** 和 **S** 可能是 2，3，4 的其中两个数字。**X** 不能为 3，否则 **F** 和 **S** 不能构成连续数。所以 **X** 等于 2 或 4，但如果 **T** 等于或小于 7 时，这两种情况也不可能。所以 **T** 肯定是 8，**R** 等于 7，**X** 等于 4。继续推出 **F**=2 且 **S**=3，最后 **Y**=6。所以这个问题的解是：

```
2  9  7  8  6
      8  5  0
   +  8  5  0
--------------
3  1  4  8  6
```

现在你应该已经掌握技巧了。类似地，以下的字母也代表了简单加法运算中的数字。这是一个非常经典的字母算术问题，但是难度不容小觑。

这道经典难题在 1924 年 7 月发表于《海滨杂志》[1]，出题者是亨利·迪德尼(1857—1930)。

$$\begin{array}{ccccc} & \mathbf{S} & \mathbf{E} & \mathbf{N} & \mathbf{D} \\ + & \mathbf{M} & \mathbf{O} & \mathbf{R} & \mathbf{E} \\ \hline \mathbf{M} & \mathbf{O} & \mathbf{N} & \mathbf{E} & \mathbf{Y} \end{array}$$

尝试找到字母所对应的数字，让加法等式成立。你可能也想证明这道题的解是唯一的。

这个活动的关键在于分析过程，你需要特别留意你所运用的推理。在最开始时，这看起来是一个让人望而生畏的任务，但如果你逐步深入，你会发现整个过程非常有趣味性，还能收获成就感。

这两个四位数的和不可能大于 19 999。因此 **M=1**。

因此我们还能推出 MORE<2 000 及 SEND<10 000。由此得出 MONEY<11 999。因此，**O** 要么是 0 要么是 1。但是 1 已经用过了，所以 **O=0**。

现在我们已知：

$$\begin{array}{ccccc} & S & E & N & D \\ + & 1 & 0 & R & E \\ \hline 1 & 0 & N & E & Y \end{array}$$

所以 MORE<1 100。如果 SEND 小于 9 000 的话，则 MONEY<10 100，这就意味着 N=0。但这不可能，因为 0 已经用过了；因此 SEND>9 000，**S=9**。

现在我们已知：

$$\begin{array}{ccccc} & 9 & \mathbf{E} & \mathbf{N} & \mathbf{D} \\ + & 1 & 0 & \mathbf{R} & \mathbf{E} \\ \hline 1 & 0 & \mathbf{N} & \mathbf{E} & \mathbf{Y} \end{array}$$

我们能用来求解的剩余数字包括 2，3，4，5，6，7，8。

我们来看看个位数。(在剩余数字中)最大的和为 7+8=15，最小的和为

[1] *Strand Magazine* 68 (July 1924): 97 and 214.

$2+3=5$。

如果 $D+E<10$，那么 $D+E=Y$，不会向十位进位。反之，则 $D+E=Y+10$，向十位进 1。在这点上没有明显确定的答案，所以我们先假定个位没有向十位进位，看看我们能推导出什么结果。

利用这个假设，我们向十位继续推导，可能得出 $N+R=E$，没有向百位进位，或者 $N+R=E+10$，向百位进 1。但是，如果没有向百位进位，则 $E+0=N$，也就是 $E=N$。这并不符合规则。所以，十位肯定向百位进位了。那么，$N+R=E+10$，且 $E+0+1=N$，即 $E+1=N$。

我们将这个值代入前述公式中的 N 中，得出 $(E+1)+R=E+10$，这意味着 $R=9$。但 9 是 S 所代表的值，所以我们得尝试另一种假设。

因此，我们可以设定，$D+E=Y+10$，因为我们刚刚碰完壁，显然知道个位需要向十位进 1。

现在十位数列的和为：$1+2+3<1+N+R<1+7+8$。但是，如果 $1+N+R<10$，则不会向百位进位，再次陷入 $E=N$ 的死胡同。所以我们需要让 $1+N+R=E+10$，这就能确保百位上能得到进位。

因此，$1+E+0=N$，亦即 $E+1=N$。

将这个值代入到前述公式中（$1+N+R=E+10$），得出 $1+(E+1)+R=E+10$，亦即 $\mathbf{R=8}$。

现在我们已知：

$$
\begin{array}{ccccc}
 & \mathbf{9} & \mathbf{E} & \mathbf{N} & \mathbf{D} \\
+ & \mathbf{1} & \mathbf{0} & \mathbf{8} & \mathbf{E} \\
\hline
\mathbf{1} & \mathbf{0} & \mathbf{N} & \mathbf{E} & \mathbf{Y}
\end{array}
$$

从剩余的可用数字看，我们发现 $D+E<14$。

所以，结合等式 $D+E=Y+10$，Y 是 2 或 3。如果 $Y=3$，则 $D+E=13$，则意味着数字 D 和 E 只能是 6 或 7。

如果 $D=6$ 且 $E=7$，那么从前述等式 $E+1=N$ 中可推出，$N=8$，这是不可取的，因为 $R=8$。

如果 $D=7$ 且 $E=6$，那么从前述等式 $E+1=N$ 中可推出，$N=7$，这也是不可取的，因为 $D=7$。因此，$\mathbf{Y=2}$。

现在我们已知：

$$\begin{array}{r} 9\ E\ N\ D \\ +\ 1\ 0\ 8\ E \\ \hline 1\ 0\ N\ E\ 2 \end{array}$$

因此，D+E=12。要得出这个和，那么这两个数肯定是5和7。我们已经推导过E不可能为7；因此**D=7**且**E=5**，再利用等式E+1=N推出**N=6**。

最后这个问题的解为：

$$\begin{array}{r} 9\ 5\ 6\ 7 \\ +\ 1\ 0\ 8\ 5 \\ \hline 1\ 0\ 6\ 5\ 2 \end{array}$$

解题者应该能从这种特别费劲的活动中收获耳目一新的锻炼体验，无形中强化了自己的数学能力。

再向大家展示两道附有解答的字母算术问题：

APPLE + ORANGE = BANANA

这道题有两个答案，因为L和G可以互换。

85 524 + 698 314 = 783 838

85 514 + 698 324 = 783 838

同样还有：

FERMT · S = LAST + THEOREM

703 612 · 4 = 5 142 + 2 809 306

703 612 · 4 = 9 142 + 2 805 306

你可能还想尝试更多字母算术问题。以下这道例题有10种可能的答案：

ALLS + WELL + THAT + ENDS + WELL = SWELL

1 002 + 4 700 + 6 316 + 7 982 + 4 700 = 24 700，此处A = 1，D = 8，E = 7，H = 3，L = 0，N = 9，S = 2，T = 6，W = 4

1 002 + 4 700 + 6 916 + 7 382 + 4 700 = 24 700，此处A = 1，D = 8，E = 7，H = 9，L = 0，N = 3，S = 2，T = 6，W = 4

4 002 + 1 700 + 6 346 + 7 952 + 1 700 = 21 700，此处 A = 4，D = 5，
E = 7，H = 3，L = 0，N = 9，S = 2，T = 6，W = 1

4 002 + 1 700 + 6 946 + 7 352 + 1 700 = 21 700，此处 A = 4，D = 5，
E = 7，H = 9，L = 0，N = 3，S = 2，T = 6，W = 1

7 003 + 9 800 + 4 574 + 8 623 + 9 800 = 39 800，此处 A = 7，D = 2，
E = 8，H = 5，L = 0，N = 6，S = 3，T = 4，W = 9

7 003 + 9 800 + 4 674 + 8 523 + 9 800 = 39 800，此处 A = 7，D = 2，
E = 8，H = 6，L = 0，N = 5，S = 3，T = 4，W = 9

6 552 + 7 455 + 1 061 + 4 932 + 7 455 = 27 455，此处 A = 6，D = 3，
E = 4，H = 0，L = 5，N = 9，S = 2，T = 1，W = 7

6 552 + 7 455 + 1 961 + 4 032 + 7 455 = 27 455，此处 A = 6，D = 3，
E = 4，H = 9，L = 5，N = 0，S = 2，T = 1，W = 7

4 663 + 9 766 + 8 048 + 7 523 + 9 766 = 39 766，此处 A = 4，D = 2，
E = 7，H = 0，L = 6，N = 5，S = 3，T = 8，W = 9

4 663 + 9 766 + 8 548 + 7 023 + 9 766 = 39 766，此处 A = 4，D = 2，
E = 7，H = 5，L = 6，N = 0，S = 3，T = 8，W = 9

虽然计算器无处不在，但是深入了解运算关系后你会发现获益良多。在这一章，我们简单地浏览了算术运算中一些非比寻常（且令人震惊）的方面，不仅让你更加欣赏自己在小学时掌握的运算方法，还让你对有趣好玩的数学有了更加深入的理解，当然，我们还帮你点亮了新的技能点！

最后附上图 2-25 这个加法问题的完整答案：

$$\begin{array}{ccccc} & 5 & 6 & 7 & \_ \\ + & \_ & 8 & \_ & 9 \\ \hline \_ & 3 & \_ & 3 & 3 \end{array}$$

$$\begin{array}{ccccc} & 5 & 6 & 7 & ④ \\ + & ⑦ & 8 & ⑤ & 9 \\ \hline ① & 3 & ⑤ & 3 & 3 \end{array}$$

第三章 数字循环

无论是设法解决数学问题,还是处理日常生活状况,当你苦苦思索、陷入寻找不到答案的苦闷时,你可能会觉得自己一直“绕圈子”。有趣的是,有人却偏要在数学中寻找这种“绕圈子”的现象,一旦有所收获,他们往往会欣喜若狂。在这一章,我们将探索计数系统中各种各样令人惊叹的奇观。一些神奇的数字关系会形成循环,类似于我们常说的“绕圈子”。也就是说,我们会从一个数字开始,执行一系列重复性的流程,经过几轮迭代后,我们又会回到原点。这些数字执行流程后,最终会将我们带进惊人的循环,不再往前推进。过程中要么循环反复,要么陷入没有出口的僵局。我们的探索之旅始于数字 89,以此作为这些数字循环现象的序章。

89 循环

如果你取任意一个数字,计算这个数字各个数位上的数字的总和,然后再计算这个和的各数位上的数字之和,依此类推,直到你得出一个个位数。这时候会发生什么呢?毫无悬念,你最后会得到任意一个自然数:1,2,3,4,5,6,7,8 或 9。

例如,我们看看以下这两个例子:

$$n = 985: 9 + 8 + 5 = 22, 2 + 2 = 4$$

$$n = 127: 1 + 2 + 7 = 10, 1 + 0 = 1$$

但是，如果我们稍微调整一下流程，我们会得出一个截然不同的结果。如果你取任意一个数字，计算各个数位上的数字的平方和，然后再计算这个和的各数位上的数字的平方和，依此类推。这时候又会发生什么呢？神奇的是，你最终总会得到 1 或 89。不妨看看以下的例子。

我们随机选一个数字，比如 5。我们计算数字 5 的各个数位上的数字的平方和，然后再取这个和的各数位上的数字的平方和，依此类推，每次都计算上一个结果的各数位上的数字的平方和。

例 1：$n=5$

$5^2=25, 2^2+5^2=29, 2^2+9^2=85, 8^2+5^2=\mathbf{89},$

$8^2+9^2=145, 1^2+4^2+5^2=42, 4^2+2^2=20, 2^2+0^2=4,$

$4^2=16, 1^2+6^2=37, 3^2+7^2=58, 5^2+8^2=\mathbf{89}, \cdots$

一旦我们得出 89，你会发现我们就会进入一个循环中，因为只要我们继续重复操作这个流程，就总会回到数字 89。我们进入的循环如下图所示：

[89,145,42,20,4,16,37,58,(89)]（见图 3-1）。

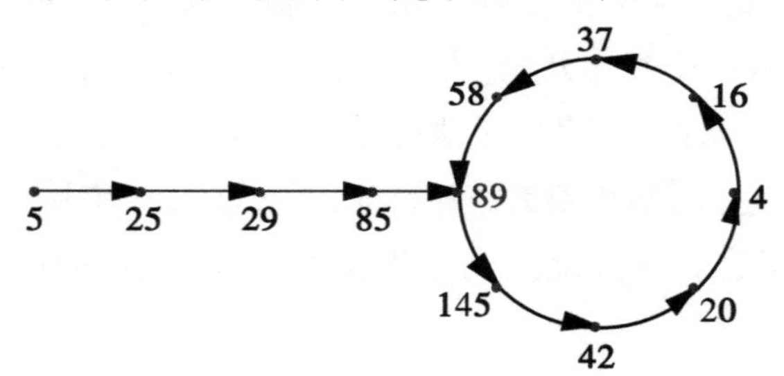

图 3-1

我们选择另一个数字作为原始数字，再测试下这个流程，比如 30。

例 2：$n=30$

$3^2+0^2=9, 9^2=81, 8^2+1^2=65, 6^2+5^2=61, 6^2+1^2=37, 3^2+7^2=58,$

$5^2+8^2=\mathbf{89}, 8^2+9^2=145, 1^2+4^2+5^2=42, 4^2+2^2=20, 2^2+0^2=4,$

$4^2=16, 1^2+6^2=37, 3^2+7^2=58, 5^2+8^2=\mathbf{89}, \cdots$

当我们得出 37 时，就进入循环了。

[30,9,81,65,61,***37*,58,89,145,42,20,4,16,*37*,58**(,**89**)][1](见图3-2)。

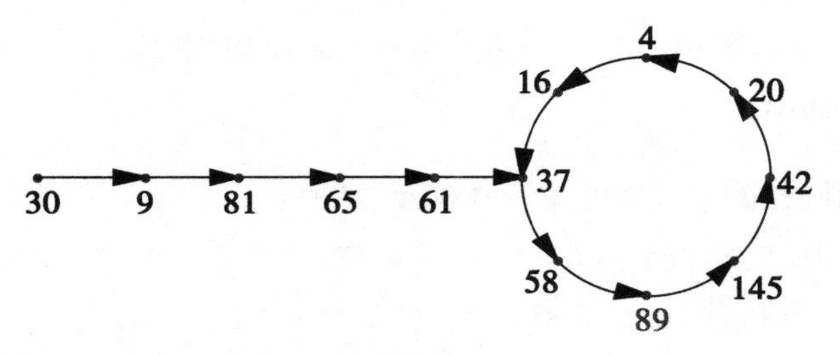

图 3-2

我们来测试下数字 13。

例 3:$n=13$

$1^2+3^2=10, 1^2+0^2=\mathbf{1}, 1^2+0^2=\mathbf{1}, \cdots$

当我们得出 1 时,循环就形成了,我们会一直重复得出 1。我们将这个循环用[1(,1)]表示,循环长度为 1(见图 3-3)。

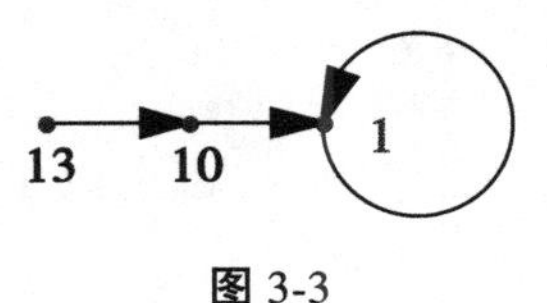

图 3-3

我们也可以试试 32,

$3^2+2^2=13, 1^2+3^2=10, 1^2+0^2=\mathbf{1}, 1^2+0^2=\mathbf{1}, \cdots$

同样,当我们得出 1 后,我们就不能往前推进了,因为我们只能一直得出 1。现在我们试试 33。

$3^2+3^2=18, 1^2+8^2=65, 6^2+5^2=61, 6^2+1^2=37, 3^2+7^2=58,$

$5^2+8^2=\mathbf{89}, 8^2+9^2=145, 1^2+4^2+5^2=42, 4^2+2^2=20, 2^2+0^2=4,$

$4^2=16, 1^2+6^2=37, 3^2+7^2=58, 5^2+8^2=\mathbf{89}, \cdots$

请记住,当我们得出 89 后,我们就开始进入循环了。

假如我们尝试下更大的整数呢?比如 80,试着在它身上应用上述的流程:

$8^2+0^2=64, 6^2+4^2=52, 5^2+2^2=29, 2^2+9^2=85, 8^2+5^2=\mathbf{89},$

---

[1] 加粗的数字是构成循环的数字。加粗斜体的数字表示循环的开始。

$8^2+9^2=145, 1^2+4^2+5^2=42, 4^2+2^2=20, 2^2+0^2=4,$

$4^2=16, 1^2+6^2=37, 3^2+7^2=58, 5^2+8^2=\mathbf{89}, \cdots$

请记住，当我们得出 89 或 1 时，实际上就可以宣告结束了，因为你随后就会进入循环中。

假设我们尝试下一个更大的整数，比如 81：

$8^2+1^2=65, 6^2+5^2=61, 6^2+1^2=37, 3^2+7^2=58, 5^2+8^2=\mathbf{89},$

$8^2+9^2=145, 1^2+4^2+5^2=42, 4^2+2^2=20, 2^2+0^2=4,$

$4^2=16, 1^2+6^2=37, 3^2+7^2=58, 5^2+8^2=\mathbf{89}, \cdots$

那我们现在来试试 82，瞬间就进入以下的循环。

$8^2+2^2=68, 6^2+8^2=100, 1^2+0^2+0^2=\mathbf{1}, 1^2=\mathbf{1}, \cdots$

而当我们用 85 测试时，非常迅速地就得出 89：

$8^2+5^2=\mathbf{89}, 8^2+9^2=145, 1^2+4^2+5^2=42, 4^2+2^2=20,$

$2^2+0^2=4, 4^2=16, 1^2+6^2=37, 3^2+7^2=58, 5^2+8^2=\mathbf{89}, \cdots$

请注意，我们选取的每个数字，最终都会以 1 或 89 结束，然后就会进入一个不断将你带回至 1 或 89 的循环。

现在你大概意识到特定数字会遵循某个进入循环的路径。以下的示意图就描述出进入 89 循环和 1 循环的多种不同路径。

可视化图表：各数位的平方和数列

若 n=2，3，4，5，6，8，9，11，12，14，…，18，20，21，22，24，…，27，29，30，33，…，43，45，…，则遵循[89，145，42，20，4，16，37，58]的循环。

见图 3-4 和随附的表格。

若 n=1，7，10，13，19，23，28，31，32，44，49，68，70，79，82，86，91，94，97，100，则遵循[1]=[1(，1)]的循环(见图 3-5)。

以下的表格总结了从 1 到 100 的所有数字进入各自循环的路径。你可以看到，数字的大小并不影响它们通往循环的路径长短。

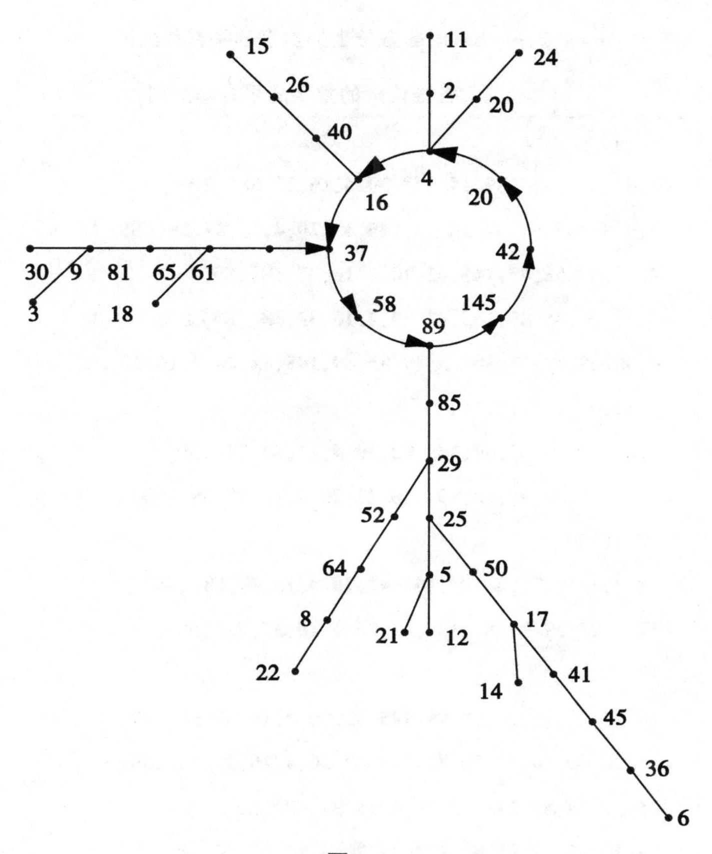
15
26
40
11
2
24
20
4
16
20
30
9
81
65
61
37
42
3
18
58
145
89
85
29
52
25
64
5
50
8
21
12
17
22
14
41
45
36
6

图 3-4

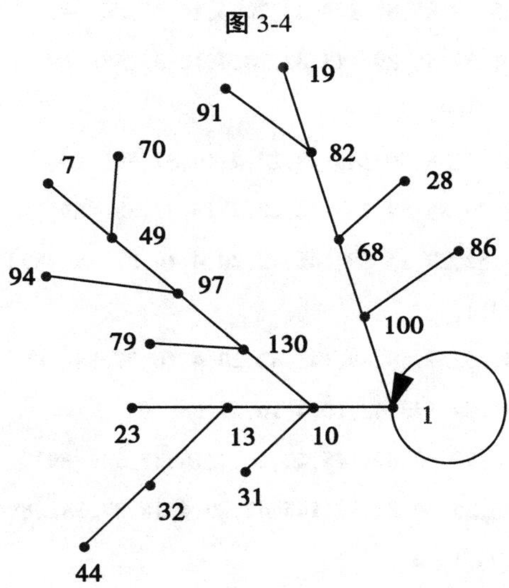
19
91
82
7
70
28
49
68
86
94
97
100
79
130
23
13
10
1
31
32
44

图 3-5

$n=1,2,\cdots,100$ **时各数位上的数字的平方和数列**

n	各数位上的数字的平方和数列
1	[1(,1)]
2	[2,**4**,16,37,58,**89,145,42,20,4,16,37,58**(**,89**)]
3	[3,9,81,65,61,37,58,**89,145,42,20,4,16,37,58**(**,89**)]
4	[**4**,16,37,58,**89,145,42,20,4,16,37,58**(**,89**)]
5	[5,25,29,85,**89,145,42,20,4,16,37,58**(**,89**)]
6	[6,36,45,41,17,50,25,29,85,**89,145,42,20,4,16,37,58**(**,89**)]
7	[7,49,97,130,10,**1**(**,1**)]
8	[8,64,52,29,85,**89,145,42,20,4,16,37,58**(**,89**)]
9	[9,81,65,61,**37**,58,**89,145,42,20,4,16,37,58**(**,89**)]
10	[10,**1**(**,1**)]
11	[11,2,**4**,16,37,58,**89,145,42,20,4,16,37,58**(**,89**)]
12	[12,5,25,29,85,**89,145,42,20,4,16,37,58**(**,89**)]
13	[13,10,**1**(**,1**)]
14	[14,17,50,25,29,85,**89,145,42,20,4,16,37,58**(**,89**)]
15	[15,26,40,***16***,37,58,**89,145,42,20,4,16,37,58**(**,89**)]
16	[***16***,37,58,**89,145,42,20,4,16,37,58**(**,89**)]
17	[17,50,25,29,85,**89,145,42,20,4,16,37,58**(**,89**)]
18	[18,65,61,37,58,**89,145,42,20,4,16,37,58**(**,89**)]
19	[19,82,68,100,**1**(**,1**)]
20	[***20***,4,16,37,58,**89,145,42,20,4,16,37,58**(**,89**)]
21	[21,5,25,29,85,**89,145,42,20,4,16,37,58**(**,89**)]
22	[22,8,64,52,29,85,**89,145,42,20,4,16,37,58**(**,89**)]
23	[23,13,10,**1**(**,1**)]
24	[24,***20***,4,16,37,58,**89,145,42,20,4,16,37,58**(**,89**)]
25	[25,29,85,**89,145,42,20,4,16,37,58**(**,89**)]
26	[26,40,16,***37***,58,**89,145,42,20,4,16,37,58**(**,89**)]
27	[27,53,34,25,29,85,**89,145,42,20,4,16,37,58**(**,89**)]
28	[28,68,100,**1**(**,1**)]
29	[29,85,**89,145,42,20,4,16,37,58**(**,89**)]

续表

n	各数位上的数字的平方和数列
30	[30,9,81,65,61,37,58,**89,145,42,20,4,16,37,58**(,**89**)]
31	[31,10,**1**(,**1**)]
32	[32,13,10,**1**(,**1**)]
33	[33,18,65,61,37,58,**89,145,42,20,4,16,37,58**(,**89**)]
34	[34,25,29,85,**89,145,42,20,4,16,37,58**(,**89**)]
35	[35,34,25,29,85,**89,145,42,20,4,16,37,58**(,**89**)]
36	[36,45,41,17,50,25,29,85,**89,145,42,20,4,16,37,58**(,**89**)]
37	[***37***,58,**89,145,42,20,4,16,37,58**(,**89**)]
38	[38,73,58,**89,145,42,20,4,16,37,58**(,**89**)]
39	[39,90,81,65,61,**37**,58,**89,145,42,20,4,16,37,58**(,**89**)]
40	[40,**16**,37,58,**89,145,42,20,4,16,37,58**(,**89**)]
41	[41,17,50,25,29,85,**89,145,42,20,4,16,37,58**(,**89**)]
42	[**42**,20,4,16,37,58,**89,145,42,20,4,16,37,58**(,**89**)]
43	[43,25,29,85,**89,145,42,20,4,16,37,58**(,**89**)]
44	[44,32,13,10,**1**(,**1**)]
45	[45,41,17,50,25,29,85,**89,145,42,20,4,16,37,58**(,**89**)]
46	[46,52,29,85,**89,145,42,20,4,16,37,58**(,**89**)]
47	[47,65,61,37,58,**89,145,42,20,4,16,37,58**(,**89**)]
48	[48,80,64,52,29,85,**89,145,42,20,4,16,37,58**(,**89**)]
49	[49,97,130,10,**1**(,**1**)]
50	[50,25,29,85,**89,145,42,20,4,16,37,58**(,**89**)]
51	[51,26,40,***16***,37,58,**89,145,42,20,4,16,37,58**(,**89**)]
52	[52,29,85,**89,145,42,20,4,16,37,58**(,**89**)]
53	[53,34,25,29,85,**89,145,42,20,4,16,37,58**(,**89**)]
54	[54,41,17,50,25,29,85,**89,145,42,20,4,16,37,58**(,**89**)]
55	[55,50,25,29,85,**89,145,42,20,4,16,37,58**(,**89**)]
56	[56,61,***37***,58,**89,145,42,20,4,16,37,58**(,**89**)]
57	[57,74,65,61,37,58,**89,145,42,20,4,16,37,58**(,**89**)]
58	[**58,89,145,42,20,4,16,37,58**(,**89**)]

续表

n	各数位上的数字的平方和数列
59	[59,106,37,58,**89,145,42,20,4,16,37,58**(**,89**)]
60	[60,36,45,41,17,50,25,29,85,**89,145,42,20,4,16,37,58**(**,89**)]
61	[61,***37***,58,**89,145,42,20,4,16,37,58**(**,89**)]
62	[62,40,***16***,37,58,**89,145,42,20,4,16,37,58**(**,89**)]
63	[63,45,41,17,50,25,29,85,**89,145,42,20,4,16,37,58**(**,89**)]
64	[64,52,29,85,**89,145,42,20,4,16,37,58**(**,89**)]
65	[65,61,**37**,58,**89,145,42,20,4,16,37,58**(**,89**)]
66	[66,72,53,34,25,29,85,**89,145,42,20,4,16,37,58**(**,89**)]
67	[67,85,**89,145,42,20,4,16,37,58**(**,89**)]
68	[68,100,**1**(**,1**)]
69	[69,117,51,26,40,***16***,37,58,**89,145,42,20,4,16,37,58**(**,89**)]
70	[70,49,97,130,10,**1**(**,1**)]
71	[71,50,25,29,85,**89,145,42,20,4,16,37,58**(**,89**)]
72	[72,53,34,25,29,85,**89,145,42,20,4,16,37,58**(**,89**)]
73	[73,**58,89,145,42,20,4,16,37,58**(**,89**)]
74	[74,65,61,***37***,58,**89,145,42,20,4,16,37,58**(**,89**)]
75	[75,74,65,61,***37***,58,**89,145,42,20,4,16,37,58**(**,89**)]
76	[76,85,**89,145,42,20,4,16,37,58**(**,89**)]
77	[77,98,***145***,42,20,4,16,37,58,**89,145,42,20,4,16,37,58**(**,89**)]
78	[78,113,11,2,***4***,16,37,58,**89,145,42,20,4,16,37,58**(**,89**)]
79	[79,130,10,**1**(**,1**)]
80	[80,64,52,29,85,**89,145,42,20,4,16,37,58**(**,89**)]
81	[81,65,61,***37***,58,**89,145,42,20,4,16,37,58**(**,89**)]
82	[82,68,100,**1**(**,1**)]
83	[83,73,***58***,**89,145,42,20,4,16,37,58**(**,89**)]
84	[84,80,64,52,29,85,**89,145,42,20,4,16,37,58**(**,89**)]
85	[85,**89,145,42,20,4,16,37,58**(**,89**)]
86	[86,100,**1**(**,1**)]
87	[87,113,11,2,***4***,16,37,58,**89,145,42,20,4,16,37,58**(**,89**)]
88	[88,128,69,117,51,26,40,***16***,37,58,**89,145,42,20,4,16,37,58**(**,89**)]

续表

n	各数位上的数字的平方和数列
89	[**89,145,42,20,4,16,37,58**(,**89**)]
90	[90,81,65,61,***37***,58,**89,145,42,20,4,16,37,58**(,**89**)]
91	[91,82,68,100,**1**(,**1**)]
92	[92,85,**89,145,42,20,4,16,37,58**(,**89**)]
93	[93,90,81,65,61,***37***,58,**89,145,42,20,4,16,37,58**(,**89**)]
94	[94,97,130,10,**1**(,**1**)]
95	[95,106,***37***,58,**89,145,42,20,4,16,37,58**(,**89**)]
96	[96,117,51,26,40,***16***,37,58,**89,145,42,20,4,16,37,58**(,**89**)]
97	[97,130,10,**1**(,**1**)]
98	[98,***145***,42,20,4,16,37,58,**89,145,42,20,4,16,37,58**(,**89**)]
99	[99,162,41,17,50,25,29,85,**89,145,42,20,4,16,37,58**(,**89**)]
100	[100,**1**(,**1**)]

我们能留意到,当 $n \leqslant 100$ 时,数字会进入[89,145,42,20,4,16,37,58]或[1]的其中一个循环。不仅如此,当 $9\,990 \leqslant n \leqslant 10\,000$ 时,上述两个循环也会出现,正如下列的表格所示:

$9\,990 \leqslant n \leqslant 10\,000$ 时各数位上的数字的平方和数列

n	各数位上的数字的平方和数列
9 990	[9 990,243,29,85,**89,145,42,20,4,16,37,58**(,**89**)]
9 991	[9 991,244,36,45,41,17,50,25,29,85,**89,145,42,20,4,16,37,58**(,**89**)]
9 992	[9 992,247,69,117,51,26,40,16,37,58,**89,145,42,20,4,16,37,58**(,**89**)]
9 993	[9 993,252,33,18,65,61,37,58,**89,145,42,20,4,16,37,58**(,**89**)]
9 994	[9 994,259,110,2,4,16,37,58,**89,145,42,20,4,16,37,58**(,**89**)]
9 995	[9 995,268,104,17,50,25,29,85,**89,145,42,20,4,16,37,58**(,**89**)]
9 996	[9 996,279,134,26,40,16,37,58,**89,145,42,20,4,16,37,58**(,**89**)]
9 997	[9 997,292,**89,145,42,20,4,16,37,58**(,**89**)]
9 998	[9 998,307,58,**89,145,42,20,4,16,37,58**(,**89**)]
9 999	[9 999,324,29,85,**89,145,42,20,4,16,37,58**(,**89**)]
10 000	[10 000,**1**(,**1**)]

更多数字循环

要想延伸对数字循环的探索，我们可以给数字的各数位上的数字取不同次幂，然后计算总和。这些尝试能得出更多有趣的结果。那我们继续，选择任意一个数字，然后计算各个数位上的数字的立方数之和。当然，对于任何数字（任何一个随意选择的数字）而言，你都可能得出一个和原始数字不同的结果。如果是这样，每得出一个数值后（即每计算出各数位上的数字的立方数之和后），重复这个流程，直到你进入一个“循环”中。循环很容易辨认，当你得出一个你之前已经遇到过的数字，甚至是你一开始选择的数字，那么就证明你进入循环了。结合示例会说明得更加清楚，那我们（随机）选择数字 **352**，然后计算所有数位的立方数之和吧。

352 的各数位上的数字的立方数之和为 $3^3+5^3+2^3=27+125+8=160$。

现在我们用这个总和 160，重复上述流程：

160 的各数位上的数字的立方数之和为 $1^3+6^3+0^3=1+216+0=217$。

我们继续用 217 重复上述流程：

217 的各数位上的数字的立方数之和为 $2^3+1^3+7^3=8+1+343=352$。

惊不惊喜！这正是我们最开始的数字 **352**。

为了不让过多的悬念冲抵掉发现循环的愉悦，我们可以告诉你，只有 5 个数字能通过一步运算就实现循环。它们分别是：

$$1 \rightarrow 1^3 = 1$$

$$153 \rightarrow 1^3 + 5^3 + 3^3 = 1 + 125 + 27 = 153$$

$$370 \rightarrow 3^3 + 7^3 + 0^3 = 27 + 343 + 0 = 370$$

$$371 \rightarrow 3^3 + 7^3 + 1^3 = 27 + 373 + 1 = 371$$

$$407 \rightarrow 4^3 + 0^3 + 7^3 = 64 + 0 + 343 = 407$$

如果我们从 1 到 100 中选取一个数字作为初始数字，然后取这个数字各数位上的数字的立方和，我们最终会进入以下其中一个循环：

[1(,1)],
[55,250,133(,55)] = [133,55,250(,133)] = [250,133,55(,250)],
[133,55,250(,133)] = [250,133,55(,250)] = [55,250,133(,55)],
[153(,153)],
[160,217,352(,160)] = [217,352,160(,217)] = [352,160,217(,352)],
[250,133,55(,250)] = [55,250,133(,55)] = [133,55,250(,133)],
[370(,370)],
[371(,371)],
[407(,407)],
[919,1 459(,919)] = [1 459,919(,1 459)]

如果我们从 101 到 1 000 中选取一个数字作为初始数字,那么我们会进入另一个封闭循环:

[136,244(,136)] = [244,136(,244)]

现在你可能想体验一下进入这些循环的乐趣;所以我们为你准备了以下的表格,罗列了 $n=1,2,\cdots,100$ 时,每个数字各数位上的数字的立方和数列。

n	各数位上的数字的立方数之和数列
1	[1(,1)]
2	[2,8,512,134,92,737,713,371(,371)]
3	[3,27,351,153(,153)]
4	[4,64,280,520,133,55,250(,133)]
5	[5,125,134,92,737,713,371(,371)]
6	[6,216,225,141,66,432,99,1 458,702,351,153(,153)]
7	[7,343,118,514,190,730,370(,370)]
8	[8,512,134,92,737,713,371(,371)]
9	[9,729,1 080,513,153(,153)]
10	[10,1(,1)]
11	[11,2,8,512,134,92,737,713,371(,371)]
12	[12,9,729,1 080,513,153(,153)]
13	[13,28,520,133,55,250(,133)]
14	[14,65,341,92,737,713,371(,371)]

续表

n	各数位上的数字的立方数之和数列
15	[15,126,225,141,66,432,99,1 458,702,351,153(,153)]
16	[16,217,352,160(,217)]
17	[17,344,155,251,134,92,737,713,371(,371)]
18	[18,513,153(,153)]
19	[19,730,370(,370)]
20	[20,8,512,134,92,737,713,371(,371)]
21	[21,9,729,1 080,513,153(,153)]
22	[22,16,217,352,160(,217)]
23	[23,35,152,134,92,737,713,371(,371)]
24	[24,72,351,153(,153)]
25	[25,133,55,250(,133)]
26	[26,224,80,512,134,92,737,713,371(,371)]
27	[27,351,153(,153)]
28	[28,520,133,55,250(,133)]
29	[29,737,713,371(,371)]
30	[30,27,351,153(,153)]
31	[31,28,520,133,55,250(,133)]
32	[32,35,152,134,92,737,713,371(,371)]
33	[33,54,189,1242,81,513,153(,153)]
34	[34,91,730,370(,370)]
35	[35,152,134,92,737,713,371(,371)]
36	[36,243,99,1 458,702,351,153(,153)]
37	[37,370(,370)]
38	[38,539,881,1 025,134,92,737,713,371(,371)]
39	[39,756,684,792,1 080,513,153(,153)]
40	[40,64,280,520,133,55,250(,133)]
41	[41,65,341,92,737,713,371(,371)]
42	[42,72,351,153(,153)]
43	[43,91,730,370(,370)]
44	[44,128,521,134,92,737,713,371(,371)]
45	[45,189,1 242,81,513,153(,153)]
46	[46,280,520,133,55,250(,133)]

续表

n	各数位上的数字的立方数之和数列
47	[47,407(,407)]
48	[48,576,684,792,1 080,513,153(,153)]
49	[49,793,1 099,1459,919(,1459)]
50	[50,125,134,92,737,713,371(,371)]
51	[51,126,225,141,66,432,99,1 458,702,351,153(,153)]
52	[52,133,55,250(,133)]
53	[53,152,134,92,737,713,371(,371)]
54	[54,189,1 242,81,513,153(,153)]
55	[55,250,133(,55)]
56	[56,341,92,737,713,371(,371)]
57	[57,468,792,1 080,513,153(,153)]
58	[58,637,586,853,664,496,1 009,730,370(,370)]
59	[59,854,701,344,155,251,134,92,737,713,371(,371)]
60	[60,216,225,141,66,432,99,1 458,702,351,153(,153)]
61	[61,217,352,160(,217)]
62	[62,224,80,512,134,92,737,713,371(,371)]
63	[63,243,99,1 458,702,351,153(,153)]
64	[64,280,520,133,55,250(,133)]
65	[65,341,92,737,713,371(,371)]
66	[66,432,99,1 458,702,351,153(,153)]
67	[67,559,979,1 801,514,190,730,370(,370)]
68	[68,728,863,755,593,881,1025,134,92,737,713,371(,371)]
69	[69,945,918,1 242,81,513,153(,153)]
70	[70,343,118,514,190,730,370(,370)]
71	[71,344,155,251,134,92,737,713,371(,371)]
72	[72,351,153(,153)]
73	[73,370(,370)]
74	[74,407(,407)]
75	[75,468,792,1 080,513,153(,153)]
76	[76,559,979,1 801,514,190,730,370(,370)]
77	[77,686,944,857,980,1241,74,407(,407)]
78	[78,855,762,567,684,792,1 080,513,153(,153)]

续表

n	各数位上的数字的立方数之和数列
79	[79,1072,352,160,217(,352)]
80	[80,512,134,92,737,713,371(,371)]
81	[81,513,153(,153)]
82	[82,520,133,55,250(,133)]
83	[83,539,881,1 025,134,92,737,713,371(,371)]
84	[84,576,684,792,1 080,513,153(,153)]
85	[85,637,586,853,664,496,1 009,730,370(,370)]
86	[86,728,863,755,593,881,1 025,134,92,737,713,371(,371)]
87	[87,855,762,567,684,792,1 080,513,153(,153)]
88	[88,1 024,73,370(,370)]
89	[89,1 241,74,407(,407)]
90	[90,729,1 080,513,153(,153)]
91	[91,730,370(,370)]
92	[92,737,713,371(,371)]
93	[93,756,684,792,1 080,513,153(,153)]
94	[94,793,1 099,1 459,919(,1459)]
95	[95,854,701,344,155,251,134,92,737,713,371(,371)]
96	[96,945,918,1 242,81,513,153(,153)]
97	[97,1 072,352,160,217(,352)]
98	[98,1 241,74,407(,407)]
99	[99,1 458,702,351,153(,153)]
100	[100,1(,1)]

你会发现,当 $n=112$ 和 $n=787$ 时,各数位上的数字的立方数之和最终会进入[1(,1)]的循环中:

[112,10,1(,1)]

[787,1 198,1 243,100,1(,1)]

我们可以取更大的次幂,继续试验这种模式,比如取各数位的 4 次幂。不妨观察以下的推算:

$$\mathbf{1\ 138} \rightarrow 1^4 + 1^4 + 3^4 + 8^4 = 4\ 179$$

$$4\ 179 \rightarrow 4^4 + 1^4 + 7^4 + 9^4 = 9\ 219$$

$$9\ 219 \rightarrow 9^4 + 2^4 + 1^4 + 9^4 = 13\ 139$$

$$13\ 139 \rightarrow 1^4 + 3^4 + 1^4 + 3^4 + 9^4 = 6\ 725$$

$$6\ 725 \rightarrow 6^4 + 7^4 + 2^4 + 5^4 = 4\ 338$$

$$4\ 338 \rightarrow 4^4 + 3^4 + 3^4 + 8^4 = 4\ 514$$

$$4\ 514 \rightarrow 4^4 + 5^4 + 1^4 + 4^4 = \mathbf{1\ 138}$$

你可能想尝试计算下，给任意数字的数位上的数字取次幂，然后计算不同次幂的总和，观察最终会推算出什么有意思的结果。去寻找循环的模式吧，看你能不能基于初始数字的属性，判断其循环的范围。

还有另外一个（著名的）循环

对于接下来要介绍的循环，有人认为，正是这个循环，鬼使神差地让计数系统向我们展现出它的神奇。我们只能心悦诚服地惊叹于结果本身——但这就足够了！

你可能需要一台计算器，当然你也可以将其当作一次减法练习。

以下就是这个神奇循环的全过程。请按照以下步骤进行运算。

1.运算开始，选择一个四位数（四个数位不能完全相同）。

2.重新排列各数位的顺序，组成一个最大的数字（也就是说，将数字由大到小降序排列）。

3.然后再次排列各数位的顺序，组成一个最小的数字。（也就是说，将数字由小到大升序排列。0 可以排在最前面的数位。）

4.将两数相减（当然，用较大数减去较小数）。

5.得出差值，继续上述的流程，直到你意识到事情开始变得不对劲。一直算下去，直到你发现了异常。

你可能只需做一次减法运算，也可能经历多轮减法运算，这个取决于你选择的初始数字，但你最终都会得出数字 **6 174**。一旦得出这个数字，你就会发现自己进入无限循环中。要知道，初始数字可是你随机挑选的。看到这，有的读者可能跃跃欲试，想要更加深入地研究一番，其他读者可能已经心怀敬畏了。

以下的例子解释了这个循环的流程，我们先挑选一个任意的初始数字，3 203。

我们选择了数字　3 203。
这些数字能构成的最**大**数为　3 320。
这些数字能构成的最**小**数为　0 233。
两者之差为　3 087。

现在我们用 3 087 继续整个流程。

这些数字能构成的最大数为　8 730。
这些数字能构成的最小数为　0 378。
两者之差为　8 352。

同样，我们继续重复上述的流程：

这些数字能构成的最大数为　8 532。
这些数字能构成的最小数为　2 358。
两者之差为　6 174。

这些数字能构成的最大数为　7 641。
这些数字能构成的最小数为　1 467。
两者之差为　6 174。

这个漂亮的循环是由印度数学家达塔特拉亚·拉马钱德拉·卡普雷卡尔（1905—1986）在 1946 年发现的[1]。我们常将数字 6 174 称为**卡普雷卡**

[1] 卡普雷卡尔于 1949 年在马德拉斯数学会议上公布了这一发现。随后在 1953 年，他在 *Scripta Mathematica* 期刊上发表论文“Problems Involving Reversal of Digits”，在论文中公布研究结果。也可参阅 D. R. Kaprekar, “An Interesting Property of the Number 6174,” *Scripta Mathematica* 15 (1955): 244-245.

尔常数。[1] 一旦你得出 6 174，你就会不断回到 6 174 上，因此形成循环。请记住，这一切都是从随机挑选的**四位数**开始，然后以数字 6 174 结束，随后进入无限循环（即我们会一直回到 6 174 上。）

这些循环的例子很容易得到验证，因为四位数的数量是有限的。

对于专家或感兴趣的同学，你们还可以挖掘下关于这个数字的更多宝藏[2]。

下面我们会分享卡普雷卡尔常数的更多变体，供你思考和欣赏！

一些卡普雷卡尔常数的变体

- 如果你选择的是一个两位数（两个数位不能相同），那么卡普雷卡尔常数则是 81，你最终会进入一个长度为 5 的循环：[81，63，27，45，09（，81）]。和此前探究过的不同，两位数数字中没有形成长度为 1 的循环。
- 如果你选择的是一个三位数（三个数位不能完全相同），那么卡普雷卡尔常数则是 495，你最终会进入一个长度为 1 的循环：[495（，495）]。
- 如果你选择的是一个四位数（四个数位不能完全相同），那么正如我们之前看到的，卡普雷卡尔常数是 6 174，你最终会进入一个长度为 1 的循环：[6 174（，6 174）]。

---

[1] 注意不要把这个数字和其他卡普雷卡尔数字混淆了，如 9，45，297，703，4 879，…：

$9^2=81$，	$8+1=9$；
$45^2=2\ 025$，	$20+25=45$；
$297^2=88\ 209$，	$88+209=297$；
$703^2=494\ 209$，	$494+209=703$；
$4\ 879^2=23\ 804\ 641$，	$238+4\ 641=4\ 879$；
$17\ 344^2=300\ 814\ 336$，	$3\ 008+14\ 336=17\ 344$；
$538\ 461^2=289\ 940\ 248\ 521$，	$289\ 940+248\ 521=538\ 461$

[2] 参阅：Malcolm E. Lines, *A Number for Your Thoughts: Facts and Speculations about Numbers*（Bristol, UK: Hilger, 1986）；Robert W. Ellis and Jason R. Lewis, "Investigations into the Kaprekar Process".

- 如果你选择的是一个五位数(五个数位不能完全相同),那么卡普雷卡尔常数有 3 个:53 955, 61 974 和 62 964。

其中一个循环长度为 2

[53 955, 59 994(, 53 955)],

另外两个循环长度为 4

[61 974, 82 962, 75 933, 63 954(, 61 974)]

[62 964, 71 973, 83 952, 74 943(, 62 964)]

你也可以在六位数上实施这个流程,然后你也会发现自己陷入循环中。你可能会被数字 840 852 带进循环中,但不要因此就停止了探索数学奥秘的步伐[1]。例如,你还可以思考每个差值的数位上的数字之和。因为减数和被减数[2]的数位上的数字之和一样,两者的差值的数位上的数字之和是 9 的倍数。对于三位数和四位数来说,差值的数位上的数字之和是 18。对于五位数和六位数而言,差值的数位上的数字之和为 27。依此类推,对于七位数和八位数而言,差值的数位上的数字之和为 36。没错,不难发现,当在九位数和十位数上使用相同的技巧时,差值的数位上的数字之和是 45。如果你继续探索更长数位的数字,你会收获更多令人愉悦的惊喜。

乌拉姆-考拉兹循环

基本特性的美丽常常会让人惊叹其神奇。基本特性神奇吗?有人觉得,某些事物出奇地“整齐有序”,这就非常美丽。从这个视角出发,我们将向你介绍一个看起来“很神奇”的数学特性。这个特性困扰数学家们多年,依然没有人能解释它产生的原因。来试试看吧,你会喜欢上它的。

---

[1] 如果你选择的是一个六位数(六个数位上的数字不能完全相同),那么卡普雷卡尔常数有 3 个:549 945, 631 764 和 420 876。其中两个循环长度为 1:[549 945(, 549 945)], [631 764(, 631 764)];另外一个循环长度为 7:[420 876, 851 742, 750 843, 840 852, 860 832, 862 632, 642 654(, 420 876)]。如果你选择的是一个七位数(七个数位上的数字不能完全相同),那么只有一个卡普雷卡尔常数:7 509 843,这个数字的循环长度为 8:[7 509 843, 9 529 641, 8 719 722, 8 649 432, 7 519 743, 8 429 652, 7 619 733, 8 439 552 (, 7 509 843)]。

[2] 在减法运算中,从**被减数**中减去**减数**,得出结果,也就是**差**。

我们先随意挑选一个数字,然后遵循以下两条规则进行变换。

如果数字是奇数,则将数字乘 3 **再加** 1。

如果数字是偶数,则将数字除以 2。

无论你选择哪个数字,在重复上述的运算流程后,你最终总会得出数字 1。

我们来试试吧。比方说,我们随意挑选一个数字,**7**。
7 是奇数,所以我们将其乘 3 后再加 1,得出 **22**。
22 是偶数,所以我们只需将其除以 2,得出 **11**。
11 是奇数,所以我们将其乘 3 后再加 1,得出 **34**。
34 是偶数,所以我们将其除以 2,得出 **17**。
17 是奇数,所以我们将其乘 3 后再加 1,得出 **52**。
52 是偶数,所以我们将其除以 2,得出 **26**。
26 是偶数,所以我们将其除以 2,得出 **13**。
13 是奇数,所以我们将其乘 3 后再加 1,得出 **40**。
40 是偶数,所以我们将其除以 2,得出 **20**。
20 是偶数,所以我们将其除以 2,得出 **10**。
10 是偶数,所以我们将其除以 2,得出 **5**。
5 是奇数,所以我们将其乘 3 后再加 1,得出 **16**。
16 是偶数,所以我们将其除以 2,得出 **8**。
8 是偶数,所以我们将其除以 2,得出 **4**。
4 是偶数,所以我们将其除以 2,得出 **2**。
2 是偶数,所以我们再次将其除以 2,得出 **1**。

如果我们继续,就会发现我们已经进入循环。

[1 是奇数,所以我们将其乘 3 后再加 1,得出 **4**,…]。经过 16 步的运算后,我们最终以 1 收尾,如果我们继续整个流程,我们会重新回到 4,继而回到 1。我们闯进循环了!

我们由此得出数列 7,22,11,34,17,52,26,13,40,20,10,5,16,8,**4**,**2**,**1**,**4**,**2**,**1**,…

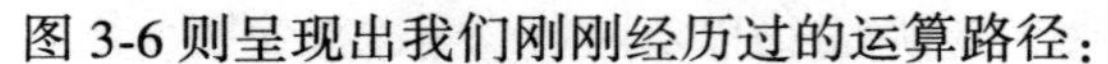

图 3-6 则呈现出我们刚刚经历过的运算路径：

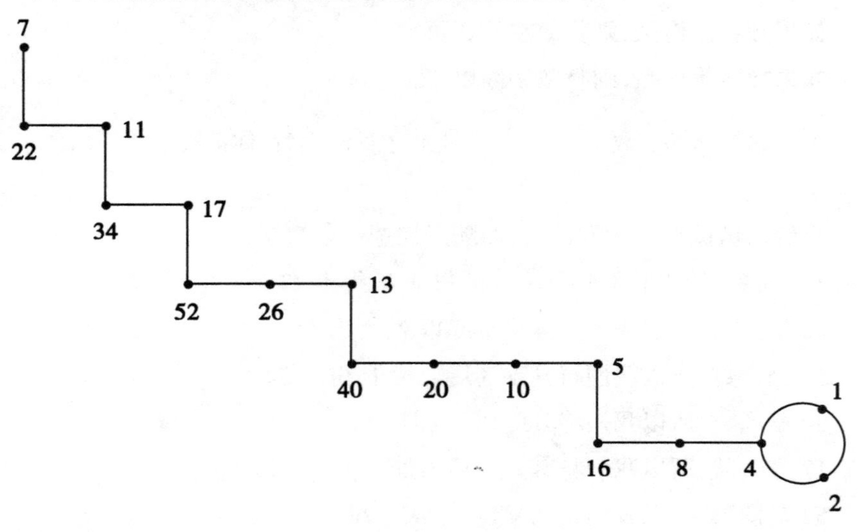

图 3-6　$n=7$

如果以曲线图的形式来展现整个流程步骤，也很有趣（见图 3-7）：

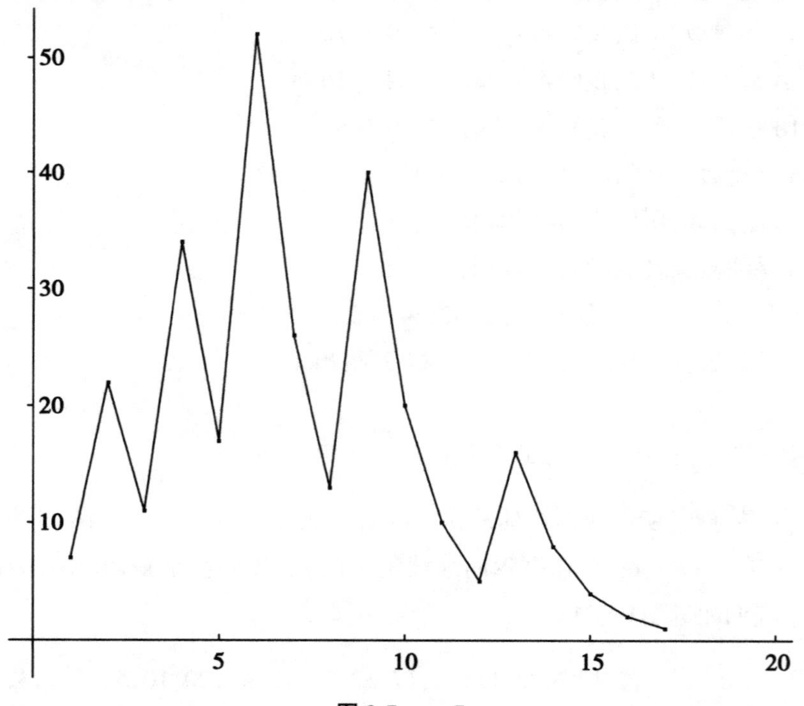

图 3-7　$n=7$

无论我们最初选择的数字是什么(在上述示例中我们使用的是 7),我们最终都会得到 1。

这真是令人叹为观止!你还可以试试其他数字,这样就能说服自己相信它的可行性。如果我们最初随意挑选的数字是 **9**,则在 **19** 步后会得到 1;如果选的是 **41**,则需要 109 步才能得出 1。

这套算法有一个很神奇的特性——无论最初选择的数字是什么,我们最终都会进入一个长度为 3 的循环:[4,2,1(,4)]。

这**真的**适用于**所有**数字吗?这个能形成循环的精妙算法由德国数学家洛塔尔·考拉兹[1](1910—1990)于 1932 年首次发现,于 1937 年发表。美国数学家斯坦尼斯劳斯·马尔钦·乌拉姆(1909—1984)也对此发现有所贡献,他曾在第二次世界大战期间参与曼哈顿计划[2]。德国数学家赫尔穆特·哈赛(1898—1979)在发现这一难题上亦有所建树。因此,这个程式(或算法)也以多个名字命名。

尚无证据表明这种算法对所有数字都成立。著名的加拿大数学家 H. S. M.考克斯特(1907—2003)曾悬赏征解,如能证明该算法成立的,奖励 50 美元,如能找到不适用该算法的数字的,奖励 100 美元。随后,匈牙利数学家保罗·埃尔德什(1913—1996)将悬赏奖金提高至 500 美元。然而,即使面对众多奖金,还是没有人能给予证明。这个看起来“成立”的算法在被证明适用于任何情况之前,都只能沦为一个猜想。

现在,人们能借助计算机来验证这个广为人知的“$3n+1$ 问题”。新近的研究进度是,截至 2008 年 6 月 1 日[3],对于 $18 \cdot 2^{58} \approx 5.188146770 \cdot 10^{18}$ 以内的数字,该算法成立——也就是说,对于 5 个百万的三次幂之内的数字而言,该算法被证实成立。

你可能想要通过“图形”来观察这个有趣的数字特性的路径。图 3-8 展

---

[1] 又译为科拉茨,但考拉兹使用得更为普遍。——译者注

[2] 美国陆军部于 1942 年 6 月开始实施利用核裂变反应来研制原子弹的计划,亦称曼哈顿计划。——译者注

[3] 参见 http://www.ieeta.pt/~tos/3x+1.html. Also see Tomás Oliveira e Silva, “Maximum Excursion and Stopping Time Record-Holders for the 3x + 1 Problem: Computational Results,” *Mathematics of Computation* 68, no. 225(1999): 371-84.

示了起始数字为 1—20 的数列。在图 3-8 中，粗体数字（1—20）可作为按照上述规律往下推算的起点。

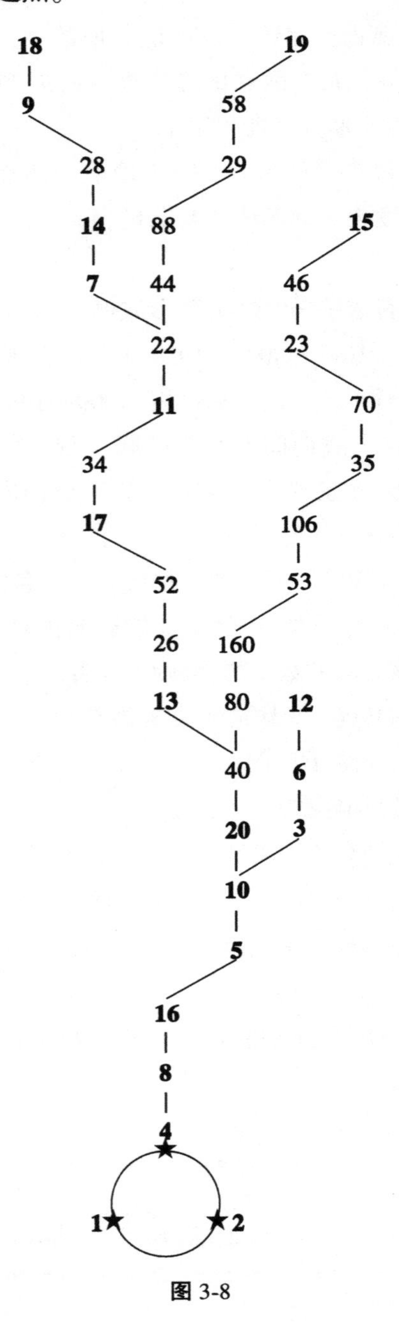

图 3-8

基于起始数字 11,34,35,96,104,106,113,320,336,340,341 和 1 024 的推算路径,我们能得出以下的图形(见图 3-9):

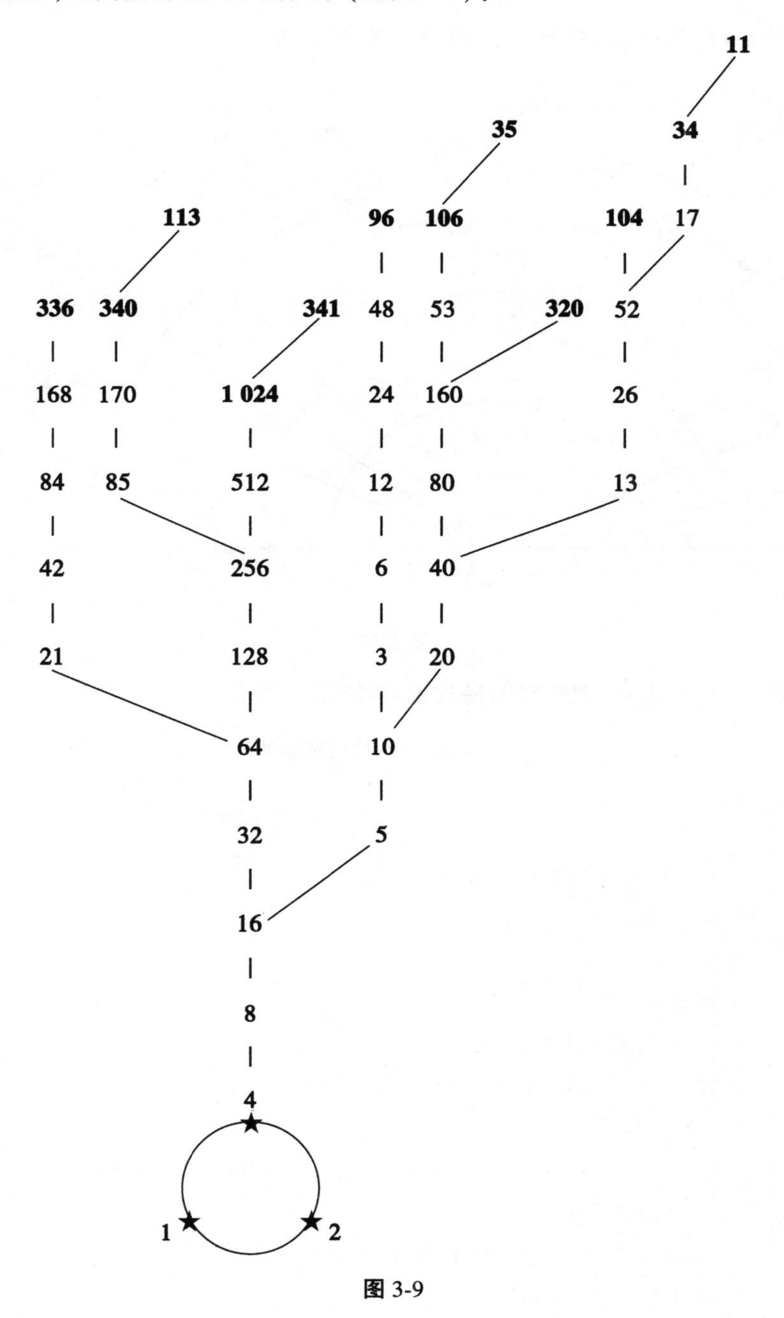

图 3-9

即使数字的相对大小差异较大(如 3 和 20,80 和 13),数字也能以这种方式维持一种紧密的联系。在图 3-10 中你能有更全局的体会：

当 $n=1,2,\cdots,25$ 时的乌拉姆-考拉兹数列表

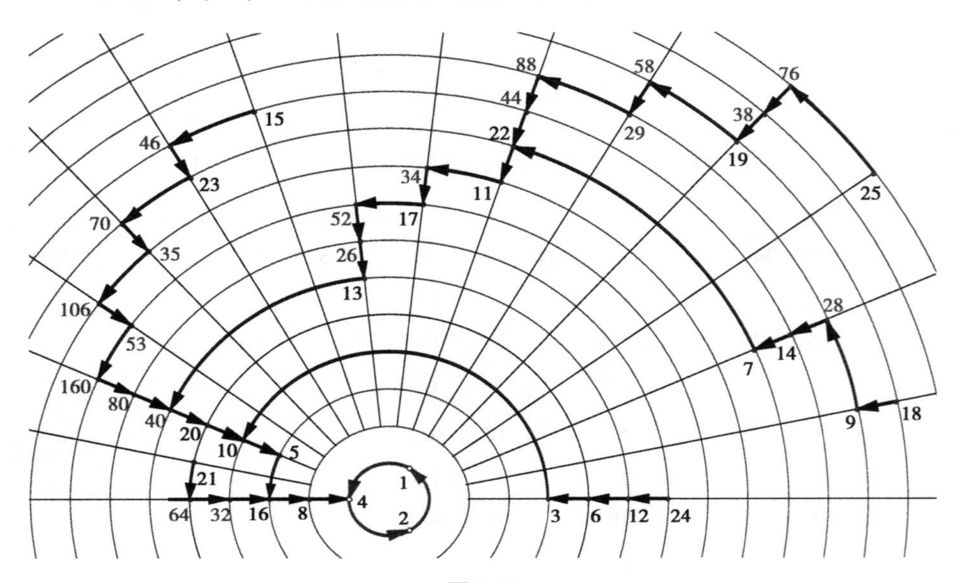

图 3-10

当 $n=0,1,2,\cdots,100$ 时的乌拉姆-考拉兹数列表

n	乌拉姆-考拉兹数列
0	[0,0]
1	[1,4,2,1]=[1,**4**,**2**,**1**(,4)]
2	[2,1,4,2]=[2,1,**4**,**2**,**1**(,4)]
3	[3,10,5,16,8,**4**,**2**,**1**(,4)]
4	[**4**,**2**,**1**(,4)]
5	[5,16,8,**4**,**2**,**1**(,4)]
6	[6,3,10,5,16,8,**4**,**2**,**1**(,4)]
7	[7,22,11,34,17,52,26,13,40,20,10,5,16,8,**4**,**2**,**1**(,4)]
8	[8,**4**,**2**,**1**(,4)]
9	[9,28,14,7,22,11,34,17,52,26,13,40,20,10,5,16,8,**4**,**2**,**1**(,4)]
10	[10,5,16,8,**4**,**2**,**1**(,4)]
11	[11,34,17,52,26,13,40,20,10,5,16,8,**4**,**2**,**1**(,4)]
12	[12,6,3,10,5,16,8,**4**,**2**,**1**(,4)]

续表

n	乌拉姆-考拉兹数列
13	[13,40,20,10,5,16,8,**4**,**2**,**1**(,4)]
14	[14,7,22,11,34,17,52,26,13,40,20,10,5,16,8,**4**,**2**,**1**(,4)]
15	[15,46,23,70,35,106,53,160,80,40,20,10,5,16,8,**4**,**2**,**1**(,4)]
16	[16,8,**4**,**2**,**1**(,4)]
17	[17,52,26,13,40,20,10,5,16,8,**4**,**2**,**1**(,4)]
18	[18,9,28,14,7,22,11,34,17,52,26,13,40,20,10,5,16,8,**4**,**2**,**1**(,4)]
19	[19,58,29,88,44,22,11,34,17,52,26,13,40,20,10,5,16,8,**4**,**2**,**1**(,4)]
20	[20,10,5,16,8,**4**,**2**,**1**(,4)]
21	[21,64,32,16,8,**4**,**2**,**1**(,4)]
22	[22,11,34,17,52,26,13,40,20,10,5,16,8,**4**,**2**,**1**(,4)]
23	[23,70,35,106,53,160,80,40,20,10,5,16,8,**4**,**2**,**1**(,4)]
24	[24,12,6,3,10,5,16,8,**4**,**2**,**1**(,4)]
25	[25,76,38,19,58,29,88,44,22,11,34,17,52,26,13,40,20,10,5,16,8,**4**,**2**,**1**(,4)]
26	[26,13,40,20,10,5,16,8,**4**,**2**,**1**(,4)]
27	[27,82,41,124,62,31,94,47,142,71,214,107,322,161,484,242,121,364,182,91,274,137,412,206,103,310,155,466,233,700,350,175,526,263,790,395,1186,593,1780,890,445,1336,668,334,167,502,251,754,377,1132,566,283,850,425,1276,638,319,958,479,1438,719,2158,1079,3238,1619,4858,2429,7288,3644,1822,911,2734,1367,4102,2051,6154,3077,9232,4616,2308,1154,577,1732,866,433,1300,650,325,976,488,244,122,61,184,92,46,23,70,35,106,53,160,80,40,20,10,5,16,8,**4**,**2**,**1**(,4)]
28	[28,14,7,22,11,34,17,52,26,13,40,20,10,5,16,8,**4**,**2**,**1**(,4)]
29	[29,88,44,22,11,34,17,52,26,13,40,20,10,5,16,8,**4**,**2**,**1**(,4)]
30	[30,15,46,23,70,35,106,53,160,80,40,20,10,5,16,8,**4**,**2**,**1**(,4)]
31	[31,94,47,142,71,214,107,322,161,484,242,121,364,182,91,274,137,412,206,103,310,155,466,233,700,350,175,526,263,790,395,1186,593,1780,890,445,1336,668,334,167,502,251,754,377,1132,566,283,850,425,1276,638,319,958,479,1438,719,2158,1079,3238,1619,4858,2429,7288,3644,1822,911,2734,1367,4102,2051,6154,3077,9232,4616,2308,1154,577,1732,866,433,1300,650,325,976,488,244,122,61,184,92,46,23,70,35,106,53,160,80,40,20,10,5,16,8,**4**,**2**,**1**(,4)]
32	[32,16,8,**4**,**2**,**1**(,4)]

续表

n	乌拉姆-考拉兹数列
33	[33,100,50,25,76,38,19,58,29,88,44,22,11,34,17,52,26,13,40,20,10,5,16,8,**4**,**2**,**1**(,4)]
34	[34,17,52,26,13,40,20,10,5,16,8,**4**,**2**,**1**(,4)]
35	[35,106,53,160,80,40,20,10,5,16,8,**4**,**2**,**1**(,4)]
36	[36,18,9,28,14,7,22,11,34,17,52,26,13,40,20,10,5,16,8,**4**,**2**,**1**(,4)]
37	[37,112,56,28,14,7,22,11,34,17,52,26,13,40,20,10,5,16,8,**4**,**2**,**1**(,4)]
38	[38,19,58,29,88,44,22,11,34,17,52,26,13,40,20,10,5,16,8,**4**,**2**,**1**(,4)]
39	[39,118,59,178,89,268,134,67,202,101,304,152,76,38,19,58,29,88,44,22,11,34,17,52,26,13,40,20,10,5,16,8,**4**,**2**,**1**(,4)]
40	[40,20,10,5,16,8,**4**,**2**,**1**(,4)]
41	[41,124,62,31,94,47,142,71,214,107,322,161,484,242,121,364,182,91,274,137,412,206,103,310,155,466,233,700,350,175,526,263,790,395,1186,593,1780,890,445,1336,668,334,167,502,251,754,377,1132,566,283,850,425,1276,638,319,958,479,1438,719,2158,1079,3238,1619,4858,2429,7288,3644,1822,911,2734,1367,4102,2051,6154,3077,9232,4616,2308,1154,577,1732,866,433,1300,650,325,976,488,244,122,61,184,92,46,23,70,35,106,53,160,80,40,20,10,5,16,8,**4**,**2**,**1**(,4)]
42	[42,21,64,32,16,8,**4**,**2**,**1**(,4)]
43	[43,130,65,196,98,49,148,74,37,112,56,28,14,7,22,11,34,17,52,26,13,40,20,10,5,16,8,**4**,**2**,**1**(,4)]
44	[44,22,11,34,17,52,26,13,40,20,10,5,16,8,**4**,**2**,**1**(,4)]
45	[45,136,68,34,17,52,26,13,40,20,10,5,16,8,**4**,**2**,**1**(,4)]
46	[46,23,70,35,106,53,160,80,40,20,10,5,16,8,**4**,**2**,**1**(,4)]
47	[47,142,71,214,107,322,161,484,242,121,364,182,91,274,137,412,206,103,310,155,466,233,700,350,175,526,263,790,395,1186,593,1780,890,445,1336,668,334,167,502,251,754,377,1132,566,283,850,425,1276,638,319,958,479,1438,719,2158,1079,3238,1619,4858,2429,7288,3644,1822,911,2734,1367,4102,2051,6154,3077,9232,4616,2308,1154,577,1732,866,433,1300,650,325,976,488,244,122,61,184,92,46,23,70,35,106,53,160,80,40,20,10,5,16,8,**4**,**2**,**1**(,4)]
48	[48,24,12,6,3,10,5,16,8,**4**,**2**,**1**(,4)]
49	[49,148,74,37,112,56,28,14,7,22,11,34,17,52,26,13,40,20,10,5,16,8,**4**,**2**,**1**(,4)]
50	[50,25,76,38,19,58,29,88,44,22,11,34,17,52,26,13,40,20,10,5,16,8,**4**,**2**,**1**(,4)]

续表

n	乌拉姆-考拉兹数列
51	[51,154,77,232,116,58,29,88,44,22,11,34,17,52,26,13,40,20,10,5,16,8,**4**,**2**,**1**(,4)]
52	[52,26,13,40,20,10,5,16,8,**4**,**2**,**1**(,4)]
53	[53,160,80,40,20,10,5,16,8,**4**,**2**,**1**(,4)]
54	[54,27,82,41,124,62,31,94,47,142,71,214,107,322,161,484,242,121,364,182,91,274,137,412,206,103,310,155,466,233,700,350,175,526,263,790,395,1186,593,1780,890,445,1336,668,334,167,502,251,754,377,1132,566,283,850,425,1276,638,319,958,479,1438,719,2158,1079,3238,1619,4858,2429,7288,3644,1822,911,2734,1367,4102,2051,6154,3077,9232,4616,2308,1154,577,1732,866,433,1300,650,325,976,488,244,122,61,184,92,46,23,70,35,106,53,160,80,40,20,10,5,16,8,**4**,**2**,**1**(,4)]
55	[55,166,83,250,125,376,188,94,47,142,71,214,107,322,161,484,242,121,364,182,91,274,137,412,206,103,310,155,466,233,700,350,175,526,263,790,395,1186,593,1780,890,445,1336,668,334,167,502,251,754,377,1132,566,283,850,425,1276,638,319,958,479,1438,719,2158,1079,3238,1619,4858,2429,7288,3644,1822,911,2734,1367,4102,2051,6154,3077,9232,4616,2308,1154,577,1732,866,433,1300,650,325,976,488,244,122,61,184,92,46,23,70,35,106,53,160,80,40,20,10,5,16,8,**4**,**2**,**1**(,4)]
56	[56,28,14,7,22,11,34,17,52,26,13,40,20,10,5,16,8,**4**,**2**,**1**(,4)]
57	[57,172,86,43,130,65,196,98,49,148,74,37,112,56,28,14,7,22,11,34,17,52,26,13,40,20,10,5,16,8,**4**,**2**,**1**(,4)]
58	[58,29,88,44,22,11,34,17,52,26,13,40,20,10,5,16,8,**4**,**2**,**1**(,4)]
59	[59,178,89,268,134,67,202,101,304,152,76,38,19,58,29,88,44,22,11,34,17,52,26,13,40,20,10,5,16,8,**4**,**2**,**1**(,4)]
60	[60,30,15,46,23,70,35,106,53,160,80,40,20,10,5,16,8,**4**,**2**,**1**(,4)]
61	[61,184,92,46,23,70,35,106,53,160,80,40,20,10,5,16,8,**4**,**2**,**1**(,4)]
62	[62,31,94,47,142,71,214,107,322,161,484,242,121,364,182,91,274,137,412,206,103,310,155,466,233,700,350,175,526,263,790,395,1186,593,1780,890,445,1336,668,334,167,502,251,754,377,1132,566,283,850,425,1276,638,319,958,479,1438,719,2158,1079,3238,1619,4858,2429,7288,3644,1822,911,2734,1367,4102,2051,6154,3077,9232,4616,2308,1154,577,1732,866,433,1300,650,325,976,488,244,122,61,184,92,46,23,70,35,106,53,160,80,40,20,10,5,16,8,**4**,**2**,**1**(,4)]

续表

n	乌拉姆-考拉兹数列
63	[63,190,95,286,143,430,215,646,323,970,485,1456,728,364,182,91,274,137,412,206,103,310,155,466,233,700,350,175,526,263,790,395,1186,593,1780,890,445,1336,668,334,167,502,251,754,377,1132,566,283,850,425,1276,638,319,958,479,1438,719,2158,1079,3238,1619,4858,2429,7288,3644,1822,911,2734,1367,4102,2051,6154,3077,9232,4616,2308,1154,577,1732,866,433,1300,650,325,976,488,244,122,61,184,92,46,23,70,35,106,53,160,80,40,20,10,5,16,8,**4**,**2**,**1**(,4)]
64	[64,32,16,8,**4**,**2**,**1**(,4)]
65	[65,196,98,49,148,74,37,112,56,28,14,7,22,11,34,17,52,26,13,40,20,10,5,16,8,**4**,**2**,**1**(,4)]
66	[66,33,100,50,25,76,38,19,58,29,88,44,22,11,34,17,52,26,13,40,20,10,5,16,8,**4**,**2**,**1**(,4)]
67	[67,202,101,304,152,76,38,19,58,29,88,44,22,11,34,17,52,26,13,40,20,10,5,16,8,**4**,**2**,**1**(,4)]
68	[68,34,17,52,26,13,40,20,10,5,16,8,**4**,**2**,**1**(,4)]
69	[69,208,104,52,26,13,40,20,10,5,16,8,**4**,**2**,**1**(,4)]
70	[70,35,106,53,160,80,40,20,10,5,16,8,**4**,**2**,**1**(,4)]
71	[71,214,107,322,161,484,242,121,364,182,91,274,137,412,206,103,310,155,466,233,700,350,175,526,263,790,395,1186,593,1780,890,445,1336,668,334,167,502,251,754,377,1132,566,283,850,425,1276,638,319,958,479,1438,719,2158,1079,3238,1619,4858,2429,7288,3644,1822,911,2734,1367,4102,2051,6154,3077,9232,4616,2308,1154,577,1732,866,433,1300,650,325,976,488,244,122,61,184,92,46,23,70,35,106,53,160,80,40,20,10,5,16,8,**4**,**2**,**1**(,4)]
72	[72,36,18,9,28,14,7,22,11,34,17,52,26,13,40,20,10,5,16,8,**4**,**2**,**1**(,4)]
73	[73,220,110,55,166,83,250,125,376,188,94,47,142,71,214,107,322,161,484,242,121,364,182,91,274,137,412,206,103,310,155,466,233,700,350,175,526,263,790,395,1186,593,1780,890,445,1336,668,334,167,502,251,754,377,1132,566,283,850,425,1276,638,319,958,479,1438,719,2158,1079,3238,1619,4858,2429,7288,3644,1822,911,2734,1367,4102,2051,6154,3077,9232,4616,2308,1154,577,1732,866,433,1300,650,325,976,488,244,122,61,184,92,46,23,70,35,106,53,160,80,40,20,10,5,16,8,**4**,**2**,**1**(,4)]
74	[74,37,112,56,28,14,7,22,11,34,17,52,26,13,40,20,10,5,16,8,**4**,**2**,**1**(,4)]

续表

n	乌拉姆-考拉兹数列
75	[75,226,113,340,170,85,256,128,64,32,16,8,**4**,**2**,**1**(,4)]
76	[76,38,19,58,29,88,44,22,11,34,17,52,26,13,40,20,10,5,16,8,**4**,**2**,**1**(,4)]
77	[77,232,116,58,29,88,44,22,11,34,17,52,26,13,40,20,10,5,16,8,**4**,**2**,**1**(,4)]
78	[78,39,118,59,178,89,268,134,67,202,101,304,152,76,38,19,58,29,88,44,22,11,34,17,52,26,13,40,20,10,5,16,8,**4**,**2**,**1**(,4)]
79	[79,238,119,358,179,538,269,808,404,202,101,304,152,76,38,19,58,29,88,44,22,11,34,17,52,26,13,40,20,10,5,16,8,**4**,**2**,**1**(,4)]
80	[80,40,20,10,5,16,8,**4**,**2**,**1**(,4)]
81	[81,244,122,61,184,92,46,23,70,35,106,53,160,80,40,20,10,5,16,8,**4**,**2**,**1**(,4)]
82	[82,41,124,62,31,94,47,142,71,214,107,322,161,484,242,121,364,182,91,274,137,412,206,103,310,155,466,233,700,350,175,526,263,790,395,1186,593,1780,890,445,1336,668,334,167,502,251,754,377,1132,566,283,850,425,1276,638,319,958,479,1438,719,2158,1079,3238,1619,4858,2429,7288,3644, 1822, 911, 2734, 1367, 4102, 2051, 6154, 3077, 9232, 4616, 2308,1154,577,1732,866,433,1300,650,325,976,488,244,122,61,184,92,46,23,70,35,106,53,160,80,40,20,10,5,16,8,**4**,**2**,**1**(,4)]
83	[83,250,125,376,188,94,47,142,71,214,107,322,161,484,242,121,364,182,91,274,137,412,206,103,310,155,466,233,700,350,175,526,263,790,395,1186,593,1780,890,445,1336,668,334,167,502,251,754,377,1132,566,283,850,425,1276,638,319,958,479,1438,719,2158,1079,3238,1619,4858,2429,7288, 3644, 1822, 911, 2734, 1367, 4102, 2051, 6154, 3077, 9232, 4616,2308,1154,577,1732,866,433,1300,650,325,976,488,244,122,61,184,92,46,23,70,35,106,53,160,80,40,20,10,5,16,8,**4**,**2**,**1**(,4)]
84	[84,42,21,64,32,16,8,**4**,**2**,**1**(,4)]
85	[85,256,128,64,32,16,8,**4**,**2**,**1**(,4)]
86	[86,43,130,65,196,98,49,148,74,37,112,56,28,14,7,22,11,34,17,52,26,13,40,20,10,5,16,8,**4**,**2**,**1**(,4)]
87	[87,262,131,394,197,592,296,148,74,37,112,56,28,14,7,22,11,34,17,52,26,13,40,20,10,5,16,8,**4**,**2**,**1**(,4)]
88	[88,44,22,11,34,17,52,26,13,40,20,10,5,16,8,**4**,**2**,**1**(,4)]
89	[89,268,134,67,202,101,304,152,76,38,19,58,29,88,44,22,11,34,17,52,26,13,40,20,10,5,16,8,**4**,**2**,**1**(,4)]
90	[90,45,136,68,34,17,52,26,13,40,20,10,5,16,8,**4**,**2**,**1**(,4)]

续表

n	乌拉姆-考拉兹数列
91	[91,274,137,412,206,103,310,155,466,233,700,350,175,526,263,790,395,1186,593,1780,890,445,1336,668,334,167,502,251,754,377,1132,566,283,850,425,1276,638,319,958,479,1438,719,2158,1079,3238,1619,4858,2429,7288,3644,1822,911,2734,1367,4102,2051,6154,3077,9232,4616,2308,1154,577,1732,866,433,1300,650,325,976,488,244,122,61,184,92,46,23,70,35,106,53,160,80,40,20,10,5,16,8,**4**,**2**,**1**(,4)]
92	[92,46,23,70,35,106,53,160,80,40,20,10,5,16,8,**4**,**2**,**1**(,4)]
93	[93,280,140,70,35,106,53,160,80,40,20,10,5,16,8,**4**,**2**,**1**(,4)]
94	[94,47,142,71,214,107,322,161,484,242,121,364,182,91,274,137,412,206,103,310,155,466,233,700,350,175,526,263,790,395,1186,593,1780,890,445,1336,668,334,167,502,251,754,377,1132,566,283,850,425,1276,638,319,958,479,1438,719,2158,1079,3238,1619,4858,2429,7288,3644,1822,911,2734,1367,4102,2051,6154,3077,9232,4616,2308,1154,577,1732,866,433,1300,650,325,976,488,244,122,61,184,92,46,23,70,35,106,53,160,80,40,20,10,5,16,8,**4**,**2**,**1**(,4)]
95	[95,286,143,430,215,646,323,970,485,1456,728,364,182,91,274,137,412,206,103,310,155,466,233,700,350,175,526,263,790,395,1186,593,1780,890,445,1336,668,334,167,502,251,754,377,1132,566,283,850,425,1276,638,319,958,479,1438,719,2158,1079,3238,1619,4858,2429,7288,3644,1822,911,2734,1367,4102,2051,6154,3077,9232,4616,2308,1154,577,1732,866,433,1300,650,325,976,488,244,122,61,184,92,46,23,70,35,106,53,160,80,40,20,10,5,16,8,**4**,**2**,**1**(,4)]
96	[96,48,24,12,6,3,10,5,16,8,**4**,**2**,**1**(,4)]
97	[97,292,146,73,220,110,55,166,83,250,125,376,188,94,47,142,71,214,107,322,161,484,242,121,364,182,91,274,137,412,206,103,310,155,466,233,700,350,175,526,263,790,395,1186,593,1780,890,445,1336,668,334,167,502,251,754,377,1132,566,283,850,425,1276,638,319,958,479,1438,719,2158,1079,3238,1619,4858,2429,7288,3644,1822,911,2734,1367,4102,2051,6154,3077,9232,4616,2308,1154,577,1732,866,433,1300,650,325,976,488,244,122,61,184,92,46,23,70,35,106,53,160,80,40,20,10,5,16,8,**4**,**2**,**1**(,4)]
98	[98,49,148,74,37,112,56,28,14,7,22,11,34,17,52,26,13,40,20,10,5,16,8,**4**,**2**,**1**(,4)]
99	[99,298,149,448,224,112,56,28,14,7,22,11,34,17,52,26,13,40,20,10,5,16,8,**4**,**2**,**1**(,4)]
100	[100,50,25,76,38,19,58,29,88,44,22,11,34,17,52,26,13,40,20,10,5,16,8,**4**,**2**,**1**(,4)]

请注意,你最终会进入4-2-1的终极循环。亦即,当你得出 4 时,随后你总能得出 1,然后如果你继续尝试,你又会回到 1,因为通过应用“$3n+1$ 规则”[$3\cdot1+1=4$],你会再次进入4-2-1循环。

为了给你提供一点指引(兼动力),以下的表格展示了数字 n 在到达 1 之前需要经历的过程。

我们还为你提供了以下的例子,让你通过图形的方式观察一些数字在这个算法中的表现。

假设 $n=17$,此时构成循环[17,52,26,13,40,20,10,5,16,8,**4**,**2**,**1**(,4)]。得出 1 需要 13 步。

与此相比,$n=18$ 时,得出 1 需要 20 步。

然而当 $n=27$ 时,得出 1 却需要 112 步。图 3-11 以可视化的形式呈现了这个推算过程。

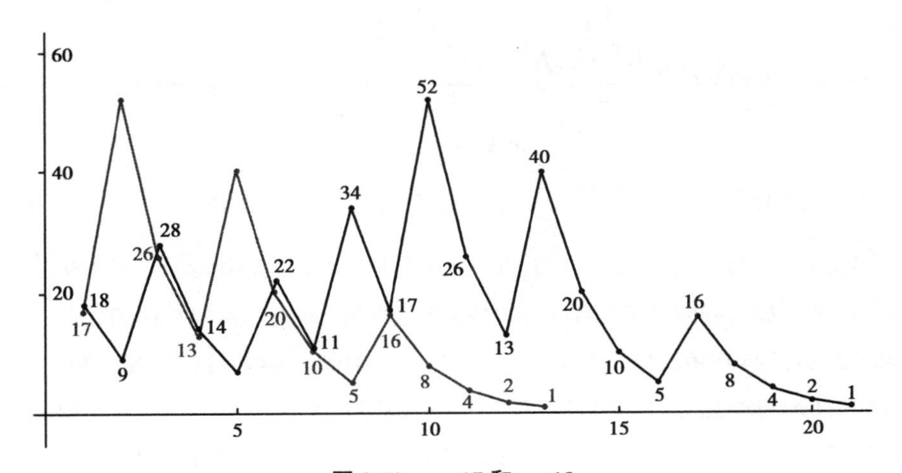

图 3-11　$n=17$ 和 $n=18$

当 $n=27$ 时,需要 112 步才能得出 1:

[27,82,41,124,62,31,94,47,142,71,214,107,322,161,484,242,121,364,182,91,274,137,412,206,103,310,155,466,233,700,350,175,526,263,790,395,1186,593,1780,890,445,1336,668,334,167,502,251,754,377,1132,566,283,850,425,1276,638,319,958,479,1438,719,2158,1079,3238,1619,4858,2429,7288,3644,1822,911,2734,1367,4102,2051,6154,3077,9232,4616,2308,1154,577,1732,866,

433,1300,650,325,976,488,244,122,61,184,92,46,23,70,35,106,53,160,80,40,20,10,5,16,8,**4**,**2**,**1**(,4)]

图 3-12 以曲线图的形式呈现了这个过程：

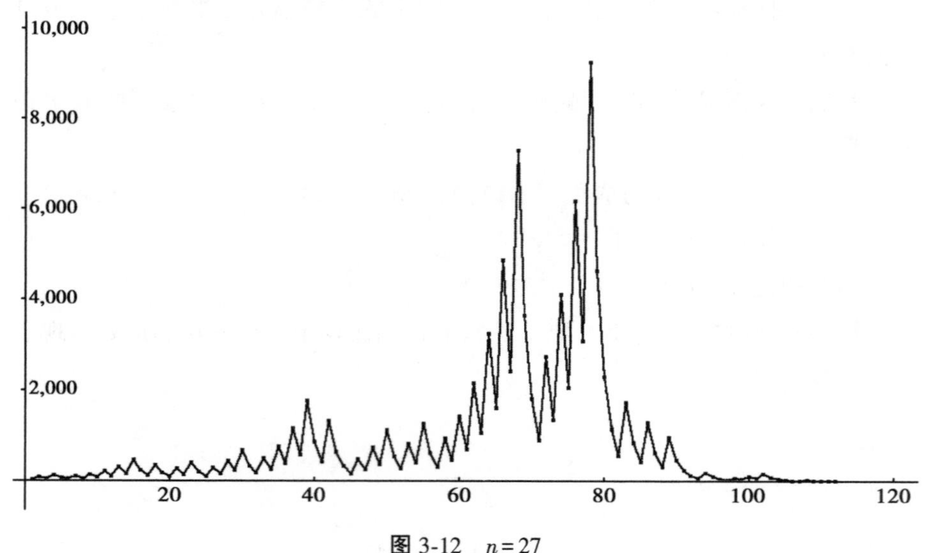

图 3-12　$n=27$

当 $n=15\ 733\ 191$ 时，需要 705 步才能得出 1，如下所示：

[15733191,47199574,23599787,70799362,35399681,106199044,53099522,26549761,79649284,39824642,19912321,59736964,29868482,14934241,44802724,22401362,11200681,33602044,16801022,8400511,25201534,12600767,37802302,18901151,56703454,28351727,85055182,42527591,127582774,63791387,191374162,95687081,287061244,143530622,71765311,215295934,107647967,322943902,161471951,484415854,242207927,726623782,363311891,1089935674,544967837,1634903512,817451756,408725878,204362939,613088818,306544409,919633228,459816614,229908307,689724922,344862461,1034587384,517293692,258646846,129323423,387970270,193985135,581955406,290977703,872933110,436466555,1309399666,654699833,1964099500,982049750,491024875,1473074626,736537313,2209611940,1104805970,552402985,1657208956,828604478,414302239,1242906718,621453359,1864360078,

932180039,2796540118,1398270059,4194810178,2097405089,6292215268,
3146107634,1573053817,4719161452,2359580726,1179790363,3539371090,
1769685545,5309056636,2654528318,1327264159,3981792478,1990896239,
5972688718,2986344359,8959033078,4479516539,13438549618,6719274809,
20157824428,10078912214,5039456107,15118368322,7559184161,22677552484,
11338776242,5669388121,17008164364,8504082182,4252041091,12756123274,
6378061637,19134184912,9567092456,4783546228,2391773114,1195886557,
3587659672,1793829836,896914918,448457459,1345372378,672686189,
2018058568,1009029284,504514642,252257321,756771964,378385982,
189192991,567578974,283789487,851368462,425684231,1277052694,
638526347,1915579042,957789521,2873368564,1436684282,718342141,
2155026424,1077513212,538756606,269378303,808134910,404067455,
1212202366,606101183,1818303550,909151775,2727455326,1363727663,
4091182990,2045591495,6136774486,3068387243,9205161730,4602580865,
13807742596,6903871298,3451935649,10355806948,5177903474,2588951737,
7766855212,3883427606,1941713803,5825141410,2912570705,8737712116,
4368856058,2184428029,6553284088,3276642044,1638321022,819160511,
2457481534,1228740767,3686222302,1843111151,5529333454,2764666727,
8294000182,4147000091,12441000274,6220500137,18661500412,9330750206,
4665375103,13996125310,6998062655,20994187966,10497093983,
31491281950,15745640975,47236922926,23618461463,70855384390,
35427692195,106283076586,53141538293,159424614880,79712307440,
39856153720,19928076860,9964038430,4982019215,14946057646,
7473028823,22419086470,11209543235,33628629706,16814314853,
50442944560,25221472280,12610736140,6305368070,3152684035,
9458052106,4729026053,14187078160,7093539080,3546769540,1773384770,
886692385,2660077156,1330038578,665019289,1995057868,997528934,
498764467,1496293402,748146701,2244440104,1122220052,561110026,
280555013,841665040,420832520,210416260,105208130,52604065,
157812196,78906098,39453049,118359148,59179574,29589787,88769362,

44384681,133154044,66577022,33288511,99865534,49932767,149798302,
74899151,224697454,112348727,337046182,168523091,505569274,
252784637,758353912,379176956,189588478,94794239,284382718,
142191359,426574078,213287039,639861118,319930559,959791678,
479895839,1439687518,719843759,2159531278,1079765639,3239296918,
1619648459,4858945378,2429472689,7288418068,3644209034,1822104517,
5466313552,2733156776,1366578388,683289194,341644597,1024933792,
512466896,256233448,128116724,64058362,32029181,96087544,48043772,
24021886,12010943,36032830,18016415,54049246,27024623,81073870,
40536935,121610806,60805403,182416210,91208105,273624316,136812158,
68406079,205218238,102609119,307827358,153913679,461741038,
230870519,692611558,346305779,1038917338,519458669,1558376008,
779188004,389594002,194797001,584391004,292195502,146097751,
438293254,219146627,657439882,328719941,986159824,493079912,
246539956,123269978,61634989,184904968,92452484,46226242,23113121,
69339364,34669682,17334841,52004524,26002262,13001131,39003394,
19501697,58505092,29252546,14626273,43878820,21939410,10969705,
32909116,16454558,8227279,24681838,12340919,37022758,18511379,
55534138,27767069,83301208,41650604,20825302,10412651,31237954,
15618977,46856932,23428466,11714233,35142700,17571350,8785675,
26357026,13178513,39535540,19767770,9883885,29651656,14825828,
7412914,3706457,11119372,5559686,2779843,8339530,4169765,12509296,
6254648,3127324,1563662,781831,2345494,1172747,3518242,1759121,
5277364,2638682,1319341,3958024,1979012,989506,494753,1484260,
742130,371065,1113196,556598,278299,834898,417449,1252348,626174,
313087,939262,469631,1408894,704447,2113342,1056671,3170014,1585007,
4755022,2377511,7132534,3566267,10698802,5349401,16048204,8024102,
4012051,12036154,6018077,18054232,9027116,4513558,2256779,6770338,
3385169,10155508,5077754,2538877,7616632,3808316,1904158,952079,
2856238,1428119,4284358,2142179,6426538,3213269,9639808,4819904,

2409952,1204976,602488,301244,150622,75311,225934,112967,338902,169451,508354,254177,762532,381266,190633,571900,285950,142975,428926,214463,643390,321695,965086,482543,1447630,723815,2171446,1085723,3257170,1628585,4885756,2442878,1221439,3664318,1832159,5496478,2748239,8244718,4122359,12367078,6183539,18550618,9275309,27825928,13912964,6956482,3478241,10434724,5217362,2608681,7826044,3913022,1956511,5869534,2934767,8804302,4402151,13206454,6603227,19809682,9904841,29714524,14857262,7428631,22285894,11142947,33428842,16714421,50143264,25071632,12535816,6267908,3133954,1566977,4700932,2350466,1175233,3525700,1762850,881425,2644276,1322138,661069,1983208,991604,495802,247901,743704,371852,185926,92963,278890,139445,418336,209168,104584,52292,26146,13073,39220,19610,9805,29416,14708,7354,3677,11032,5516,2758,1379,4138,2069,6208,3104,1552,776,388,194,97,292,146,73,220,110,55,166,83,250,125,376,188,94,47,142,71,214,107,322,161,484,242,121,364,182,91,274,137,412,206,103,310,155,466,233,700,350,175,526,263,790,395,1186,593,1780,890,445,1336,668,334,167,502,251,754,377,1132,566,283,850,425,1276,638,319,958,479,1438,719,2158,1079,3238,1619,4858,2429,7288,3644,1822,911,2734,1367,4102,2051,6154,3077,9232,4616,2308,1154,577,1732,866,433,1300,650,325,976,488,244,122,61,184,92,46,23,70,35,106,53,160,80,40,20,10,5,16,8,**4**,**2**,**1**(,4)]

图 3-13 以曲线图的形式呈现了这个过程：

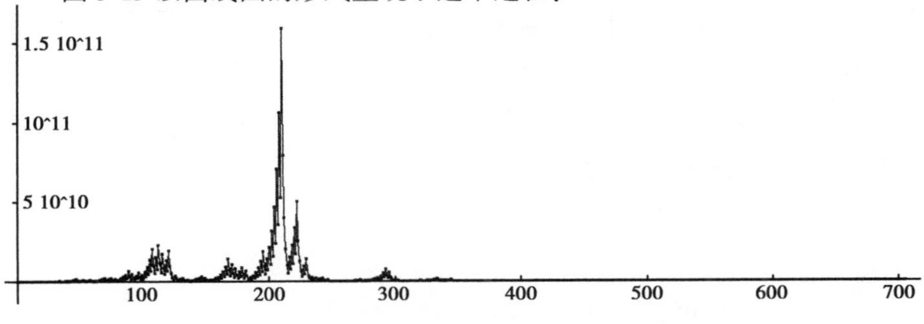

图 3-13　$n=15\ 733\ 191$

整个过程中到达的最大数值是 159 424 614 880 = $1.5942461488 \cdot 10^{11}$

我们不想打击你深入研究这个奥秘的积极性，但是我们也想忠告一声，如果你无法证实这个算法对所有情况都成立，请不要气馁，因为在过去接近一个世纪的漫长岁月里，许多顶尖的数学家已经做出各种各样的尝试，但依然没有人能够验证这个算法。

循环数循环

在 1 至 6 之间任意选一个整数，将其乘 999 999，然后将乘积除以 7。你会得出一个由 1，4，2，8，5，7 组成的数字。不仅如此，连数字排列的顺序也如前所述，只是每次起始的数字不一样。这是一种名为**循环数**的现象，指的是一个 n 位的数字，它与 1，2，3，4，…，n 的乘积都是这个数字各数位上的数字的循环排列，只是每次数字排列顺序会发生变化[1]。

以下是循环数 142 857 与数字 1 至 6 相乘后的乘积（见图 3-14）。

142 857 · 1 = 142 857

142 857 · 2 = 285 714

142 857 · 3 = 428 571

142 857 · 4 = 571 428

142 857 · 5 = 714 285

142 857 · 6 = 857 142

142 857 · 7 = **999 999**

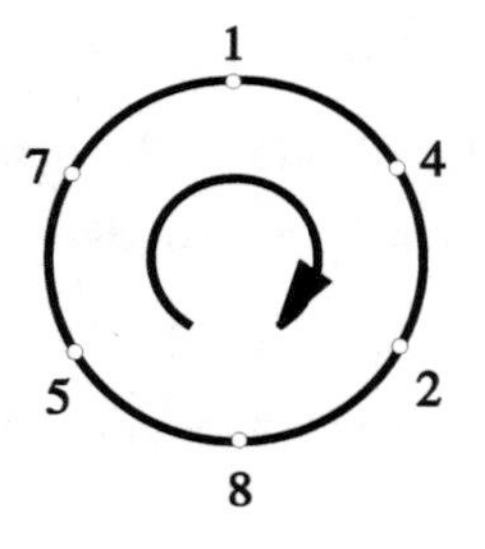

图 3-14

注意，各数位在纵向上也呈现循环规律。

循环数是由某些质数[2]产生的，这些质数是某个单位分数的分母，当这个分数以小数形式表示时，m 个数字重复出现，此处 m 比这个质数小 1。这类质数被称为**全循环质数**。

前几个全循环质数包括：

---

[1] 这些数字又称为**凤凰数**，据古埃及传说，凤凰浴火燃烧，在灰烬中重生再现。

[2] 质数是只能被自己和 1 整除的整数（$\neq 1$）。

7,17,19,23,29,47,59,61,97,109,113,131,149,167,179,181,193,223,229,233,257,263,269,313,337,367,379,383,389,419,433,461,487,491,499,503,509,541,571,577,593,619,647,659,701,709,727,743,811,821,823,857,863,887,937,941,953,971,977,983,…

循环数是一个($n-1$)位的整数,当该数字与1,2,3,…,$n-1$相乘时,乘积是该整数的各数字的不同排列。因此,循环数是由全循环质数产生的。时至今日,我们仍不清楚是否存在无限个循环数。

我们来观察一下由前几个全循环质数产生的循环数吧。(数字的上划线表示这些数字循环出现,比如,我们可以将6.18181818…表示为$6.\overline{18}$。)

$$\frac{1}{7}=0.\overline{143857}$$

$$\frac{1}{17}=0.\overline{0588235294117647}$$

$$\frac{1}{19}=0.\overline{052631578947368421}$$

$$\frac{1}{23}=0.\overline{0434782608695652173913}$$

$$\frac{1}{29}=0.\overline{0344827586206896551724137931}$$

$$\frac{1}{47}=0.\overline{0212765957446808510638297872340425531914893617}$$

$$\frac{1}{59}=0.\overline{0169491525423728813559322033898305084745762711864406779661}$$

$$\frac{1}{61}=0.\overline{016393442622950819672131147540983606557377049180327868852459}$$

正是这些重复出现的数列产生了前几个循环数。除了第一个循环数外,我们在第一次乘法运算中保留了数字首位上的0——它不会影响数字的值。

142857　(6位)

0588235294117647　(16位)

052631578947368421　(18位)

0434782608695652173913 (22 位)

0344827586206896551724137931 (28 位)

0212765957446808510638297872340425531914893617 (46 位)

0169491525423728813559322033898305084745762711864406779661 (58 位)

016393442622950819672131147540983606557377049180327868852459 (60 位)

142857	·7 = 999 999
0588235294117647	·17 = 9 999 999 999 999 999
052631578947368421	·19 = 999 999 999 999 999 999
0434782608695652173913	·23 = 9 999 999 999 999 999 999 999
0344827586206896551724137931	·29 = 9 999 999 999 999 999 999 999 999 999
0212765957446808510638297872340425531914893617	·47 = 9 999 999 999 999 999 999 999 999 999 999 999 999 999 999 999
0169491525423728813559322033898305084745762711864406779661	·59 = 9 999 999 999 999 999 999 999 999 999 999 999 999 999 999 999 999 999 999 999
016393442622950819672131147540983606557377049180327868852459	·61 = 999 999 999 999 999 999 999 999 999 999 999 999 999 999 999 999 999 999 999 999

我们还可以在循环数 142 857 上做更多的探索。我们把它与其他数字相乘,比如 1 818。

$$142\ 857 \cdot 1\ 818 = 259\ 714\ 026$$

如果我们取最右边的 6 个数字(在这种情况下是 714 026),将其与剩余的数字相加(259),得出 714 285,你会发现这正是最初的循环数。由此可见,我们获得了一个真正可辨识的循环。

你可能还会发现循环数的另一个特性。我们再次以 142 857 为例。我们将其分为两个三位数,将两个三位数位置对调组成新数字,将原数字和新数字相加,得出:

$$142\ 857 + 857\ 142 = 999\ 999$$

同理,对于下一个循环数:05882352,94117647+94117647,05882352=9999999999999999

我们也可以将循环数按数位划分成等长的两份,并将两份数字加在

一起,则得出:

142 + 857 = 999

05882352 + 94117647 = 99999999

052631578 + 947368421 = 999999999

要成为循环数,必要条件是这个数是乘连续的若干个数后发生循环。因此,数字 076923 就不是循环数,即使它的所有循环排列都是它的倍数:

$$076923 \cdot 1 = 076923$$
$$076923 \cdot 3 = 230769$$
$$076923 \cdot 4 = 307692$$
$$076923 \cdot 9 = 692307$$
$$076923 \cdot 10 = 769230$$
$$076923 \cdot 12 = 923076$$

(然而,像 076923 · 2 = 153846 就不符合条件。)

将质数的两倍倍数按下图所示的方式相加,我们也可能得到循环数:

```
1 4
    2 8
        5 6
          1 1 2
              2 2 4
                  4 4 8
                      8 9 6
                        1 7 9 2
                            3 5 8 4
                                7 1 6 8
                                  1 4 3 3 6
                                      2 8 6 7 2
+                                         5 7 3 4 4
                                          1
---------------------------------------------------
1 4 2 8 5 7 1 4 2 8 5 7 1 4 2 8 5 7 1 4 2 8 …………
```

1 4 2 8 5 7 1 4 2 8 5 7 **1 4 2 8 5 7** 1 4 2 8 …………

数字 865281023607 是 111111 的倍数(即,865281023607 = 111111 · 7787537),它各数位循环排列后的数也是 111111 的倍数,如下所示:

$$865281023607 = 111111 \cdot 7787537$$
$$786528102360 = 111111 \cdot 7078760$$
$$078652810236 = 111111 \cdot 707876$$
$$607865281023 = 111111 \cdot 5470793$$
$$360786528102 = 111111 \cdot 3247082$$
$$236078652810 = 111111 \cdot 2124710$$
$$023607865281 = 111111 \cdot 212471$$
$$102360786528 = 111111 \cdot 921248$$
$$810236078652 = 111111 \cdot 7292132$$
$$281023607865 = 111111 \cdot 2529215$$
$$528102360786 = 111111 \cdot 4752926$$
$$652810236078 = 111111 \cdot 5875298$$

而且,如果我们将这些数字的数位顺序前后颠倒,会发现它们也都是 111111 的倍数,如下所示:

$$706320182568 = 111111 \cdot 6356888$$
$$870632018256 = 111111 \cdot 7835696$$
$$687063201825 = 111111 \cdot 6183575$$
$$568706320182 = 111111 \cdot 5118362$$
$$256870632018 = 111111 \cdot 2311838$$
$$825687063201 = 111111 \cdot 7431191$$
$$182568706320 = 111111 \cdot 1643120$$
$$018256870632 = 111111 \cdot 164312$$
$$201825687063 = 111111 \cdot 1816433$$
$$320182568706 = 111111 \cdot 2881646$$
$$632018256870 = 111111 \cdot 5688170$$
$$063201825687 = 111111 \cdot 568817$$

创造半循环

有一个特别的数字,它能表现出诸多特性,其中之一就是将我们带到同一个地方——但又不完全是个循环,所以我们将其称为“半循环”。这个数字就是 1089。我们先来看看 1089 与前 9 个自然数的乘积。

$$1089 \cdot 1 = 1089$$
$$1089 \cdot 2 = 2178$$
$$1089 \cdot 3 = 3267$$
$$1089 \cdot 4 = 4356$$
$$1089 \cdot 5 = 5445$$
$$1089 \cdot 6 = 6534$$
$$1089 \cdot 7 = 7623$$
$$1089 \cdot 8 = 8712$$
$$1089 \cdot 9 = 9801$$

你留意到乘积中呈现出来的模式吗?观察下第 1 个和第 9 个乘积(即 1089 和 9801)。它们互为倒序。第 2 个和第 8 个乘积(即 2178 和 8712)也是互为倒序。如此类推,直到第 5 个乘积,5445,其内部形成互为倒序,也称为回文数[1]。

如果我们在数字 1089 中间插入数字 9,形成 10 **9**89,也会出现相似的模式。观察它与前 9 个自然数的乘积,看看互为倒序和回文数的现象是怎么产生的。

$$10\mathbf{9}89 \cdot 1 = 10\mathbf{9}89$$
$$10\mathbf{9}89 \cdot 2 = 21\mathbf{9}78$$
$$10\mathbf{9}89 \cdot 3 = 32\mathbf{9}67$$
$$10\mathbf{9}89 \cdot 4 = 43\mathbf{9}56$$
$$10\mathbf{9}89 \cdot 5 = 54\mathbf{9}45$$

[1] 你可在第一章中了解更多回文数的知识。

10**9**89 · 6 = 65**9**34

10**9**89 · 7 = 76**9**23

10**9**89 · 8 = 87**9**12

10**9**89 · 9 = 98**9**01

这个不同寻常的特性对10989成立,同理,也对109989成立。你应该能发现我们对初始数字1089做了什么变动——在1089中间插入9得出10**9**89,以及在1089中间插入99得出10**99**89。

10**99**89的相关乘积如下所示:

109989,219978,329967,439956,549945,659934,769923,879912,989901

如果能由此总结出,以下这些数字也都拥有这个特性,那就再好不过了:10**999**89,10**9999**89,10**99999**89,10**999999**89,10**9999999**89等。

通过运算,你会发现自己能验证这个猜想。

对于10**999**89,我们能得出以下乘积:

1099989,2199978,3299967,4399956,5499945,6599934,
7699923,8799912,9899901

借助计算器,你会发现这个规律对所有类似的数字都成立。

实际上,在四位或少于四位的数字中,有且只有另一个数字能满足它的倍数与它本身互为倒序的条件,这就是数字2178,因为2178 · 4 = 8712。数字2178恰好等于2 · 1089。如果我们能延展一下岂不很好?正如我们此前的操作,在数字中间插入不同数量的9,能产生其他拥有相同特性的数字。没错,我们的确可以这么做:

21978 · 4 = 87912

219978 · 4 = 879912

2199978 · 4 = 8799912

21999978 · 4 = 87999912

219999978 · 4 = 879999912

2199999978 · 4 = 8799999912

21999999978 · 4 = 87999999912

219999999978 · 4 = 879999999912

$$2199999999978 \cdot 4 = 8799999999912$$
$$21999999999978 \cdot 4 = 87999999999912$$
$$219999999999978 \cdot 4 = 879999999999912$$
$$2199999999999978 \cdot 4 = 8799999999999912$$
$$21999999999999978 \cdot 4 = 87999999999999912$$
$$219999999999999978 \cdot 4 = 879999999999999912$$

1089 循环

现在我们回到原来的数字 1089。这个数字还有一种有趣的现象。你先选择任意一位三位数,并确保这个三位数的个位和百位不同。

按照以下步骤执行操作,我们也在每步指示下提供了一个示例。

选择任意一位三位数
(确保这个三位数的个位和百位不同)

我们和你一起做运算,我们选了一个随机数字 **825**

把你所选的三位数的数字顺序颠倒过来。

我们继续,将 825 的数字顺序颠倒过来,转换成 **528**

将两个数字相减(当然,用较大的数减去较小的数)。

我们得出的差是 825−528 = **297**

再将这个差的数字顺序颠倒过来。

我们将 297 颠倒数字顺序,得到 **792**

现在将最后两个数相加。

我们将最后两个数字相加,得出 297+792 = **1089**

虽然你选择的初始数字和我们不同,但你的最终结果应该会和我们的相同,即均为 1089。(如果不同,那你应该算错了,检查一下吧。)

无论你最初选择哪个数字,最终都会得出和我们一样的结果 1089,对此你可能会感到非常震惊。

如果最初的三位数中个位数和百位数相同,那么在第一轮减法运算中会得出 0,例如当 $n=373$ 时,$373-373=0$;这就破坏了我们的模式。在继续往下探究之前,先说服自己,这个规律对其他数字也适用。

这究竟是怎么回事?是这个数字有什么“诡异的特性”吗?是我们在运算过程中动了什么手脚吗?

解释数学怪象需要实践。我们假设随机选择的任何数字都会将我们带到 1089。我们怎么才能做到百分百肯定?当然,我们可以把所有可能的三位数都检验一遍,看是不是成立。这种验证方法过于烦琐,也不够得体。要探究这种怪象,我们只需要一些初等代数的知识。

然而,如果我们检验了所有可能性,就能看到这种模式能适用于多少个三位数,这还蛮有意思的。请记住,我们只能使用那些个位数和百位数不相同的三位数。

如果我们考虑从 100 到 199 的所有三位数,在舍弃个位数和百位数相同的三位数后,我们发现共有 90 个数字。

100	110	120	130	140	150	160	170	180	190
~~101~~	~~111~~	~~121~~	~~131~~	~~141~~	~~151~~	~~161~~	~~171~~	~~181~~	~~191~~
102	112	122	132	142	152	162	172	182	192
103	113	123	133	143	153	163	173	183	193
104	114	124	134	144	154	164	174	184	194
105	115	125	135	145	155	165	175	185	195
106	116	126	136	146	156	166	176	186	196
107	117	127	137	147	157	167	177	187	197
108	118	128	138	148	158	168	178	188	198
109	119	129	139	149	159	169	179	189	199

对 200 至 299、300 至 399、400 至 499 等区间的三位数也是同理。所以,符合条件的待检验数字共有 $9\cdot 90=810$ 个。

有些读者可能只是对这种现象感兴趣,但是不想经历整个烦琐的检验过程。所以我们提供了一个(初等)代数解释,来说明其中的原理。我们只需要应用十进制的位值系统知识。

我们将随机选择的三位数表示为 $n=\overline{htu}$，$h\cdot100+t\cdot10+u$，其中 h 代表百位数，t 代表十位数，u 代表个位数。例如，$\mathbf{825}=\mathbf{8}\cdot100+\mathbf{2}\cdot10+\mathbf{5}\cdot1=\mathbf{8}\cdot10^2+\mathbf{2}\cdot10^1+\mathbf{5}\cdot10^0$。

在这个示例中，$h=8$，$t=2$，$u=5$，该数字表示为 $n=\overline{htu}$，那与 n 互为倒序的数字可以表示为 $r(n)=\overline{uth}$。

设 $h>u$，这个关系会在你所选择的数字 n 或与它互为倒序的数字 $r(n)$ 中成立。

在减法运算中，$u-h<0(5-8<0)$；因此，从（被减数的）十位上借 1，使得个位为 $10+u$。

这个过程如下所示：

$$\begin{array}{r}825\\ \underline{-528}\end{array}\quad 800+20+5\qquad \begin{array}{r}8\ 1\ 15\\ \underline{-5\ 2\ 8}\end{array}\quad 800+10+15\qquad \begin{array}{r}7\ 11\ 15\\ \underline{-5\ \ 2\ 8}\end{array}\quad 700+110+15\qquad \begin{array}{r}7\ 11\ 15\\ \underline{-5\ \ 2\ 8}\\ 2\ 9\ 7\end{array}$$

因为相减的两个数字的十位数相同，而被减数 n 的十位数又被借了 1，所以十位上的数字应为 $(t-1)\cdot10$。被减数 n 的百位数是 $h-1$，因为得从百位上借 1 来完成十位上的相减，这也使十位上的值是 $(10+t-1)\cdot10=(t+9)\cdot10$。

现在我们可以进行第一轮减法运算了：

$$\begin{array}{lrcrcr} & (h-1)\cdot100 & + & (t+9)\cdot10 & + & u+10\\ - & u\cdot100 & + & t\cdot10 & + & h\\ \hline & (h-u-1)\cdot100 & + & 9\cdot10 & + & u+10-h\end{array}$$

得出差 $(h-u-1)\cdot100+9\cdot10+(u+10-h)$，将这个差的数字顺序颠倒过来，得出 $(u+10-h)\cdot100+9\cdot10+(h-u-1)$。

现在我们将最后两个表达式相加，得出：

$$\begin{aligned}&(h-u-1)\cdot100+9\cdot10+(u+10-h)+(u+10-h)\cdot100+9\cdot10+(h-u-1)\\&=\underline{100h-100u}-100+90\ \underline{+u}+10\ \underline{-h+100u}+1\,000\ \underline{-100h}+90\ \underline{+h-u}-1\\&=\underline{-100+90+10}+1\,000+90-1=1\,090-1=\mathbf{1\,089}\end{aligned}$$

利用代数的形式解释原理,其真正意义在于能让我们观察算法过程,而不受所选数字的影响。

在结束对 1 089 的讨论之前,我们还需要指出,这个数字还有另一个优美的特性。一种我们最初认定为毕达哥拉斯定理的关系:$33^2+56^2=65^2$,如果我们用这种形式表示:$33^2=1\ 089=65^2-56^2$,就能发现两位数之间产生独特可爱的对称现象。话说至此,你肯定也赞同 **1 089** 存在某种特殊的魅力了吧。

现在你可能会好奇,这种模式对较大的数字也成立吗?这是一个合理的问题。如果我们最初选取的是任意一个四位数,且这个数字的个位数和千位数不相同,我们可能会像此前那样得出一个常数,但也有可能做不到。我们不妨更加深入地探讨一下这种情况吧。

我们可以继续沿用此前的操作步骤,只是这次我们要在四位数上操作:

选择任意一个四位数(这次不设限制)。

我们和你一起做运算,我们选了一个随机数字 **8 029**

把所选的四位数的数字顺序颠倒过来。

我们继续,将 8 029 的数字顺序颠倒过来,转换成 **9 208**

将两个数字相减(当然,用较大数减去较小数)。

我们得出的差是 9 208−8 029 = **1 179**

再将这个差的数字顺序颠倒过来。

我们将 1 179 颠倒数字顺序,得到 **9 711**

现在将最后两个数相加。

我们将最后两个数字相加,得出 1 179+9 711 = **10 890**

乍一看,这似乎和我们此前的情况一致。但你会从下表中发现,光是限制个位数和千位数不相同,并不足以确保我们最终能得出数字 10 890。

对于每一个 n 值,我们不一定能得出期望的数字 10 890。你可以从下表中看到,当将上述程式应用于 8 100 到 8 200 之间的数字时,它们最终得出的数字会呈现某种规律。由此，你能更深入地理解这个现象的本质。你也可以继续研究用其他四位数推算出的结果，看看规律是否一致。

n	**推算结果**
8 100	10 890
8 101	10 890
8 102	10 890
…	…
8 107	10 890
8 108	**990**
8 109	**9 999**
8 110	10 989
8 111	19 889
…	…
8 117	10 989
8 118	**0**
8 119	10 989
8 120	**9 999**
8 121	**9 999**
…	…
8 127	**9 999**
8 128	**990**
8 129	10 890
8 130	**9 999**
…	…
8 138	**9 999**
8 139	10 890

n	**推算结果**
8 161	**9 999**
…	…
8 167	**9 999**
8 168	**990**
8 169	10 890
8 170	**9 999**
…	…
8 177	**9 999**
8 178	**990**
8 179	10 890
…	…
8 189	10 890
8 190	**9 999**
8 191	**9 999**
…	…
8 197	**9 999**
8 198	**990**
8 199	10 890
8 200	10 890

这无疑也强调了，我们在验证该算法在三位数上的应用情况时发现了多么惊人的结果！

我们继续来看一下，如果将这个算法运用在两位数上会发生什么。继续执行以下步骤：

选择任意一个数位不同的两位数。

我们和你一起做运算，我们选了一个随机数字 **37**

把所选的两位数的数字顺序颠倒过来。

我们继续，将 37 的数字顺序颠倒过来，转换成 **73**

将两个数字相减（当然，用较大数减去较小数）。

我们得出的差是 73−37＝**36**

再将这个差的数字顺序颠倒过来。

我们将 36 颠倒数字顺序，得到 **63**

现在将最后两个数相加。

我们将最后两个数字相加，得出 36+63＝**99**

就像我们之前检验四位数适用情况的流程那样，你应该能够验证接下来的模式了。

99 循环

上述的流程能得出数字 1 089（我们称之为“1 089 半循环”），现在我们对这个流程做一些改动。

也就是说，我们重新开始，选择任意一个三位数，同样，需要确保个位数和百位数不同。

选择任意一个三位数
（该数字的个位数和百位数不同）。

我们和你一起做运算，我们选了一个随机数字 **825**

把所选的三位数的数字顺序颠倒过来。

我们继续，将 825 的数字顺序颠倒过来，转换成 **528**

将两个数字相减（当然，用较大数减去较小数）。

我们得出的差是 825−528＝**297**

再将这个差的数字顺序颠倒过来。

我们将 297 颠倒数字顺序，得到 **792**

然后继续重复这个数字相减，继而颠倒数字顺序的过程。

$$792 - 297 = \mathbf{495},$$
$$594 - 495 = 99,$$
$$990 - 099 = 891,$$
$$891 - 198 = 693,$$
$$693 - 396 = 297,$$
$$792 - 297 = \mathbf{495},\cdots$$

调整了原来的流程后,我们没有得出常数(1 089),但是我们进入了一个长度为 5 的循环:[99,891,693,297,495(,99)]。

如果所选数字的个位数和百位数相同,那么我们会进入一个长度为 1 的循环:[0]。

我们来看一些例子。为方便解释,我们选了 771,240 和 102 三个数字:

771	240	102
– 177	– 042	
594	198	201
– 495		– 102
099	**891**	**099**
	– 198	
990	**693**	990
– 099	– 396	– 099
891	**297**	**891**
– 198		– 198
693	792	**693**
– 396	– 297	– 396
297	**495**	**297**
792	594	792
– 297	– 495	– 297
495	099	**495**
	990	594
	– 099	– 495
	891	099

假设我们将只有一位的数字写成三位数,比如将 3 写成 003,这样我们就能研究那些比传统意义上的三位数更小的数字,观察这个流程在这些数值较小的数字上是怎么运作的。所以,假设我们选择数字 7,把 7 写成 007,

流程启动,我们先做减法运算:700-007=693。然后,流程继续,我们得出:693-396=297,792-297=495,594-495=99,990-099=891,891-198=693,最终完成循环!

我们能用图形来表示这个过程,图 3-15 展示了从 001 到 025 的数字进入循环的路径[1]。

可视化图表:当 $n=1,2,3,\cdots,25$ 时产生的数列

最终进入循环[99,891,693,297,495(,99)]。

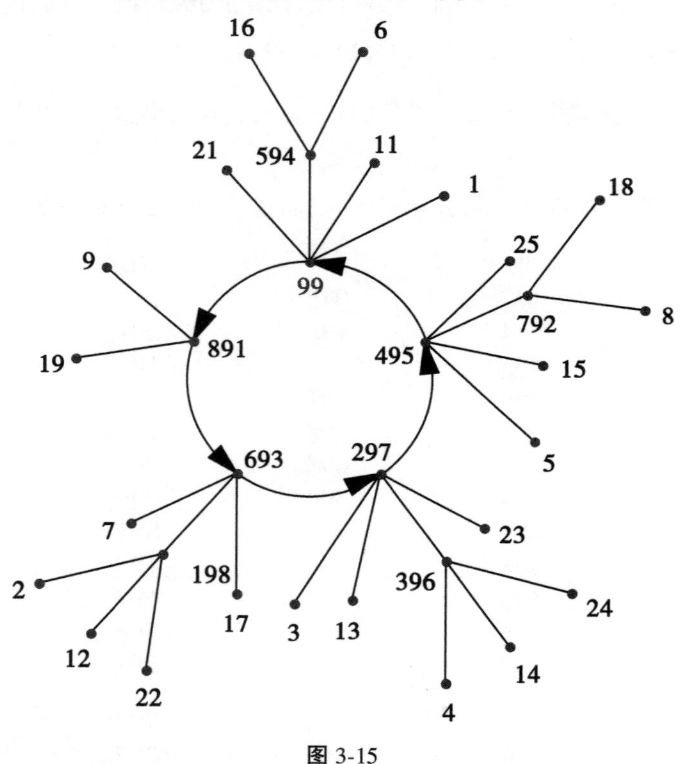

图 3-15

你可以在以下的表格中观察前 100 的数字所产生的数列,看看循环是如何演进的。

[1] 下图不只是展示中间的循环圆圈,还展示了各个数字进入该循环的路径。所以译文与原文有些许意义上的差别。——译者注

当 $n=1,2,\cdots,100$ 时所产生的数列

n	数列	n	数列
1	[1,99,891,693,297,495,99]	31	[31,99,891,693,297,495,99]
2	[2,198,693,297,495,99,891,693]	32	[32,198,693,297,495,99,891,693]
3	[3,297,495,99,891,693,297]	33	[33,297,495,99,891,693,297]
4	[4,396,297,495,99,891,693,297]	34	[34,396,297,495,99,891,693,297]
5	[5,495,99,891,693,297,495]	35	[35,495,99,891,693,297,495]
6	[6,594,99,891,693,297,495,99]	36	[36,594,99,891,693,297,495,99]
7	[7,693,297,495,99,891,693]	37	[37,693,297,495,99,891,693]
8	[8,792,495,99,891,693,297,495]	38	[38,792,495,99,891,693,297,495]
9	[9,891,693,297,495,99,891]	39	[39,891,693,297,495,99,891]
10	[10,0,0]	40	[40,0,0]
11	[11,99,891,693,297,495,99]	41	[41,99,891,693,297,495,99]
12	[12,198,693,297,495,99,891,693]	42	[42,198,693,297,495,99,891,693]
13	[13,297,495,99,891,693,297]	43	[43,297,495,99,891,693,297]
14	[14,396,297,495,99,891,693,297]	44	[44,396,297,495,99,891,693,297]
15	[15,495,99,891,693,297,495]	45	[45,495,99,891,693,297,495]
16	[16,594,99,891,693,297,495,99]	46	[46,594,99,891,693,297,495,99]
17	[17,693,297,495,99,891,693]	47	[47,693,297,495,99,891,693]
18	[18,792,495,99,891,693,297,495]	48	[48,792,495,99,891,693,297,495]
19	[19,891,693,297,495,99,891]	49	[49,891,693,297,495,99,891]
20	[20,0,0]	50	[50,0,0]
21	[21,99,891,693,297,495,99]	51	[51,99,891,693,297,495,99]
22	[22,198,693,297,495,99,891,693]	52	[52,198,693,297,495,99,891,693]
23	[23,297,495,99,891,693,297]	53	[53,297,495,99,891,693,297]
24	[24,396,297,495,99,891,693,297]	54	[54,396,297,495,99,891,693,297]
25	[25,495,99,891,693,297,495]	55	[55,495,99,891,693,297,495]
26	[26,594,99,891,693,297,495,99]	56	[56,594,99,891,693,297,495,99]
27	[27,693,297,495,99,891,693]	57	[57,693,297,495,99,891,693]
28	[28,792,495,99,891,693,297,495]	58	[58,792,495,99,891,693,297,495]
29	[29,891,693,297,495,99,891]	59	[59,891,693,297,495,99,891]
30	[30,0,0]	60	[60,0,0]

续表

n	数列	n	数列
61	[61,99,891,693,297,495,99]	81	[81,99,891,693,297,495,99]
62	[62,198,693,297,495,99,891,693]	82	[82,198,693,297,495,99,891,693]
63	[63,297,495,99,891,693,297]	83	[83,297,495,99,891,693,297]
64	[64,396,297,495,99,891,693,297]	84	[84,396,297,495,99,891,693,297]
65	[65,495,99,891,693,297,495]	85	[85,495,99,891,693,297,495]
66	[66,594,99,891,693,297,495,99]	86	[86,594,99,891,693,297,495,99]
67	[67,693,297,495,99,891,693]	87	[87,693,297,495,99,891,693]
68	[68,792,495,99,891,693,297,495]	88	[88,792,495,99,891,693,297,495]
69	[69,891,693,297,495,99,891]	89	[89,891,693,297,495,99,891]
70	[70,0,0]	90	[90,0,0]
71	[71,99,891,693,297,495,99]	91	[91,99,891,693,297,495,99]
72	[72,198,693,297,495,99,891,693]	92	[92,198,693,297,495,99,891,693]
73	[73,297,495,99,891,693,297]	93	[93,297,495,99,891,693,297]
74	[74,396,297,495,99,891,693,297]	94	[94,396,297,495,99,891,693,297]
75	[75,495,99,891,693,297,495]	95	[95,495,99,891,693,297,495]
76	[76,594,99,891,693,297,495,99]	96	[96,594,99,891,693,297,495,99]
77	[77,693,297,495,99,891,693]	97	[97,693,297,495,99,891,693]
78	[78,792,495,99,891,693,297,495]	98	[98,792,495,99,891,693,297,495]
79	[79,891,693,297,495,99,891]	99	[99,891,693,297,495,99]
80	[80,0,0]	100	[100,99,891,693,297,495,99]

如果将流程应用于四位数上,情况会发生戏剧性的变化。为了检验这种情况,我们可以先任意选择一个不加额外限制的四位数(也就是说所有数位上的数字可以相同)。

选择任意一个四位数。

我们和你一起做运算,我们选了一个随机数字 **3 795**

把所选的四位数不同数位上的数字顺序颠倒过来。

我们继续,将 3 795 的数字顺序颠倒过来,转换成 **5 973**

将两个数字相减（当然，用较大数减去较小数）。

我们得出的差是 5 973－3 795＝**2 178**

再将这个差的数字顺序颠倒过来。

我们将 2 178 颠倒数字顺序，得到 **8 712**

然后继续重复这个数字相减、继而颠倒数字顺序的过程。

8 712－2 178＝6 534，

6 534－4 356＝**2 178**，…

看到循环了吗！

再举一个例子：$n=9\ 916$

```
9916
6199
3717 3717
     7173
     3456 3456
          6543
          3087 3087
               7803
               4716 4716
                    6174
                    1458 1458
                         8541
                         7083 7083
                              3807
                              3276 3276
                                   6723
                                   3447 3447
                                        7443
                                        3996 3996
                                             6993
                                             2997 2997
                                                  7992
                                                  4995 4995
                                                       5994
                                                       0999 0999
                                                            9990
                                                            8991 8991
                                                                 1998
                                                                 6993 6993
                                                                      3996
                                                                      2997
```

简而言之，我们会得到这个数列：

[9916，3717，3456，3087，4716，1458，7083，3276，3447，3996，2997，4995，**999**，8991，6993，2997（，4995，999）]

在上述三位数的情况不同，我们没有进入普通的循环，正如你在例子中看见的,我们进入了一个长度为5的循环:[999,8991,6993,2997,4995]。实际上,我们能得到以下5种可能的循环:

长度为1的循环[0] (例如,当 n=2 277)
长度为2的循环[2178,6534] (例如,当 n=3 795)
长度为5的循环[90,810,630,270,450] (例如,当 n=3 798)
长度为5的循环[909,8181,6363,2727,4545] (例如,当 n=5 514)
长度为5的循环[999,8991,6993,2997,4995] (例如,当 n=382)

顺便提一下,循环[0]不只在数字重复的情况下出现;当起始数字为1 056时,也会以[1056,5445,0,0]的循环结束。

当1,100≤n≤1 200时,在运算过程中得出的结果如下所示:
[1100,1089,8712,6534,**2178**],
[1101,**90**],
[1102,**909**],
[1103,1908,6183,2367,5265,360,270,450,**90**],
[1104,2907,4185,1629,7632,5265,360,270,450,**90**],
[1105,3906,2187,5625,360,270,450,**90**],
[1106,4905,189,9621,8352,5814,1629,7632,5265,360,270,450,**90**],
[1107,5904,1809,7272,4545,**909**],
[1108,6903,3807,3276,3447,3996,2997,4995,**999**],
[1109,7902,5805,720,450,**90**],
[1110,**999**],
[1111,**0**],
[1112,**999**],
[1113,1998,6993,2997,4995,**999**],
[1114,2997,4995,**999**],
[1115,3996,2997,4995,**999**],
[1116,4995,**999**],
[1117,5994,**999**],
[1118,6993,2997,4995,**999**],

[1119,7992,4995,**999**],

[1120,**909**],

[1121,**90**],

[1122,1089,8712,6534,**2178**],

[1123,2088,6714,2538,5814,1629,7632,5265,360,270,450,**90**],

[1124,3087,4716,1458,7083,3276,3447,3996,2997,4995,**999**],

[1125,4086,2718,5454,**909**],

[1126,5085,720,450,**90**],

[1127,6084,1278,7443,3996,2997,4995,**999**],

[1128,7083,3276,3447,3996,2997,4995,**999**],

[1129,8082,5274,549,8901,7803,4716,1458,7083,3276,3447,3996,2997,4995,**999**],

[1130,819,8361,6723,3447,3996,2997,4995,**999**],

[1131,180,630,270,450,**90**],

[1132,1179,8532,6174,1458,7083,3276,3447,3996,2997,4995,**999**],

[1133,**2178**],

[1134,3177,4536,1818,6363,2727,4545,**909**],

[1135,4176,2538,5814,1629,7632,5265,360,270,450,**90**],

[1136,5175,540,**90**],

[1137,6174,1458,7083,3276,3447,3996,2997,4995,**999**],

[1138,7173,3456,3087,4716,1458,7083,3276,3447,3996,2997,4995,**999**],

[1139,8172,5454,**909**],

[1140,729,8541,7083,3276,3447,3996,2997,4995,**999**],

[1141,270,450,**90**],

[1142,1269,8352,5814,1629,7632,5265,360,270,450,**90**],

[1143,2268,6354,1818,6363,2727,4545,**909**],

[1144,3267,4356,**2178**],

[1145,4266,2358,6174,1458,7083,3276,3447,3996,2997,4995,**999**],

[1146,5265,360,270,450,**90**],

[1147,6264,1638,6723,3447,3996,2997,4995,**999**],

[1148,7263,3636,2727,4545,**909**],

[1149,8262,5634,1269,8352,5814,1629,7632,5265,360,270,450,
90],

[1150,639,8721,7443,3996,2997,4995,**999**],

[1151,360,270,450,**90**],

[1152,1359,8172,5454,**909**],

[1153,2358,6174,1458,7083,3276,3447,3996,2997,4995,**999**],

[1154,3357,4176,2538,5814,1629,7632,5265,360,270,450,**90**],

[1155,4356,**2178**],

[1156,5355,180,630,270,450,**90**],

[1157,6354,1818,6363,2727,4545,**909**],

[1158,7353,3816,2367,5265,360,270,450,**90**],

[1159,8352,5814,1629,7632,5265,360,270,450,**90**],

[1160,549,8901,7803,4716,1458,7083,3276,3447,3996,2997,4995,
999],

[1161,450,**90**],

[1162,1449,7992,4995,**999**],

[1163,2448,5994,**999**],

[1164,3447,3996,2997,4995,**999**],

[1165,4446,1998,6993,2997,4995,**999**],

[1166,5445,**0**],

[1167,6444,1998,6993,2997,4995,**999**],

[1168,7443,3996,2997,4995,**999**],

[1169,8442,5994,**999**],

[1170,459,9081,7272,4545,**909**],

[1171,540,**90**],

[1172,1539,7812,5625,360,270,450,**90**],

[1173,2538,5814,1629,7632,5265,360,270,450,**90**],

[1174,3537,3816,2367,5265,360,270,450,**90**],

[1175,4536,1818,6363,2727,4545,**909**],

[1176,5535,180,630,270,450,**90**],

[1177,6534,**2178**],

[1178,7533,4176,2538,5814,1629,7632,5265,360,270,450,**90**],

[1179,8532,6174,1458,7083,3276,3447,3996,2997,4995,**999**],

[1180,369,9261,7632,5265,360,270,450,**90**],

[1181,630,270,450,**90**],

[1182,1629,7632,5265,360,270,450,**90**],

[1183, 2628, 5634, 1269, 8352, 5814, 1629, 7632, 5265, 360, 270, 450, **90**],

[1184,3627,3636,2727,4545,**909**],

[1185,4626,1638,6723,3447,3996,2997,4995,**999**],

[1186,5625,360,270,450,**90**],

[1187,6624,2358,6174,1458,7083,3276,3447,3996,2997,4995,**999**],

[1188,7623,4356,**2178**],

[1189,8622,6354,1818,6363,2727,4545,**909**],

[1190,279,9441,7992,4995,**999**],

[1191,720,450,**90**],

[1192, 1719, 7452, 4905, 189, 9621, 8352, 5814, 1629, 7632, 5265, 360, 270,450,**90**],

[1193,2718,5454,**909**],

[1194,3717,3456,3087,4716,1458,7083,3276,3447,3996,2997,4995, **999**],

[1195,4716,1458,7083,3276,3447,3996,2997,4995,**999**],

[1196,5715,540,**90**],

[1197,6714,2538,5814,1629,7632,5265,360,270,450,**90**],

[1198,7713,4536,1818,6363,2727,4545,**909**],

[1199,8712,6534,**2178**],

[1200,1179,8532,6174,1458,7083,3276,3447,3996,2997,4995,**999**]

阶乘循环

这个小巧精妙的循环展示了某些数字的特殊关系。但在开始之前,我们先回忆一下,$n!$的定义为$n! = 1 \cdot 2 \cdot 3 \cdot 4 \cdot \cdots \cdot (n-1) \cdot n$。为保持一致性,我们定义$0! = 1$。

为了检验你对阶乘概念的理解是否准确,请计算出145各个数位上的数字的阶乘的和。

$$\mathbf{1}! + \mathbf{4}! + \mathbf{5}! = 1 + 24 + 120 = \mathbf{145}$$

惊喜吧！我们又回到了145。

这种各个数位上的数字的阶乘之和等于数字本身的现象只会出现在某些数字上。

再来试试40 585这个数字。

也就是,$\mathbf{4!+0!+5!+8!+5!} = 24+1+120+40\ 320+120 = \mathbf{40\ 585}$

现在你可能会猜测,这个规律应该对任意一个数字都成立吧。你大可以试试另一个数字,很有可能你会试验失败。

现在,再用数字871检验下这个规律。你会得出:$8!+7!+1! = 40\ 320+5\ 040+1 = 45\ 361$,算到这你可能觉得自己失败了。先不着急下结论,再试试45 361吧。这时你会得出:$4!+5!+3!+6!+1! = 24+120+6+720+1 = 871$。这不就是我们最初选择的数字吗?所以我们又找到了一个循环。

如果你用数字872重复上述的步骤,你会得出$\mathbf{8!+7!+2!} = 40\ 320+5\ 040+2 = 45\ 362$。然后,再用45 362重复上述的步骤,你会得出:$4!+5!+3!+6!+2! = 24+120+6+720+2 = \mathbf{872}$。你看,我们又进入了循环。

这时候有人就开始概括归纳了,他们可能会总结到,如果一个数字各数位上的数字的阶乘之和不等于这个数字本身,那么就应该再计算一遍所得结果的各数位上的数字的阶乘之和,这时就能得出与原数字相等的结果了。当然,他们还能“要点小心机”,把169作为下一个测试的数字。经过两轮运算后似乎还不能形成循环。所以,他们会再进行一轮运算,很显然,三轮过后他们就能回到原来的数字了。

初始数字	阶乘之和
169	**1!+6!+9!** = 1+720+362 880 = 363 601
363 601	3!+6!3!+6!+0!+1! = 6+720+6+720+1+1 = 1 454
1 454	1!+4!+5!+4! = 1+24+120+24 = **169**

下结论时要谨慎。这些奇妙的阶乘循环并不是随处可见的,要找到其他类似的数字并非易事。这种看似触手可及的循环可以分为三类。我们可以按照要重复执行运算的次数,来整理这些数字。我们把这些重复运算称为“循环”。

以下总结了各数字在阶乘循环中的循环形式。

长度为 1 的循环	[1],[2],[145],[40585]
长度为 2 的循环	[871,45361]和[872,45362]
长度为 3 的循环	[169,363601,1454]

我们来回顾一下广受研究者喜爱的阿姆斯特朗数 153。

1! + 5! + 3! = 127

1! + 2! + 7! = 5 043

5! + 0! + 4! + 3! = 151

1! + 5! + 1! = 122

1! + 2! + 2! = 5

5! = 120

1! + 2! + 0! = 4

4! = 24

2! + 4! = 26

2! + 6! = 722

7! + 2! + 2! = 5 044

5! + 0! + 4! + 4! = **169**

1! + 6! + 9! = **363 601**

3! + 6! + 3! + 6! + 0! + 1! = **1 454**

1! + 4! + 5! + 4! = **169**

我们最终进入长度为 3 的循环[169,363601,1454]

这个精妙的数字怪象中呈现出的阶乘循环很有意思，但是要注意，在 2 000 000以内再也没有其他符合此规律的数字了。所以，你只要安心欣赏它们的美即可！

我们已经见识了一系列令人啧啧称奇的数字特性，希望这能鼓励你继续寻找其他奇迹。数学俨然一个巨大的宝库，蕴藏着各种数字模式待你发掘，相信借助清晰的想象力和持之以恒的毅力，你也能有所收获。

第四章 几何奥秘

几何学这个话题会唤起很多人对中学数学的回忆。通常,这些记忆里都充斥着要求他们建立几何关系的证明题。证明的过程往往成了重点,弱化了被证明的实际关系,导致几何之美只能沦落到被忽视的境地。本章旨在颠覆这个本末倒置的情形。为了充分彰显几何学的魅力,我们将向你展现一些真正让人心生敬畏的关系,当然这些关系均可被证明。但是,为了不干扰展示的节奏,我们只提供能检索到相关证明的参考资源(详见参考文献,了解我们推荐的书籍)。

所以,来和我们一道探索真正神奇的几何关系吧。但是,在正式开启我们的几何学探秘之旅前,我们必须提醒你,眼见不一定为实。有时候看似真实的现象不一定为真,而看似不可能的事情反而有可能发生。这也让我们的这趟旅程变得更加神秘迷人。我们先娱乐一下,看一些视错觉例子吧。

视错觉

在几何学中,眼见不一定为实。举个例子,在图 4-1 中你能看到两个白色正方形。大多数观察者都会认为,左边的正方形比右边的小。这是错误的。两个正方形大小一样,只是它们所在的背景和呈现方式造成了一种视错觉。

图 4-1

你的视觉判断也许并不如你想象中的准确,如图 4-2 中的示例,左边的圆形是正方形的内切圆,右边的圆形是正方形的外接圆,左边的圆形看起来比右边的小。这也是错误的,因为两个圆形大小一样。

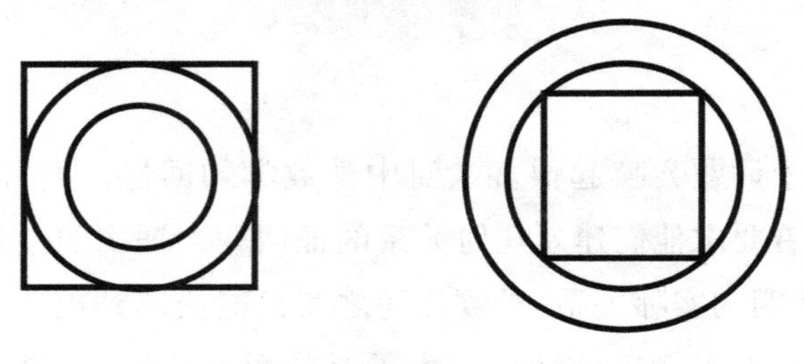

图 4-2

为了让你的感知能力继续"错乱",观察以下这些视错觉图像吧。在图 4-3 中,左边中心的(黑色)圆形看起来比右边中心的(黑色)圆形要小。同样,这也是错误的,其实两者大小一样。

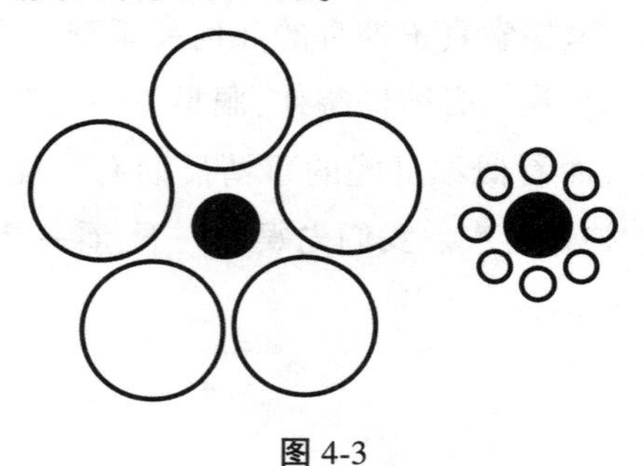

图 4-3

在图 4-4 中,*AB* 看起来比 *BC* 长,其实不然。两条线条长度相等。

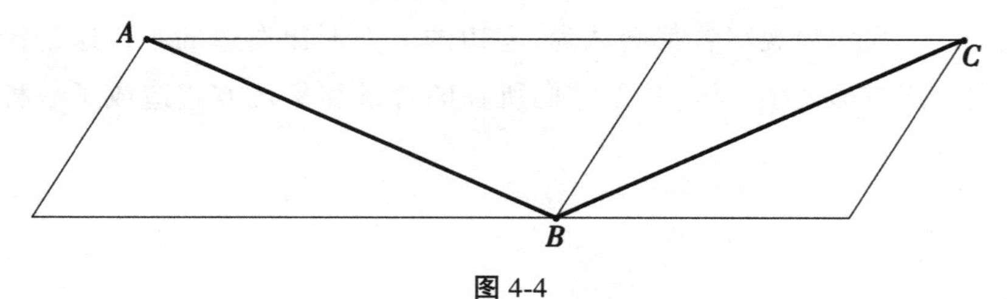

图 4-4

在图 4-5 中,横线看起来比竖线短,但其实是你产生了视错觉,因为两条线段长度相等。

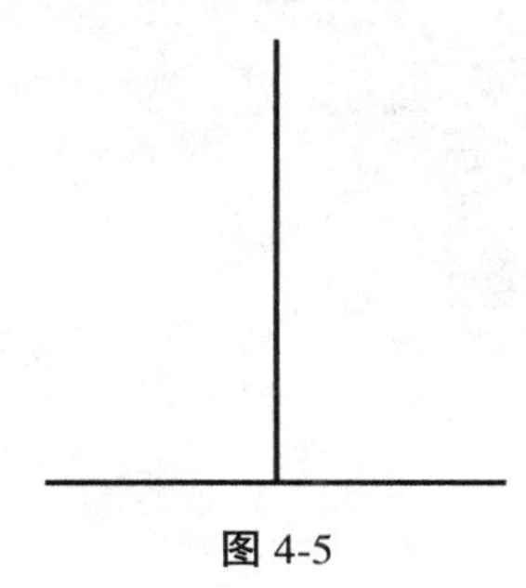

图 4-5

有些视错觉是刻意创造出来的,彭罗斯三角就是其中一个例子(见图 4-6)。彭罗斯三角最早由瑞典艺术家奥斯卡·雷乌特斯韦德(1915—2002)在 1934 年创作而成,并由罗杰·彭罗斯(1931-)在 1958 年所推广[1]。它看起来是一个拥有三个直角的三角形。为了纪念奥斯卡的发明[2],瑞典特意在 1982 年发行了一枚邮票(见图 4-7)。

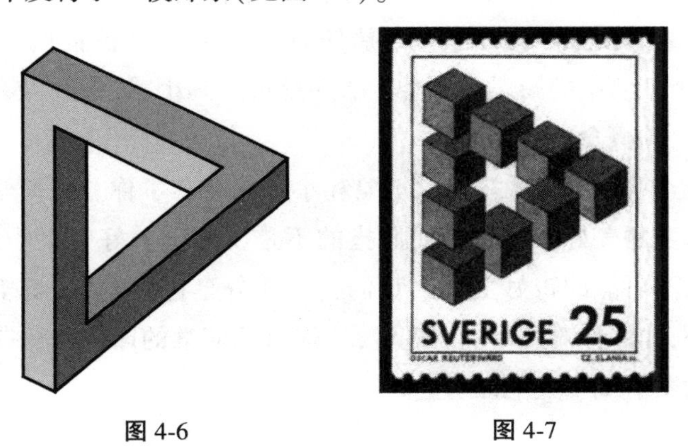

图 4-6　　图 4-7

1981 年,为了纪念在因斯布鲁克举行的第 10 届国际数学大会,奥地利共和国发行了一枚邮票,邮票上印着一个“不合理”的立方体(见图 4-8)。

---

[1] 最早是由瑞典艺术家 Oscar Reutersvärd 在 1934 年制作。英国数学家罗杰·彭罗斯及其父亲莱昂内尔·彭罗斯设计及推广,并在 1958 年 2 月份的《英国心理学月刊》中发表,称之为“最纯粹形式的不可能”。——译者注

[2] 瑞典邮票:25 欧尔,瑞典,1982 年 2 月 16 日。

图 4-8

我们的几何世界中存在很多视错觉现象，同样地，也存在很多谬误“证明”。这些谬误不是出现在推理中，而是存在于他们对几何外观的假设中。

一个非常常见的“谬误证明”是任意三角形都可被证明为等腰三角形[1]。这个证明中的谬误可能会让欧几里得感到困惑，他并没有恰当地定义中间性[2]的概念。

不要让这些不寻常的视错觉幻象和小伎俩迷惑了你。几何学的世界里还有很多真实的美好。在这里我们指的不是视觉上美好的事物，而是指那些让你觉得不可能的奇妙关系。我们会与你分享这些美好，希望重新燃起你的好奇心，加深你对几何学的理解，让你对几何学的印象不只是停留在看起来有趣的图形或一大堆证明上。

批判地看待几何学

观察图 4-9 中的两个正方形，小正方形边长为 3，大正方形边长为 4，正

---

[1] 有两边相等的三角形叫作等腰三角形。

[2] 若想了解完整的讨论，请参阅 A. S. Posamentier, *Advanced Euclidean Geometry* (Hoboken, NJ: John Wiley, 2002), pp. 13-15.

方形 $MNPQ$ 的顶点(或角)M 与正方形 $ABCD$ 的中心重合。

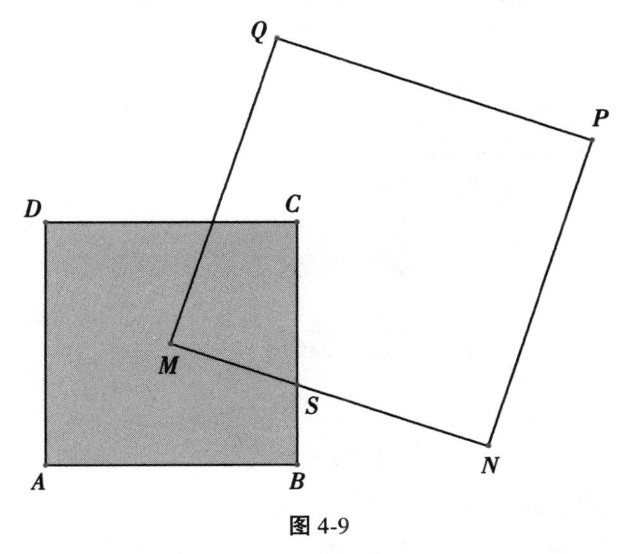

图 4-9

我们的问题是,两个正方形重叠的面积是多少? 为了解决这个问题,我们是否需要知道两个正方形准确的相对位置? 既然我们只知道顶点 M 的位置,而两个正方形的摆放位置未知,那么我们假设将大正方形旋转到如图 4-10 或图 4-11 的位置。在这两种位置中,原本提及的“限定条件”依然成立,即一个正方形的顶点是另一个正方形的中心。在这两种新位置上(见图 4-10 或图 4-11),我们可以得出结论:重叠部分的面积是小正方形 $ABCD$ 面积的 1/4。

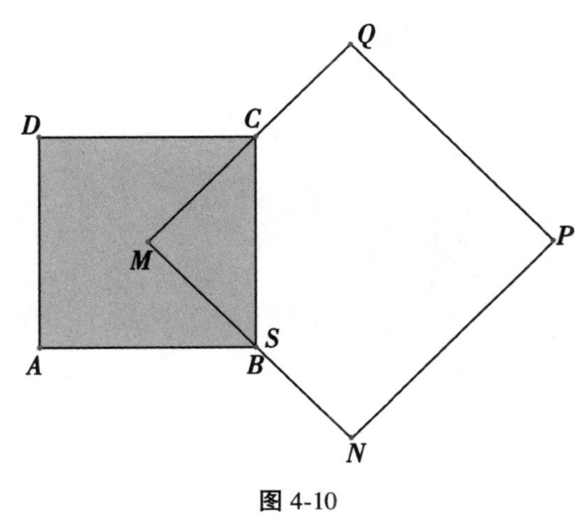

图 4-10

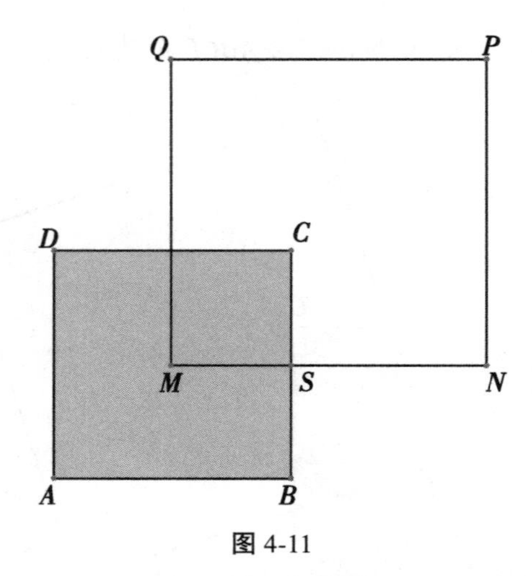

图 4-11

然而这就引起另一个问题：我们能否保证这不只是“极端”情况？在处于特殊位置之间的其他情况下，重叠部分的面积也一样吗？

假设将大正方形 *MNPQ*“随意”摆放，正如图 4-12 所示，也就是回到我们最初提问时的位置（见图 4-9）。我们可以看出（当然我们也可以证明出），正方形 *ABCD* 被分成面积相等的四部分，因为这四部分是全等的。这个例子很好地说明了，我们能借助极端情况提出“猜想”，然后再验证这个猜想在随机情况下也成立（见图 4-12）。

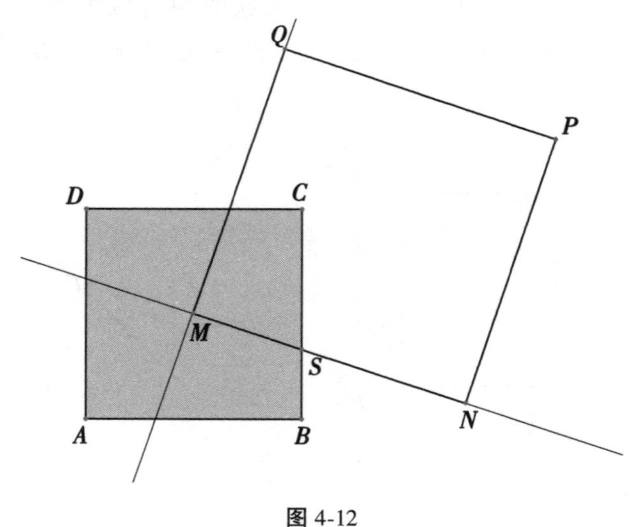

图 4-12

三角形中线的一些性质

为了让你领略欧几里得平面几何学中众多令人惊叹、难以置信的关系，我们挑选了不同的几何图形，带你开启一段奇妙的旅程。当我们说一个三角形是等腰三角形，指的是有两条边相等的三角形。三边相等的三角形被称为**等边**三角形。当我们说**不等边**三角形时，指的是三条边都不相等的三角形。要找寻到真正非比寻常的关系，我们需要留意那些会发生在**任何**三角形中的、令人意想不到的关系，无论这些三角形是什么形状，都不会对关系产生影响。

我们时常想当然地认为，三角形中某些线总是会表现出我们预想的特性。比如，我们知道三角形的中线（即连接三角形顶点和它的对边中点的线段）总是相交于同一点。在图 4-13 中，AF，BD 和 CE 是 $\triangle ABC$ 的中线，而 G 是中线的交点。这本身就是一个趣味无穷的关系，因为它完全不受三角形类型的影响，对**所有**三角形都成立！

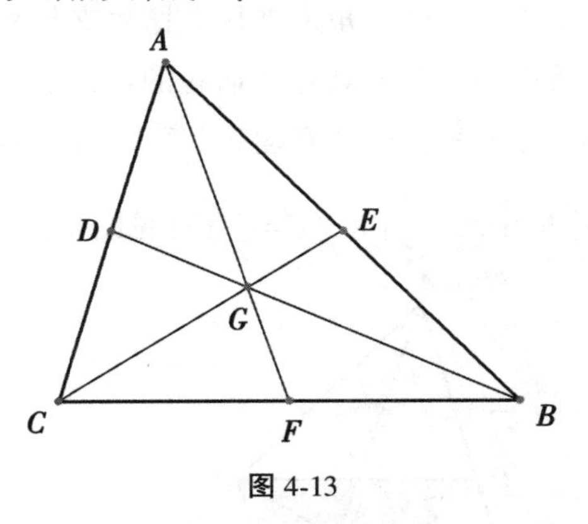

图 4-13

我们继续，中线将三角形分成六个小三角形，每个三角形刚好面积相等。同样，这个性质对任意形状的三角形都成立。亦即，S[1] $_{\triangle ADG}=S_{\triangle AEG}=S_{\triangle BEG}=S_{\triangle BFG}=S_{\triangle CFG}=S_{\triangle CD}$。

我们也可以通过连接三边的中点得出一个中点三角形，从而将 $\triangle ABC$ 分成四个全等三角形（$\triangle ADE\cong\triangle CDF\cong\triangle FEB\cong\triangle EFD$），见图 4-14。在这

[1] 中文里，面积的常用符号是 S，此处暂遵循原文。——译者注

里,$\triangle EFD$ 称为$\triangle ABC$ 的**中点三角形**[1]。请记住,这种切分关系对**任意**形状的三角形都适用。

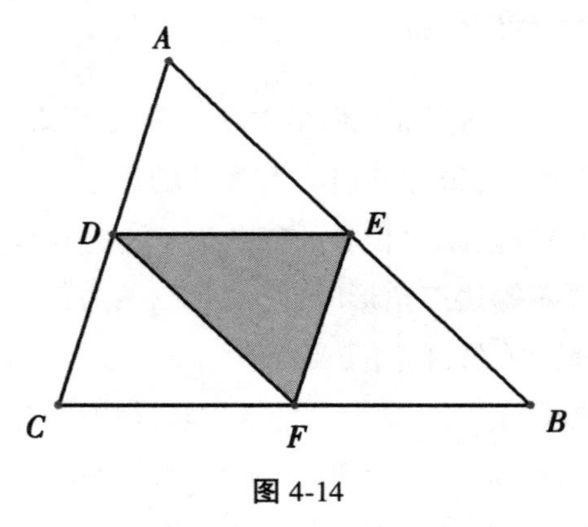

图 4-14

也就是说,$\triangle_{ABC}$的面积是$\triangle_{EFD}$的四倍,这是一个对所有三角形都通用的关系。

另外,G 点(中线的交点)是三角形的重心,称为**形心**。换句话说,如果你想用一支铅笔的笔尖将一个三角形纸板平稳地支起来,你需要找到形心作为合适的支点。我们稍后会回到重心话题的讨论上。与此同时,我们还能欣赏关于三角形形心的另一个饶有趣味的事实:形心是每条中线的三等分点。亦即,$GD=\frac{1}{3}BD$,$GE=\frac{1}{3}CE$,$GF=\frac{1}{3}AF$(见图 4-15)。

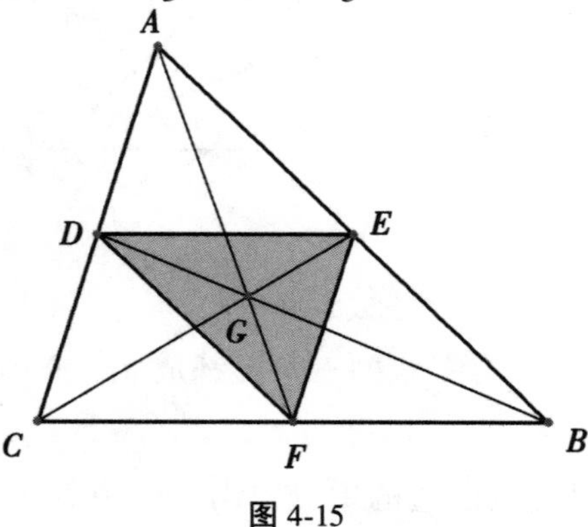

图 4-15

[1] 中点三角形就是把一个三角形的三边中点顺次连接起来的一个新三角形,与原三角形相似。——译者注

四边形的一些性质

我们将目光转向四边形及其各边的中点。如果我们顺次连接任意四边形的各边中点,我们会得到一个平行四边形(见图 4-16),这被称为**瓦里尼翁平行四边形**[1]。这真的很神奇,因为这个性质对任意形状的四边形都成立。而且,瓦里尼翁平行四边形的面积是原四边形面积的一半,它的周长等于原四边形对角线长度之和。如图 4-16 所示,平行四边形 *EFGH* 的面积是四边形 *ABCD* 的一半,而平行四边形 *EFGH* 的周长等于 *AC*+*BD*。

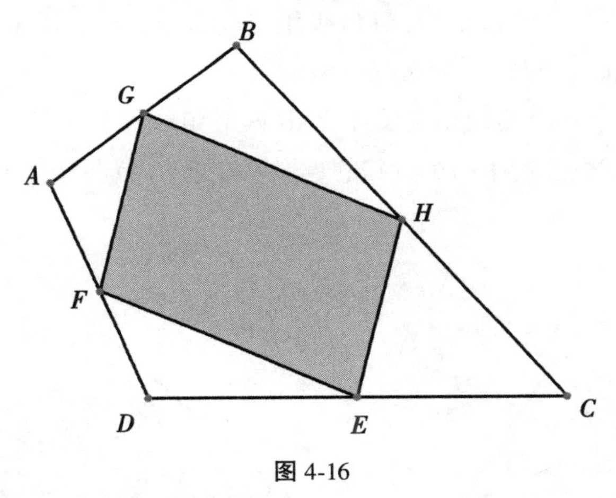

图 4-16

我们还很好奇,如果我们将四边形的其中一边(如 *AB*)缩短到长度为 0,这时会发生什么情况?我们会得到一个三角形,*A*,*B*,*G* 三点重合于同一顶点,如图 4-17 所示。同样地,瓦里尼翁平行四边形依然存在,其面积也依然是原三角形(或者说是一边长度为 0 的四边形)的一半。我们不妨联系到图 4-14 的结果,我们此前发现三角形 *ABC* 被分成面积相等的四个三角形,如果我们思考一下图 4-14 中的平行四边形 *ADFE*,会发现与图 4-17 中的平行四边形 *AFEH* 类似。周长的关系(平行四边形 *EFGH* 的周长等于 *AC*+*BD*)在图 4-17 的情况中同样成立。这种能保持一致性的性质不仅很优美,而且很重要!

---

[1] 以法国数学家皮埃尔·瓦里尼翁(1654—1722)的名字命名。虽然瓦里尼翁平行四边形发现于 1713 年,但直到瓦里尼翁辞世后,它才在 1731 年被首次发表。

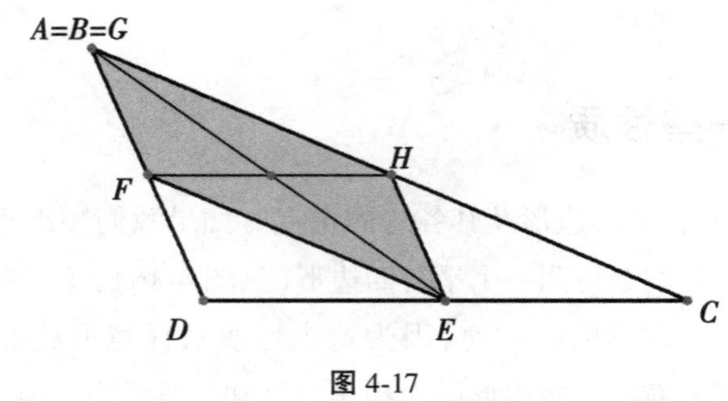

图 4-17

当然在有些四边形中,如果顺次连接各边的中点,会得出一个特殊的四边形,比如矩形、正方形或菱形(所有边都相等的平行四边形)。

例如,假设一个四边形中,对角线相交成直角,见图 4-18。当连接四边形各边的中点时,会产生一个矩形 $EFGH$。

如果四边形的对角线相交成直角,且两对角线长度相等,则当连接四边形各边的中点时,会产生一个特殊的矩形——正方形(见图 4-19)。

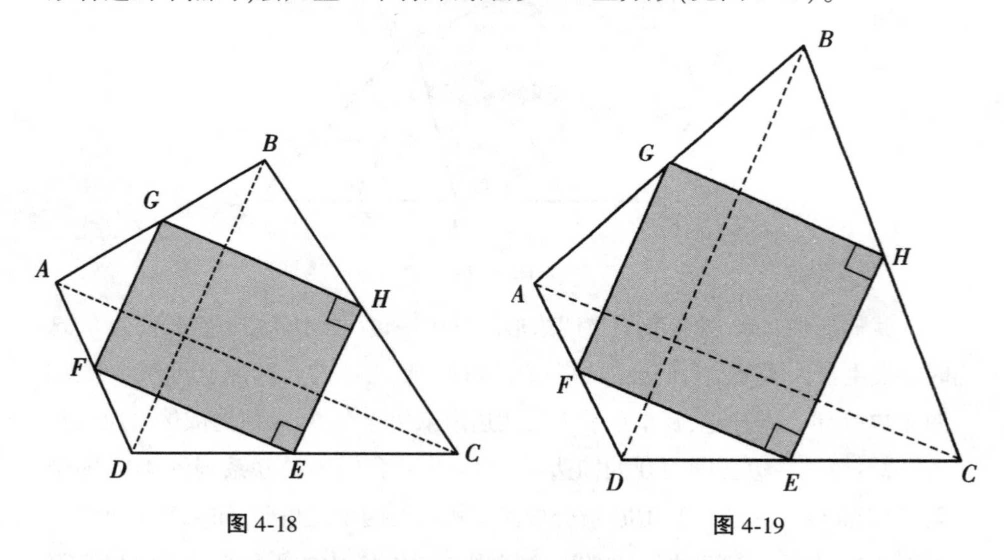

图 4-18　　图 4-19

如果原四边形的对角线长度相等,但对角线相交所构成的夹角不是直角,那么当连接四边形各边的中点时,会产生一个菱形(见图 4-20)。

自然,我们可以继续连接所得平行四边形的各边中点,形成更多新的平行四边形,如此类推,如图 4-21 所示。

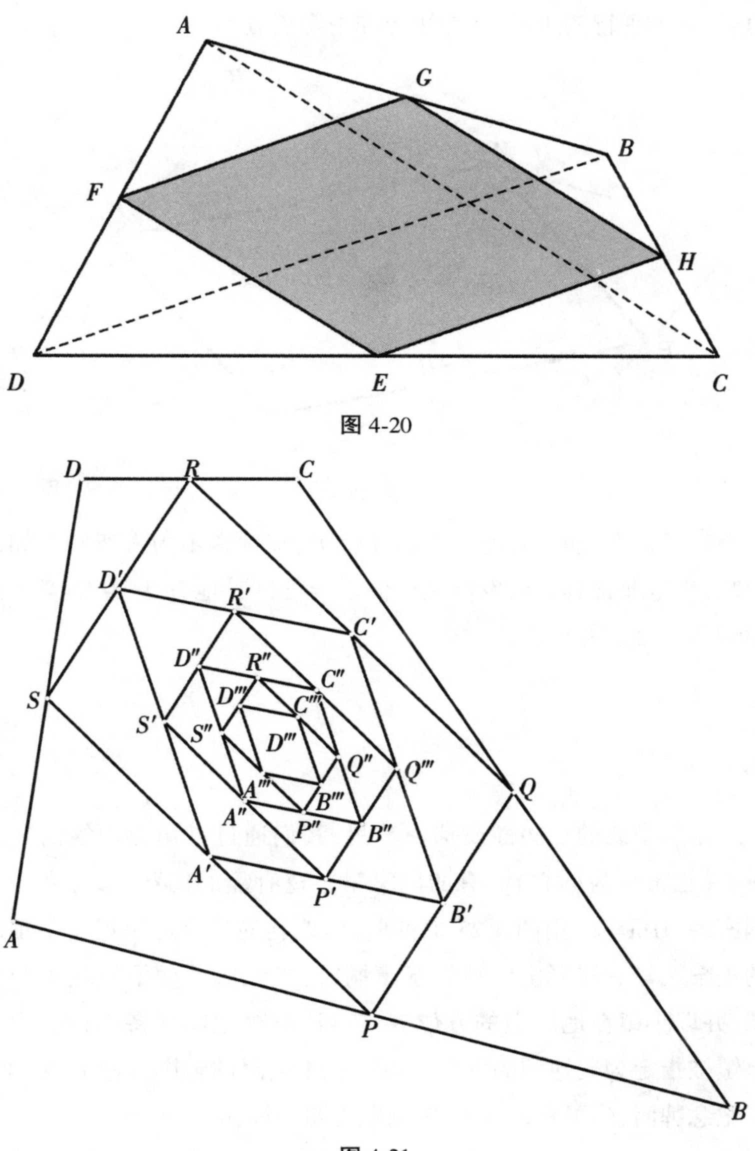

图 4-20

图 4-21

在这个研究中更令人感叹的是，我们能从一个任意四边形得到许多特殊的四边形。如图 4-22 所示，在随意绘制的四边形 *ABCD* 中，我们连接各边中点得到平行四边形（*MNOP*）。然后我们发现，平行四边形 *MNOP* 的角平分线相交后产生了矩形 *EFGH*。再通过这个矩形的角平分线相交，我们得出正方形 *JKLR*。所以，从一个随意绘制的四边形 *ABCD*，我们能创造出三个特殊四边形:一个平行四边形、一个矩形和一个正方形。

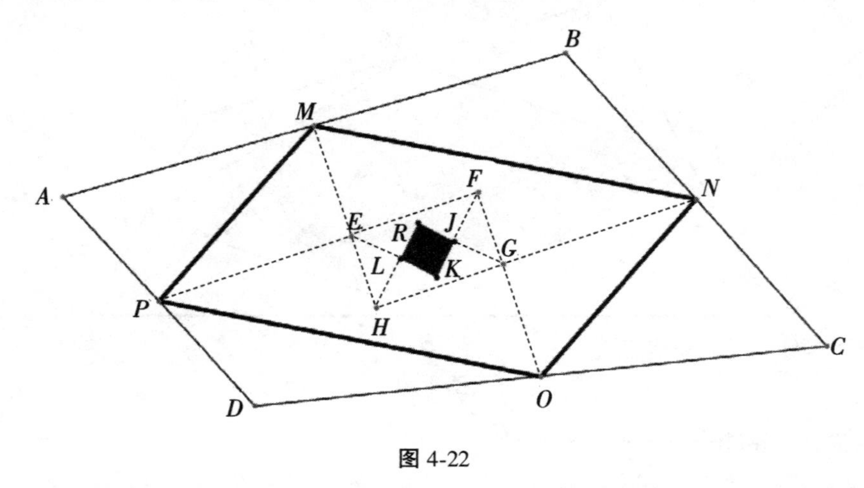

图 4-22

这个例子再次说明,几何关系如此优美,却常常不为人所知。如果能让大众知晓,肯定非常具有启发意义!你也能尝试其他方法,从随意绘制的四边形中创造一个正方形。

重心

在三角形中线的一些性质那一节里,我们通过三角形中线的交点定位到其重心(也被称为形心)。有的国家举办过有趣的比赛,参赛者需要找出他们国家的“中心”。由图 4-23 中可见,奥地利的参赛选手提交了很多创意十足的提案。最后桂冠由巴特奥塞镇摘得,当地居民做了一块木制的奥地利地图,并以小镇在地图上的方位为支点让整个地图保持平衡。为纪念巴特奥塞镇被指定为奥地利的中心(如图 4-24 随附的地图所示),人们还专门制作了纪念牌匾,你可在图 4-23 中浏览牌匾的译文。

对于有 48 个毗邻州的美国本土,我们也可以用相似的方法来找出准确的中心——将一块纸板地图放在某一支点上使其保持平衡。能使美国地图保持平衡的完美支点,应该是位于北纬 39° 50′、西经 98° 35′,靠近堪萨斯州史密斯郡的莱巴嫩镇(见图 4-25)。

巴特奥塞
奥地利的地理中心
北纬 47°　36'，东经 13°　47'，边境以东
（工学硕士，奥托·克洛伊贝尔，维也纳）

为什么巴特奥塞能自称“奥地利的中心”？我们不妨来简单回顾一下：1949 年，杂志 *Die Große Österreich Illustrierte* 举行了一场比赛，参赛者需要找出奥地利的中心。所有奥地利人都可以参加比赛，“赢者”可以获得一次免费的度假机会，这在当时算得上是奢华的奖励。参赛者为了找到奥地利的“肚脐眼”，尝试了层出不穷的方法。

对角线法

找到边境线上的四点，以经纬线边绘制出经过四点的矩形。这个矩形的对角线交点即为奥地利的中心。

角落法

在奥地利国界线上找到距离最远的点。这个几何方法是，画一个圆，使其与奥地利的接壤国的边界相切，且覆盖到奥地利最远的领土，该圆的圆心即为奥地利的中心。

焦点理论

将奥地利的地图粘贴在纸板上，并沿着国界线将地图准确地剪下来。将这个地图纸板放在针尖上，移动纸板，直到纸板能保持平衡。

巴特奥塞人民用这种方法开始测量，并成功以巴特奥塞为支点让纸板保持平衡，他们写信给杂志，称：“我们就是中心！”经过维也纳大学的调研后，杂志发表声明证实：“巴特奥塞是奥地利的中心。”官方认证仪式在 1949 年 9 月 24 日举办，当时还邀请了女演员玛丽亚·安德加斯特出席仪式。

1989 年，巴特奥塞的当地商会为纪念巴特奥塞被认证为国家中心 40 周年，举办了各种庆祝活动，欢庆巴特奥塞成了奥地利的心脏。一座“中心纪念石”矗立在小镇的温泉公园园中。作为一座永久性的纪念碑，它提醒着每一个人：巴特奥塞是奥地利的中心。

中心纪念石上嵌有一块名为“Omphalos”（希腊语，意为“中心”）的纪念铜板，象征着中心的寓意。镌刻的文字所使用的是哥特字体，起源自 1505 年便启用的奥塞市政印章，刻印文字读作“Ause”。

当地商会为了保护这项名衔，还向奥地利专利局提出申请，终于在 1991 年 9 月为这个命名争取到官方认证。

图 4-23

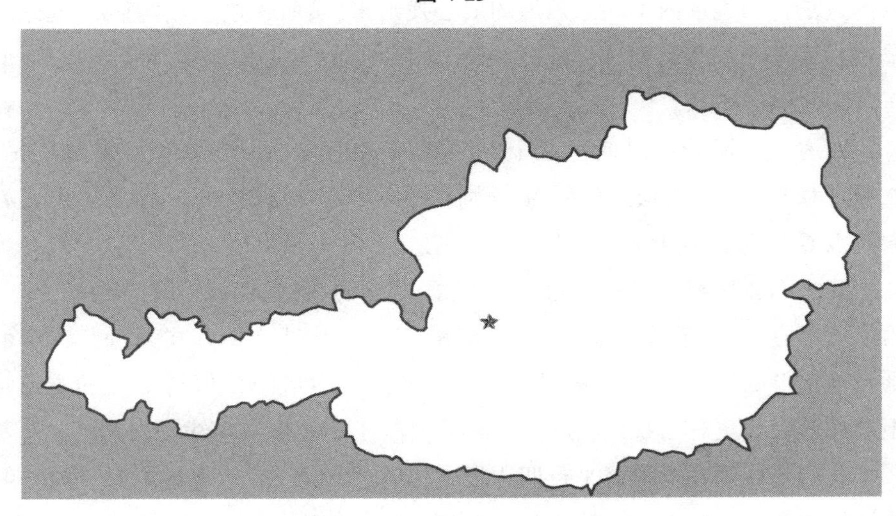

图 4-24

图 4-25

最佳平衡点并非总能这么轻松地找到,总得经历反复实验和试错的阶段。这对四边形来说尤其如此。找到四边形的重心尤为复杂,方法可不像三角形形心那样简单快捷。然而,我们并不是要创造一个特别复杂的图解,我们只是将四边形内不同三角形的形心找出来,然后将这些点“连接”起来。虽然看起来不怎么美观,但等我们展示了操作原理后,你就能理解四边形和三角形之间的关联。

四边形的形心可以通过这个方法找到:如图 4-26 所示,L 和 N 分别是 $\triangle ABC$ 和 $\triangle ADC$ 的形心,K 和 M 分别是 $\triangle ABD$ 和 $\triangle BCD$ 的形心,LN 和 KM 的交点 G 是四边形 $ABCD$ 的形心。

如果你能理解上述复杂的示意图,你就能明白,我们只是定位到四个三角形的形心,然后连接形心、找到连线的交点。通过这种方式,我们就能找到与三角形的形心或重心相似的点——能让四边形纸板保持平衡的支点。矩形的形心会更容易找到,和你预料的一样,正是矩形对角线的交点。

我们再回到瓦里尼翁平行四边形 $FJEH$(见图 4-27)。有趣的是,这个四边形的中心(不是形心)是四边形对边中点的连线的交点。G 是四边形 $ABCD$ 的中心。

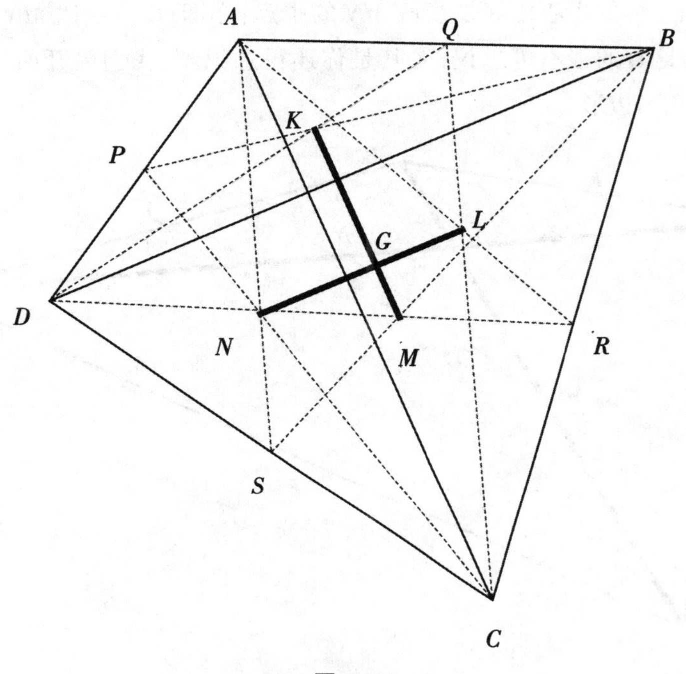

图 4-26

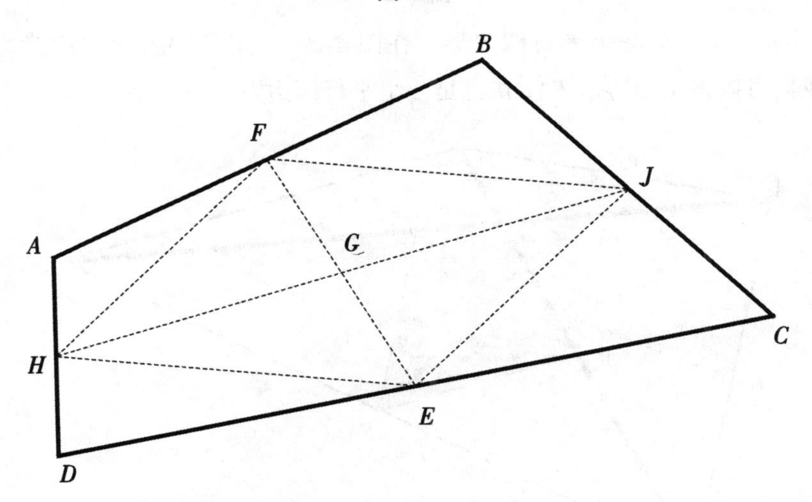

图 4-27

EF 和 *HJ* 这两条线段奇妙的地方就在于,它们的交点刚好将两条线段平分,即 *G* 是线段 *EF* 和 *HJ* 的中点。而且,如果我们继续深入观察这个图例(见图 4-28),你会发现,如果取四边形的对角线 *BD* 和 *AC* 的中点 *M* 和 *N*,连

接两点,四边形的中心正好是线段 MN 的中点,亦即,G 将线段 MN 平分,或 $MG=NG$。这真的很不可思议,尤其是你还得意识到,我们最开始可是随意绘制的任意四边形。

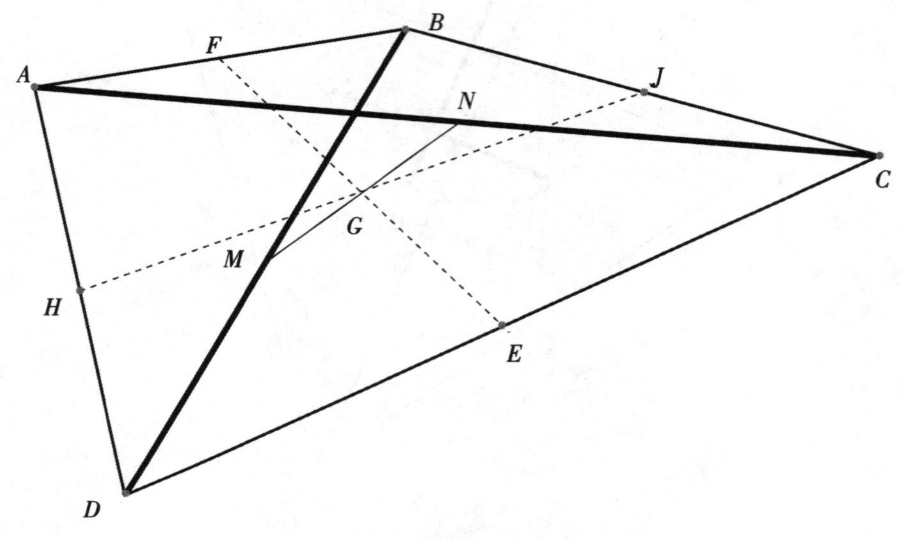

图 4-28

这还产生了另一个平行四边形。在图 4-29 中,因为 MN 和 FE 彼此平分,我们可以得出四边形 $FNEM$ 也是一个平行四边形。

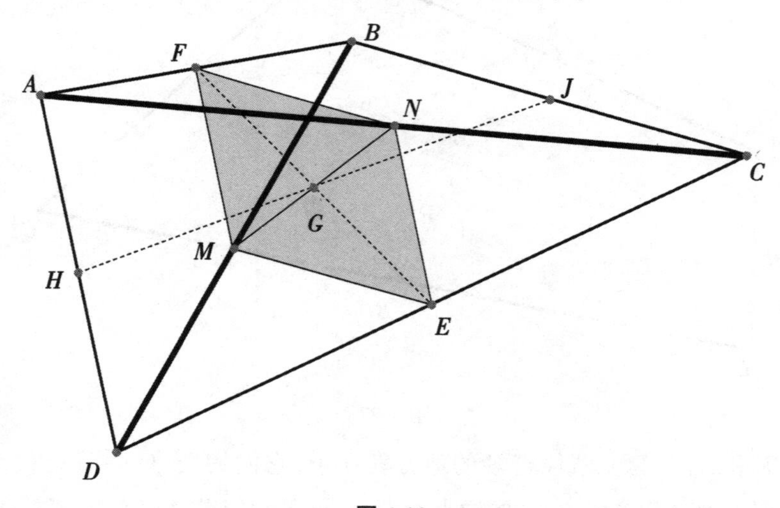

图 4-29

这些不可思议的关系里，有很多我们从来没有预料到竟然能在随意绘制的四边形中实现，如果我们将两对内部线段——AC 和 BD 以及 EF 和 HJ——联系起来，我们还可以将这些现象更紧密地关联起来。没错，它们还能通过以下的关系关联起来：任意四边形的对角线长度的平方和，等于连接该四边形对边中点的线段长度的平方和的两倍。对于四边形 $ABCD$（见图 4-29），我们可以得出（无证明过程）：$(BD)^2+(AC)^2=2[(EF)^2+(HJ)^2]$。

几何不变量

有些几何图形即使在同一图形的其他部分发生变化时也能保持不变，这种现象可真让人着迷。这些通常被称为几何学中的**不变量**。我们在连接任意四边形对边的中点时发现了这样的例子——我们总能得出一个平行四边形。无论这个平行四边形的大小或形状如何，它依然是一个平行四边形。哪怕我们调整了原始的四边形，它也不受影响。我们可以在等边三角形中找到另一个例子。观察图 4-30 中边长为 6.8 cm 的等边三角形 $\triangle ABC$，在三角形内选择任意一点 P。然后，从点 P 作三角形各边的垂线。我们分别测量三条线段 DP，EP 和 FP 的长度，发现它们的长度之和是5.89 cm。

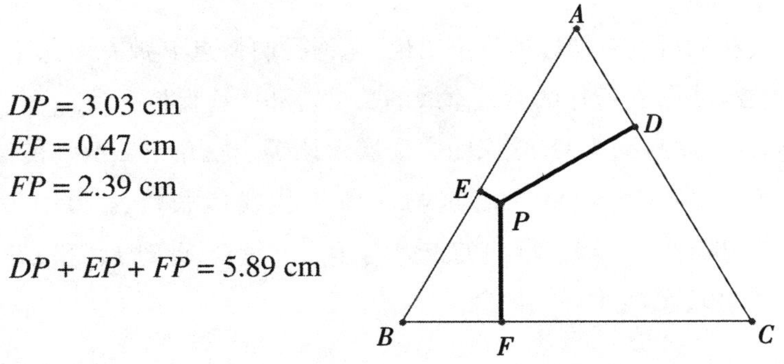

$DP = 3.03$ cm
$EP = 0.47$ cm
$FP = 2.39$ cm

$DP + EP + FP = 5.89$ cm

图 4-30

现在我们将点 P 随意移动到同一等边三角形 ABC 内的其他位置，发现三条线段 DP，EP 和 FP 的长度之和保持不变（见图 4-31）。

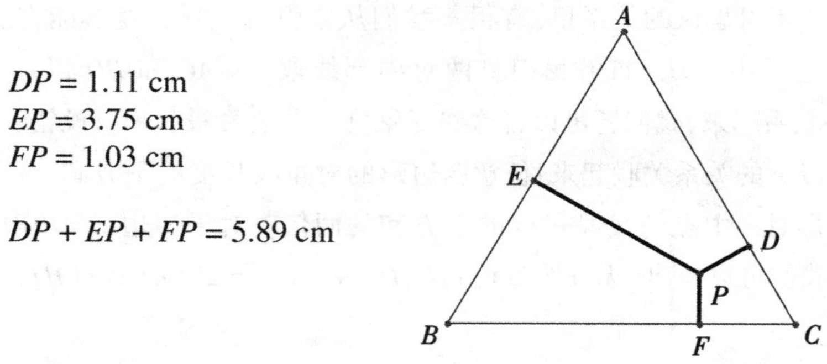

DP = 1.11 cm
EP = 3.75 cm
FP = 1.03 cm
DP + EP + FP = 5.89 cm
A
E
D
P
B
F
C

图 4-31

我们继续把将点 P 随意移动到同一三角形 ABC 内的其他位置,在图 4-32 中可见,三条线段 DP,EP 和 FP 的长度之和依然保持不变。

DP = 1.40 cm
EP = 2.75 cm
FP = 1.74 cm
DP + EP + FP = 5.89 cm
A
E
D
P
B
F
C

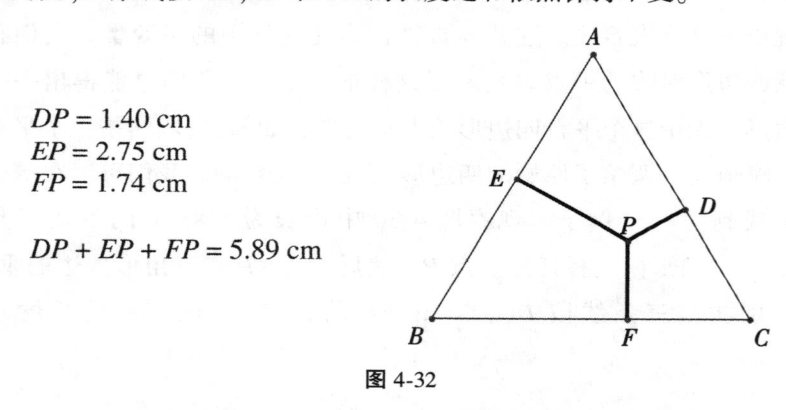

图 4-32

看来,我们可以有把握地得出结论,无论我们将点 P 放在等边三角形内的哪个位置,从点 P 所作的三边垂线的长度之和始终保持一致。

我们重新观察图 4-32,这次图中会展示该等边三角形 $\triangle ABC$ 的高,我们发现,三角形的高为 5.89 cm,这与三条垂线线段长度之和相等(见图 4-33)[1]。我们可以这样证明:使点 P 与顶点 A 重合,此时 EP 和 DP 长度为 0,那么 FP 就成了高 AH。

---

[1] 该性质称为维维亚尼定理,以意大利数学家温琴佐·维维亚尼(1622—1703)的名字命名。维维亚尼是伽利略·伽利雷(1564—1642)的学生。他在 1659 年发表此定理,收录于"De maximis et minimis divinatio in quintum Conicorum Appollonii Pergaei"这篇著作中。此定理可简单表述为:$DP+EP+FP=AH$(见图 4-33)。

DP = 3.03 cm
EP = 0.47 cm
FP = 2.39 cm
DP + EP + FP = 5.89 cm
AH = 5.89 cm
A
D
E
P
B
F
H
C

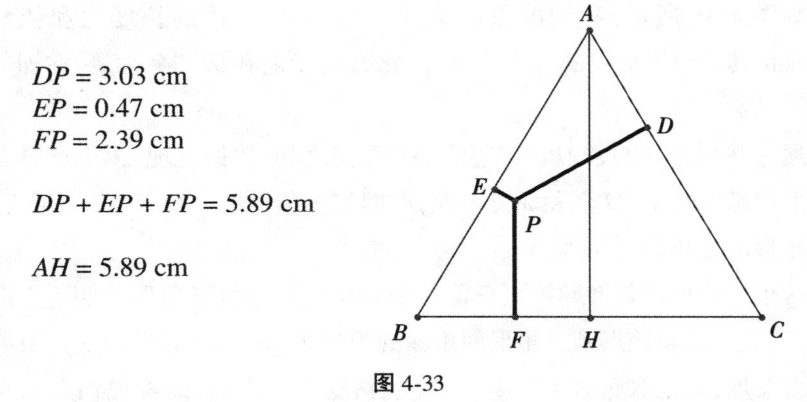

图 4-33

在上述例子中,我们总是把点 P 放在 $\triangle ABC$ 内。假设我们将点 P 放在三角形的一边上(可以认为点 F 和点 P 重合,如图 4-34 所示)。我们再次观察到,点 P 到其余两边的垂线线段长度之和依然为 5.89 cm。

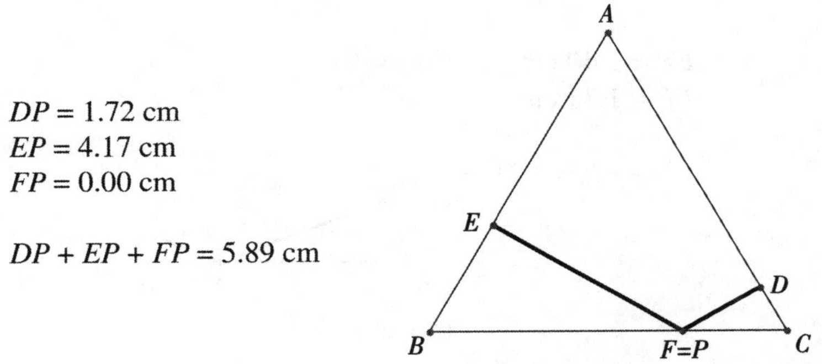

DP = 1.72 cm
EP = 4.17 cm
FP = 0.00 cm
DP + EP + FP = 5.89 cm
A
E
D
B
F=P
C

图 4-34

现在,假设我们将点 P 放在 $\triangle ABC$ 的两边上,亦即如前文所述,将该点放在某个顶点上,使点 P、F、D 和 C 重合(见图 4-35)。

DP = 0.00 cm
EP = 5.89 cm
FP = 0.00 cm
DP + EP + FP = 5.89 cm
A
E
D
B
FPC

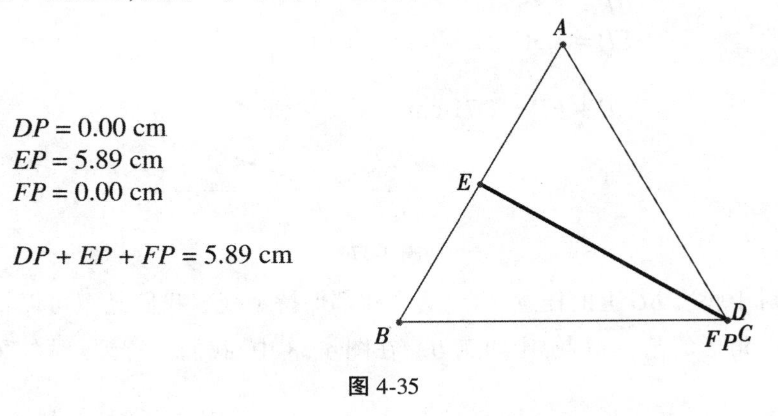

图 4-35

如图 4-35 所示,我们能再次看到,三条垂线线段的长度之和依然为 5.89 cm(其中两段垂线的长度为 0)。此时长度之和是一个常量,亦即等边 $\triangle ABC$ 的高。

通过观察点 P 与 $\triangle ABC$ 三边的垂直距离之和,我们发现,无论点 P 是在三角形内部或边上,这个和保持不变,亦即与三角形的高相等。(请记得,等边三角形的三条高都相等。)

这个想法可以延伸到等腰三角形中。我们在等腰三角形的底边上取任意一点,然后测量该点到三角形两条腰的距离之和(讨论的都是垂直距离)。我们会发现,无论取底边上的哪一点(包括底边的端点,或者说顶点),该点与另外两边的垂直距离之和保持不变(见图 4-36 和图 4-37)。

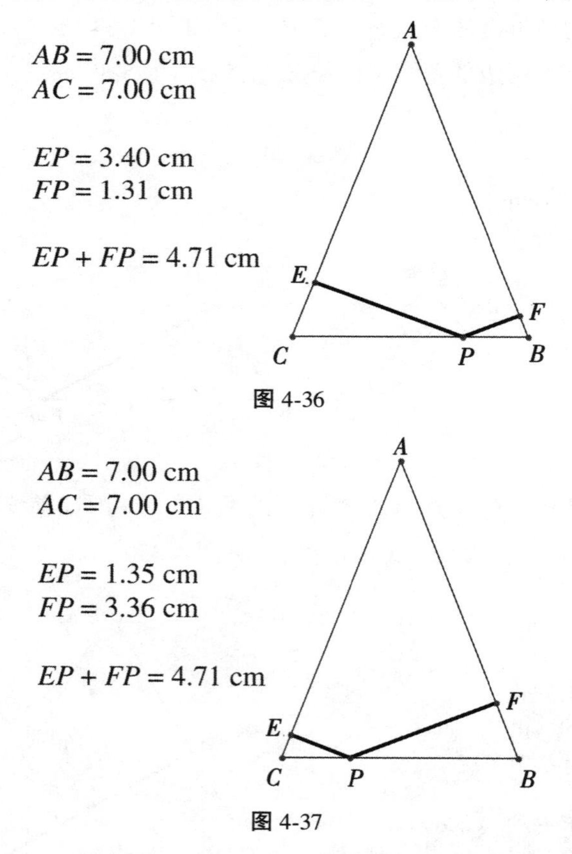

图 4-36

图 4-37

对于底边 BC 上的任意一点,这个和都保持不变。我们甚至可以将点 P 定在三角形的某一顶点,比如点 B。在图 4-38 中,我们留意到,现在垂线线段长度之和等于从顶点 B 到边 AC 的高，亦即 4.71 cm。

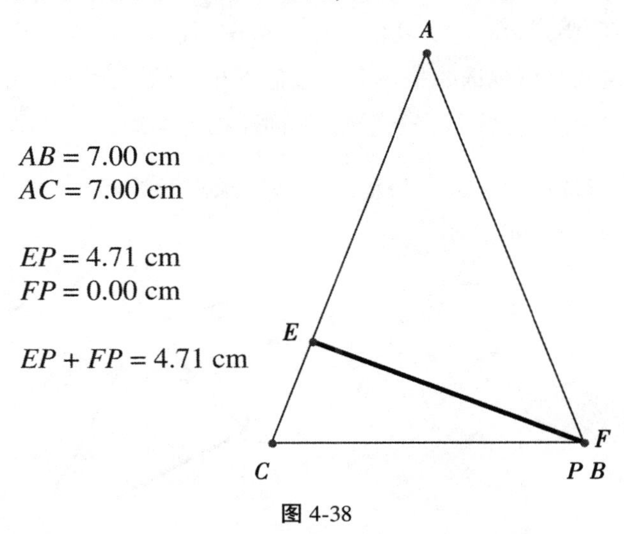

图 4-38

这些不变量的例子在几何学中非常常见，每次出现时总能让人心生敬畏。我们来回顾一下：

1. 在等边三角形内/上任意一点到三边的垂直距离之和是一个不变量，等于三角形的高。
2. 等腰三角形的底边上的任意一点到另外两边的垂直距离之和是一个不变量，等于底边上的顶点到对边上的高。

我们为你展示这些神秘有趣的不变量例子，是希望能激发起你的好奇心，去找寻更多类似的现象。然而，为了说服你相信这些例子的真实性，我们需要给你提供证明。这些证明其实比较简单。为了不打乱讨论的“节奏”，我们只给你提供一些能找到相应证明的书籍，你可移步至参考文献中查看。

拿破仑三角形

我们接下来要介绍一个神奇的几何现象，虽然人们通常认为这个定理是拿破仑·波拿巴（1769—1821）提出的，但也有批评家认为这个定理实际上是由与拿破仑来往过的众多数学家[1]首先发现的。

简单而言,要开始对这个几何奇迹的探索,我们可以先随机挑选一个任意三角形。这回我们挑选的是一个三边都不相等的三角形。我们以这个三角形的三条边为边,向外画三个等边三角形(见图 4-39)。

然后,我们将每个等边三角形最远端的顶点和原三角形的对顶点用线段连接起来,如图 4-40 所示。

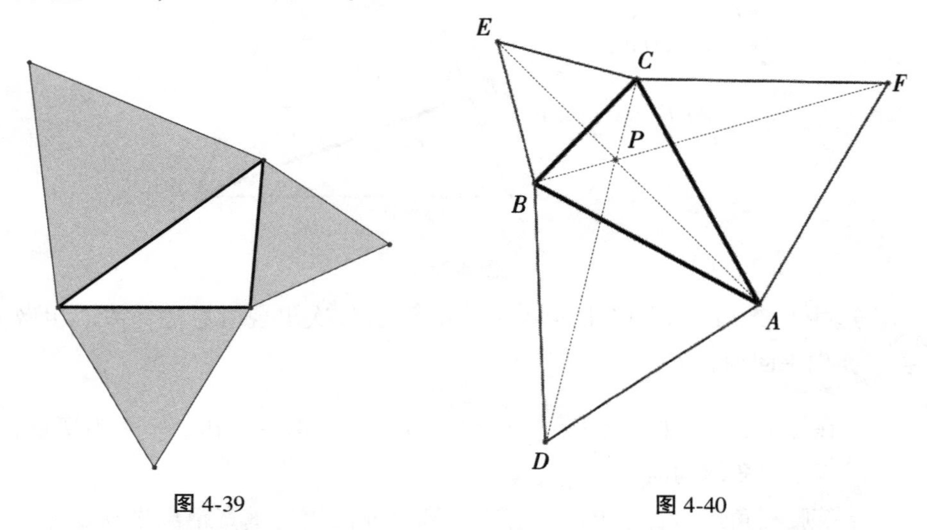

图 4-39　　图 4-40

两个重要的性质由此产生:我们刚才所画的三线共点(亦即三线相交于同一点),且三线等长(但是请不要认为这两个性质是理所当然的)。请记住,这对一个随机选择的三角形成立,也就意味着对所有三角形都成立。这正是这个关系的神奇之处。

---

[1] 以下人物都可能曾"帮助"拿破仑发现定理:

让-维克托·彭赛列(Jean-Victor Poncelet,1788—1867),曾任拿破仑的军事工程师,随后成为射影几何学的奠基人之一;

加斯帕尔·蒙日(Gaspard Monge,1746—1818),曾任拿破仑的技术顾问并随军远征埃及;

约瑟夫-路易·拉格朗日(Joseph-Louis Lagrange,1736—1813),法国数学家;

洛伦佐·马斯凯罗尼(Lorenzo Mascheroni,1750—1800),曾参加意大利战役;

让·巴普蒂斯·约瑟夫·傅里叶(Jean Baptiste Joseph de Fourier,1768—1830),曾随军远征埃及;

皮埃尔-西蒙·拉普拉斯侯爵(Pierre-Simon Marquis de Laplace,1749—1827),曾是拿破仑的老师(1784—1885),后曾担任拿破仑的内政部长,任期 6 周。

我们继续研究，在原三角形的无限多个点中，上述的交点是能使点到原三角形的三个顶点的距离之和最短的一个点[1]。如图 4-41 所示，也就是说，从点 P 到各顶点 A，B 和 C 的距离之和（即 $PA+PB+PC$）是最小值。同时，原三角形各顶点在点 P 上形成的夹角大小相等。在图 4-41 中，$\angle APB=\angle APC=\angle BPC(=120°)$。这一点被称为**费马点**，以法国数学家皮埃尔·德·费马（1607—1665）的名字命名。

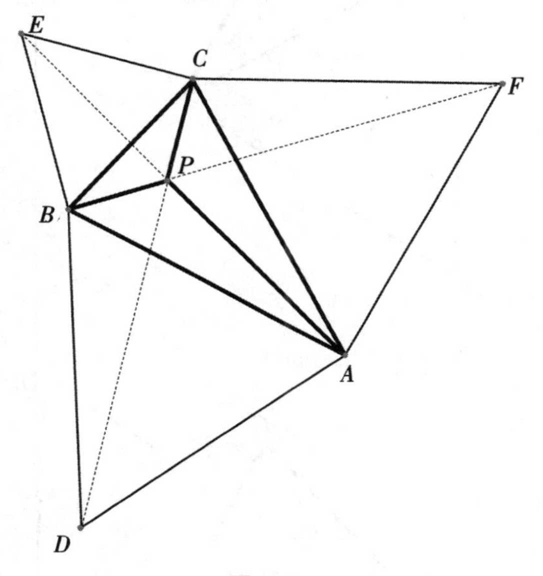

图 4-41

现在我们回到“拿破仑三角形”：当我们连接三个等边三角形的中心（即中线、角平分线和高的交点），我们观察到另一个等边三角形，称为“**外拿破仑三角形**”，即图 4-42 中的 $\triangle KMN$。

如果我们仍以任意三角形的三条边为边，向内构造三个等边三角形（即与原三角形交叠），则三个等边三角形的中心依然会构造出一个等边三角形，即图 4-43 中的 $\triangle K'M'N'$。这个三角形被称为“**内拿破仑三角形**”）。

---

[1] 这只适用于最大角不大于 120°的三角形。如果三角形有一内角大于 120°，则能使点到三角形三顶点的距离之和最短的点是钝角的顶点。

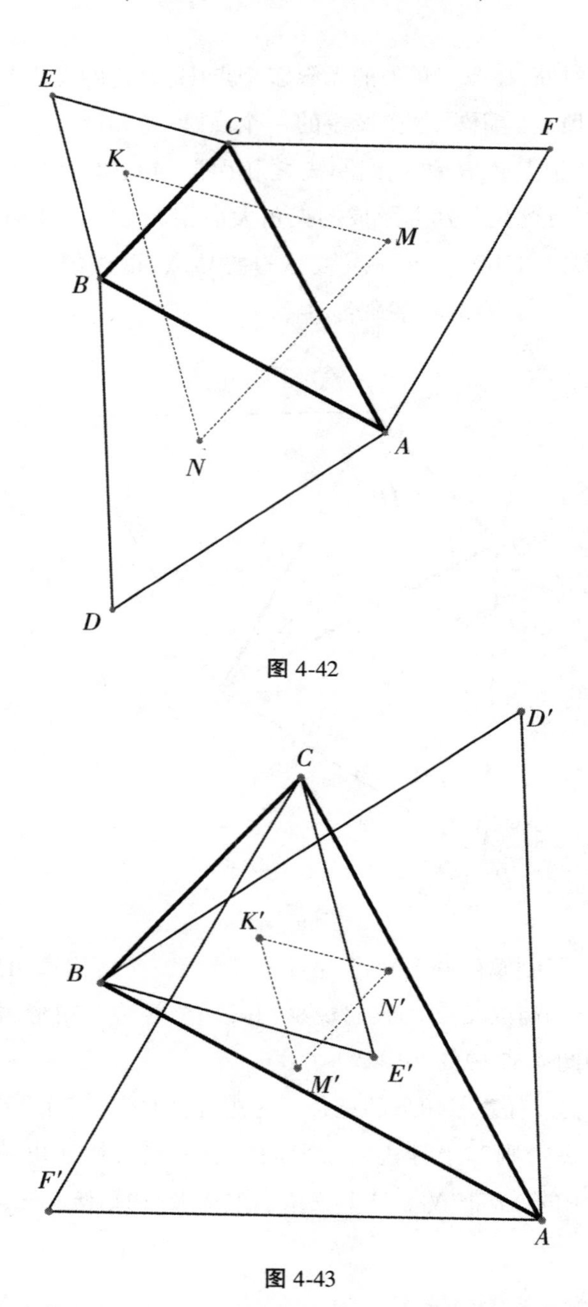

图 4-42

图 4-43

接下来要讲的内容可能比较难用图形表示清楚。我们将两个拿破仑三角形放在同一个图中研究(见图 4-44),如果我们把在原三角形基础上构造的所有等边三角形都忽略,就能看得比较清楚,如图 4-45 所示。

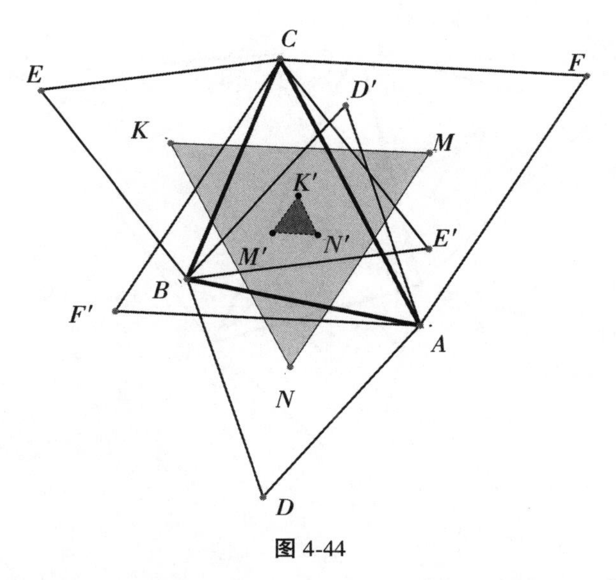

图 4-44

我们只观察图 4-45 中展示的三个三角形。两个拿破仑三角形(一外一内两个三角形)的面积之差等于最初随机挑选的三角形的面积。亦即 $S_{\triangle KMN}-S_{\triangle K'M'N'}=S_{\triangle ABC}$(详见参考文献)。

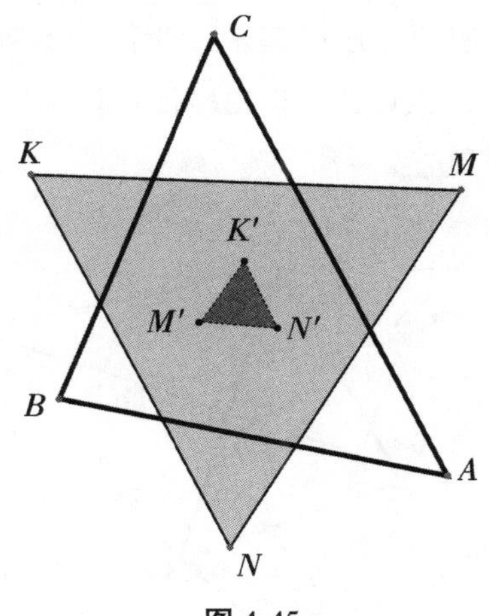

图 4-45

同样要记得,这个定理的独特之处在于,它对于**任何**形状的三角形都成立,为了证明此点,我们特意选择的是一个没有特殊属性的一般三角形。

原三角形和拿破仑三角形拥有共同的形心,亦即,三角形中线的交点,也是三角形的重心。(见图 4-46,为了使图示清晰可见,我们只在图中画出了外拿破仑三角形,但这个性质对内拿破仑三角形同样成立。)

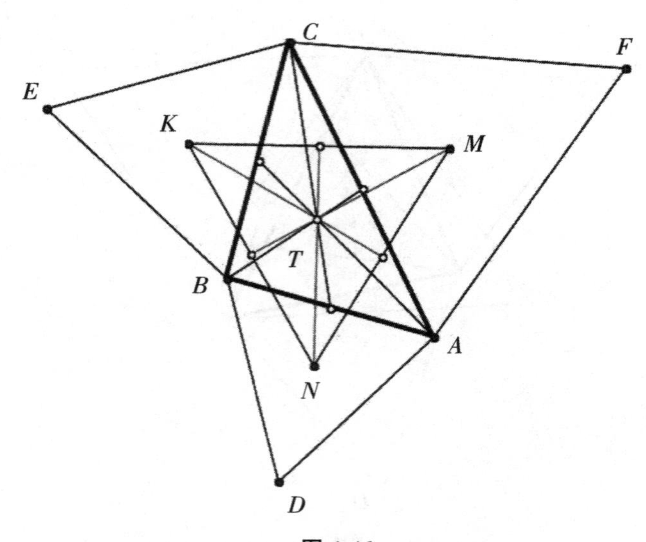

图 4-46

拿破仑三角形中还有很多惊人的关系尚待我们研究。在拿破仑从任意三角形上构造出等边三角形并(声称)发现其基本特性后,很多特性相继被发现。例如,将外拿破仑三角形[1]的每个顶点,与在原三角形的三边上构造出的等边三角形的对应顶点连接起来。我们能看到,首先,这三条线都是共点线,即如图 4-47 所示,*DN*,*EK* 和 *FM* 相交于共点 *O*。其次,这个共点 *O* 正是原三角形的外接圆圆心。

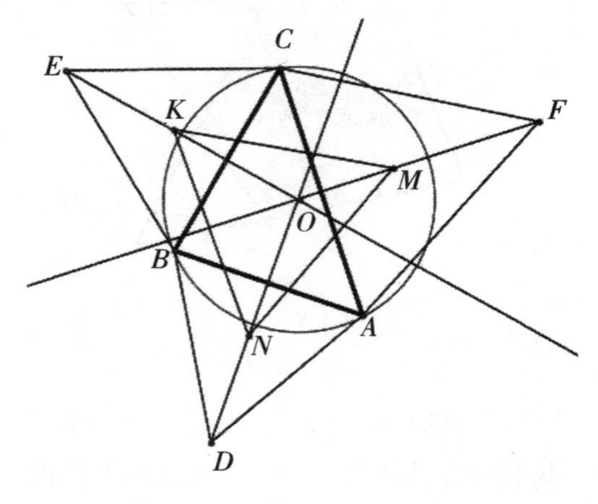

图 4-47

[1] 为了清晰起见,我们只用外拿破仑三角形做展示,但这个性质对内拿破仑三角形也同样适用。

不管你信不信,这个图形中还有另一个共点现象。如果我们将拿破仑三角形的顶点,分别与原三角形中最远端的顶点连接起来,我们又会得出三线共点。在图 4-48 中,AK,BM 和 CN 就相交于同一点。

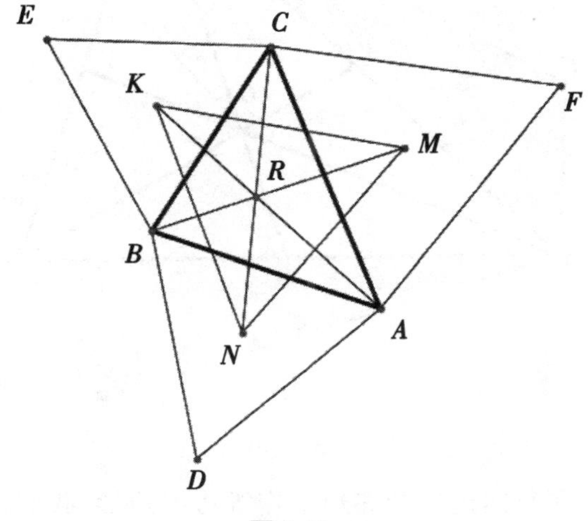

图 4-48

探究到这里,你可能会觉得,只要三角形中出现三条"相关"的线段,它们肯定会共点。为了更好地欣赏刚刚展示的共点现象,我们只能说,共点现象其实并不常见。我们应该认为,只有在特殊情况下才会出现共点现象。所以这应该足以让你发自内心地欣赏它了!

我们刚刚是在任意三角形的三边绘制等边三角形,现在我们做个延伸:在一个任意三角形的三边上绘制相似三角形(往合适的方向上画)。如图 4-49 所示,我们得出以下相似关系[1]:

$$\triangle AFB \sim \triangle BDC \sim \triangle CEA$$

$\triangle DEF$ 和$\triangle ABC$ 都有相同的形心——重心,即其中线的交点。注意,$\triangle DEF$ 的三条中线 DR,EM 和 FN 的共同相交点为 G;而$\triangle ABC$ 的三条中线 AY,BX 和 CZ 的共同相交点也是 G。值得留意的是,我们最初选择的是一个任意三角形,然后在这个三角形的三边上构造出任意形状的相似三角形,但尽管如此,这两个三角形依然有同一个形心 G。

---

[1] 如果多边形的形状相同,但面积不一定相等,则它们相似。

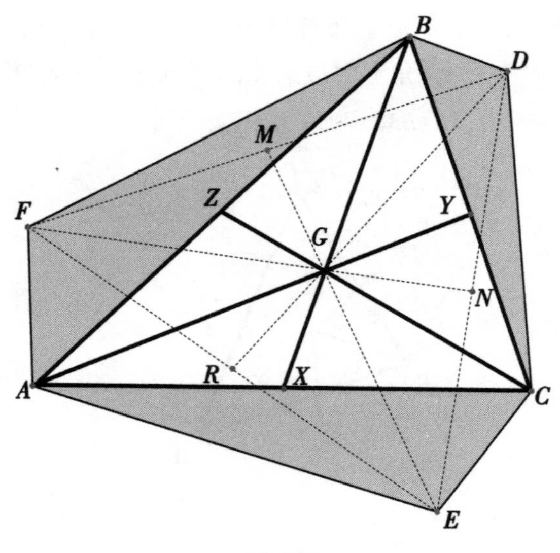

图 4-49

通过在任意平行四边形的邻边上作等边三角形,我们也能得出另一个等边三角形。如图 4-50 所示,等边三角形 *ABF* 和 *ADE* 是以平行四边形 *ABCD* 的邻边为边绘制的。我们可以看出△*ECF* 是等边三角形[1],这个性质对所有平行四边形都成立,所以也足以让人惊叹。

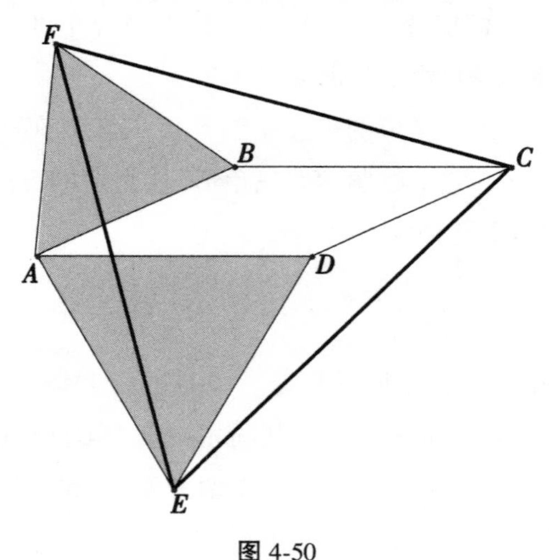

图 4-50

[1] 因为三角形 *ABF*,*DCE* 和 *BFC* 是全等三角形。

绘制在多边形边上的正方形

既然我们通过在任意三角形的边上构造三角形而发现许多神奇的关系,那么不妨看看在任意三角形的边上构造正方形会发生什么。如图 4-51,我们先从一个随意绘制而成的$\triangle ABC$ 开始,然后在边 AB,BC 和 AC 上作正方形。这样我们就创造出$\triangle ADE$、$\triangle BKL$ 和$\triangle CFH$。我们发现,这三个三角形都与原三角形 ABC 面积相等。

要验证这点,我们只需要回忆一下三角形面积的计算公式:$S_{\triangle ABC}=\frac{1}{2}ab\sin\angle C$。我们留意到,$\triangle ABC$ 的每个角都分别与上述三个三角形的角共顶点,且这两个共顶点的角互补,亦即$\angle BAC+\angle DAE=180°$,因为其余两个以点 A 为顶点的角都是直角,而两个直角之和为 180°。因为 AB 和 AD、AC 和 AE 分别是同一正方形的边,$AB=AD$ 和 $AC=AE$,且它们是$\angle BAC$ 和$\angle DAE$ 的邻边。因此,$S_{\triangle ADE}=\frac{1}{2}(AD)(AE)\sin\angle DAE$,$S_{\triangle ABC}=\frac{1}{2}(AB)(AC)\sin\angle BAC$。然而,因为 $\sin\angle BAC=\sin(180°-\angle BAC)=\sin\angle DAE$,$S_{\triangle ABC}=S_{\triangle ADE}$。相同的验证过程也适用于其他两个三角形$\triangle BLK$ 和$\triangle CFH$。

这个构型中还有另一个潜藏的奥秘。如图 4-52 所示,如果我们在$\triangle DAE$、$\triangle LBK$ 和$\triangle FCH$ 的边上画正方形,我们能构造出四边形 $DLTU$,$KHQS$ 和 $EFNR$。神奇的是,每个四边形的面积都是原三角形$\triangle ABC$ 的 5 倍。求知欲强的读者可以试着证明此点[1]。

在图 4-53 中,我们再次在$\triangle ABC$ 的边上构造正方形。注意两个正方形 $ABEF$ 和 $ACJD$ 的外接圆[2]相交于点 P。我们以 BC 为直径作另一个圆,会发现该圆也与点 P 相交。毫无疑问,这是个很惊人的发现,而且是

---

[1] 你可在以下文献中找到“无字证明”(即仅用图像而无须文字解释就能不证自明的数学命题):M. N. Deshpande, “Proof without Words beyond Extriangles,” Mathematics Magazine 82, no. 3 (June 2009): 208.

[2] 与多边形各顶点都相交的圆叫作多边形的外接圆。

一个不容易为人察觉的发现。如果你想继续挑战自我,你可以试着探寻这些图形的其他关系。

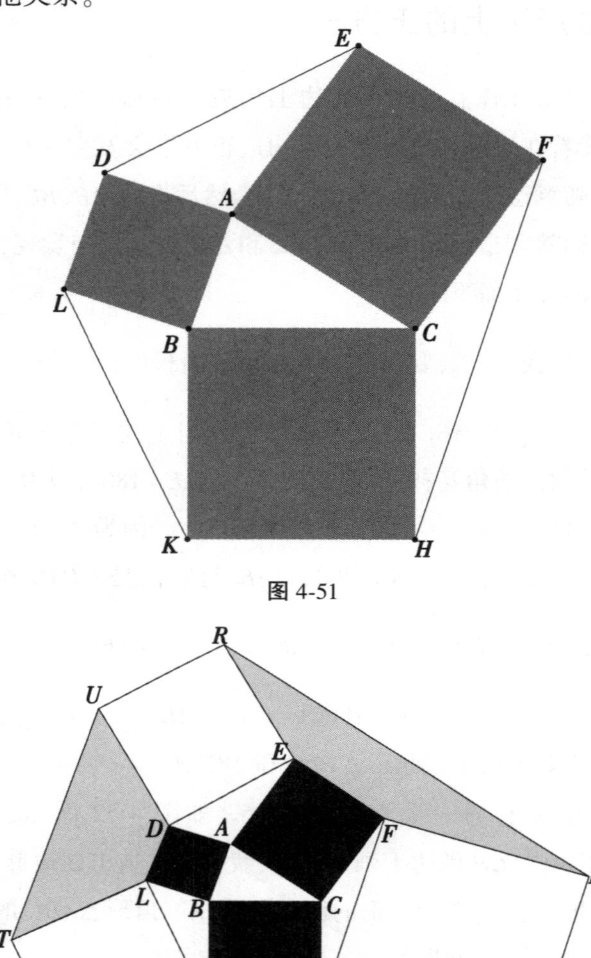

图 4-51

图 4-52

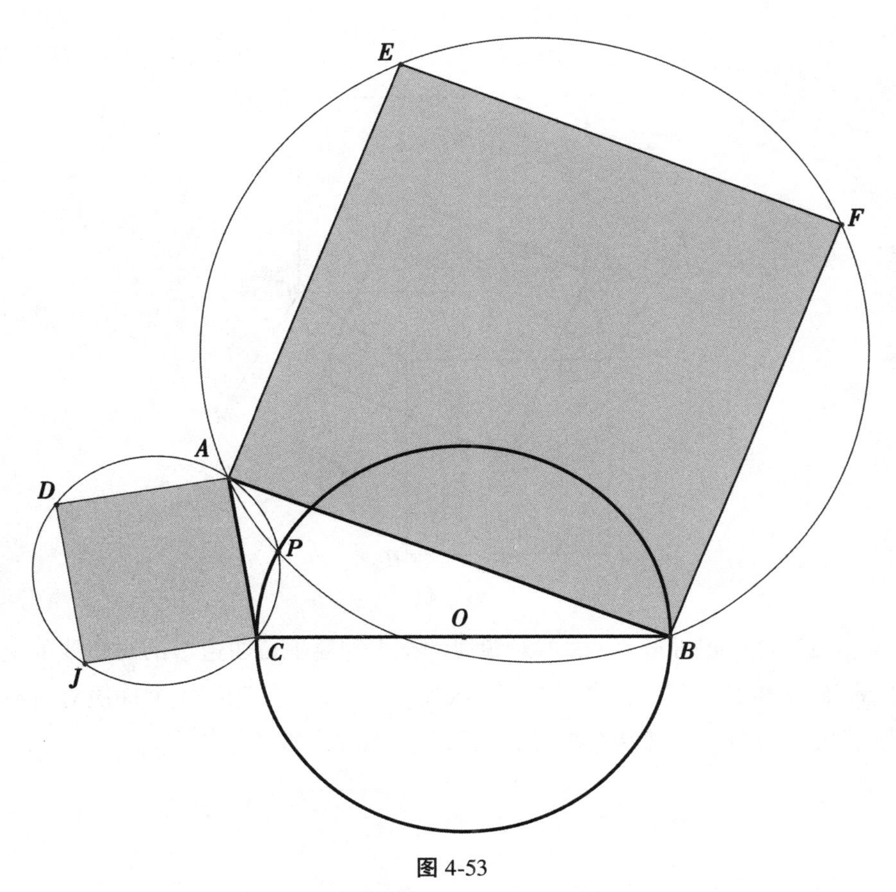

图 4-53

我们也可以在**任意**平行四边形的边上构造正方形。同样,我们得强调这是一个**随意**挑选的平行四边形。正如图 4-54 所示,我们在平行四边形 *ABCD* 的边上作正方形。通过各正方形对角线的相交点,我们能定位到每个正方形的中心。神奇的是,连接四个中心后会得到另一个正方形 *RQTS*。这个定理被称作“亚格洛姆-巴洛蒂定理”[1]。

[1] 以俄国数学家伊萨克·莫伊谢耶维奇·亚格洛姆(Isaak Moisejewitsch Yaglom ,1921—1955)和意大利数学家阿德里亚诺·巴洛蒂(Adriano Barlotti,1923—)的名字命名。

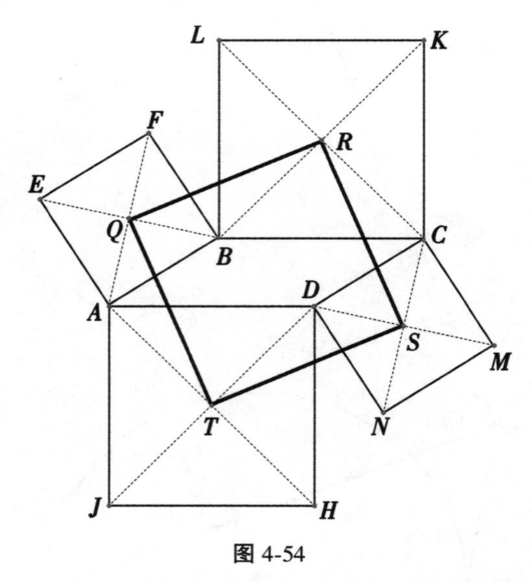

图 4-54

而且，这个正方形 $RQTS$ 的对角线的交点与原平行四边形的对角线的交点重合，都相交于同一点 P，如图 4-55 所示。你需要记得，这个性质对所有平行四边形都成立，便能全然感受到这个关系的奇妙了。

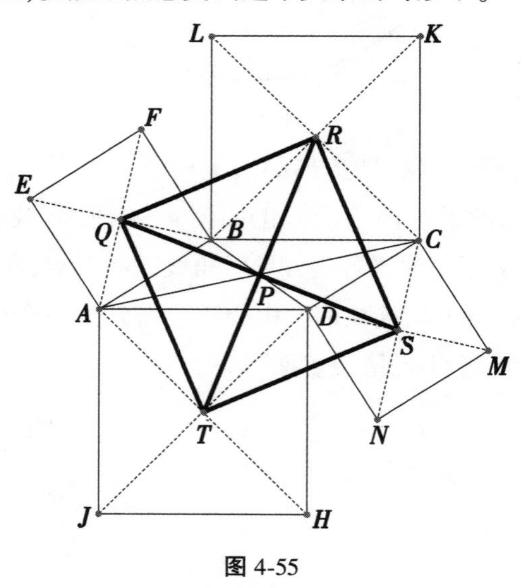

图 4-55

我们还能得出,构造在平行四边形边上的四个正方形的面积之和等于构造在平行四边形对角线上的正方形的面积之和,如图 4-56 所示,$S_{\square ABFE}+S_{\square AJHD}+S_{\square MNDC}+S_{\square BCKL}=S_{\square BDVW}+S_{\square ACYZ}$。

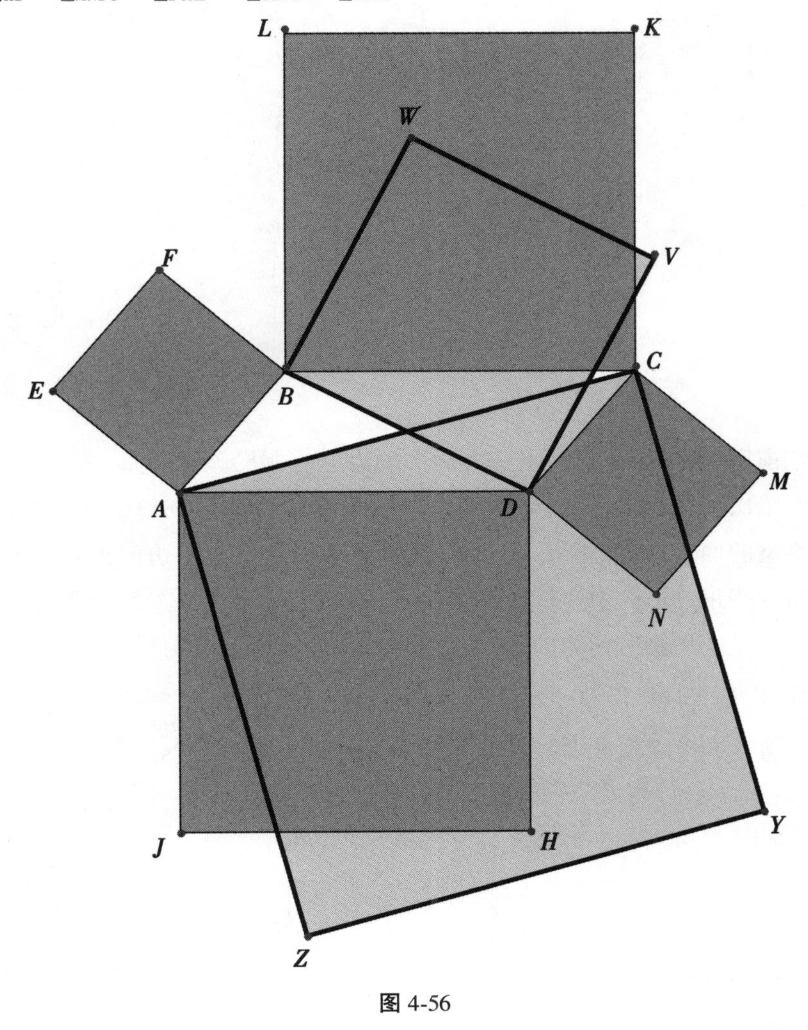

图 4-56

我们将目前为止建立起来的两种关系整合一下,即与拿破仑三角形相关的关系,以及在平行四边形边上构造正方形后发现的关系。如图 4-57 所示,我们在一个随意绘制的四边形上沿各边画正方形。你能看到,连接四个正方形中心的两条线段长度相等且互相垂直。这个现象是由法国工程师爱德华·科利尼翁(1831—1913)首次发现的。

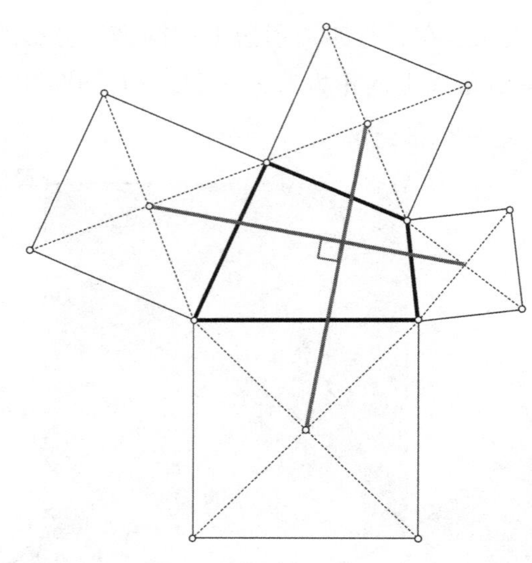

图 4-57

如前所述,如果我们在平行四边形的边上(向外)画正方形,并将正方形的中心依次连接起来,我们会得到另一个正方形(见图 4-55)。如果我们在其他类型的四边形(如矩形、正方形、梯形和筝形[1])上沿边向外画正方形,然后将这些正方形的中心依次连接起来,我们会得到什么类型的四边形呢?相信这会是一次很有趣的探索。

如果原四边形是一个矩形 *ABCD*,则顺次连接每条边上的正方形的中心后,我们得到一个正方形 *PQRS*,如图 4-58 所示。

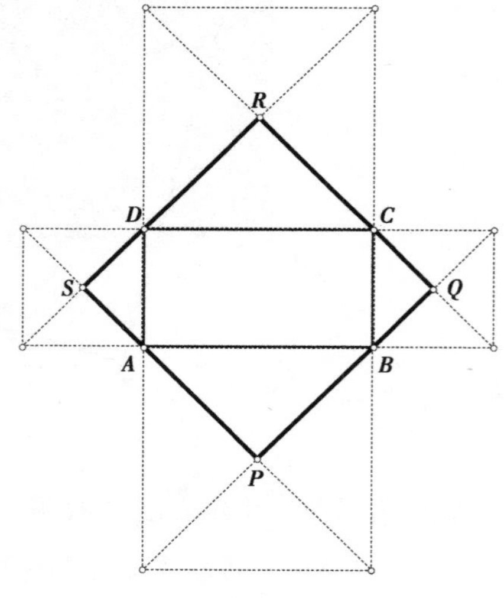

图 4-58

如果原四边形是一个等腰梯形 *ABCD*,则顺次连接每条边上的正方形的中心后,我们得到一个筝形 *PQRS*,如图 4-59 所示。

如果原四边形是一个筝形 *ABCD*,则顺次连接每条边上的正方形

[1] 筝形是有两组邻边分别相等的四边形,和平行四边形不一样的是,平行四边形是两组对边分别相等。

的中心后，我们得到一个等腰梯形 $PQRS$，如图 4-60 所示。

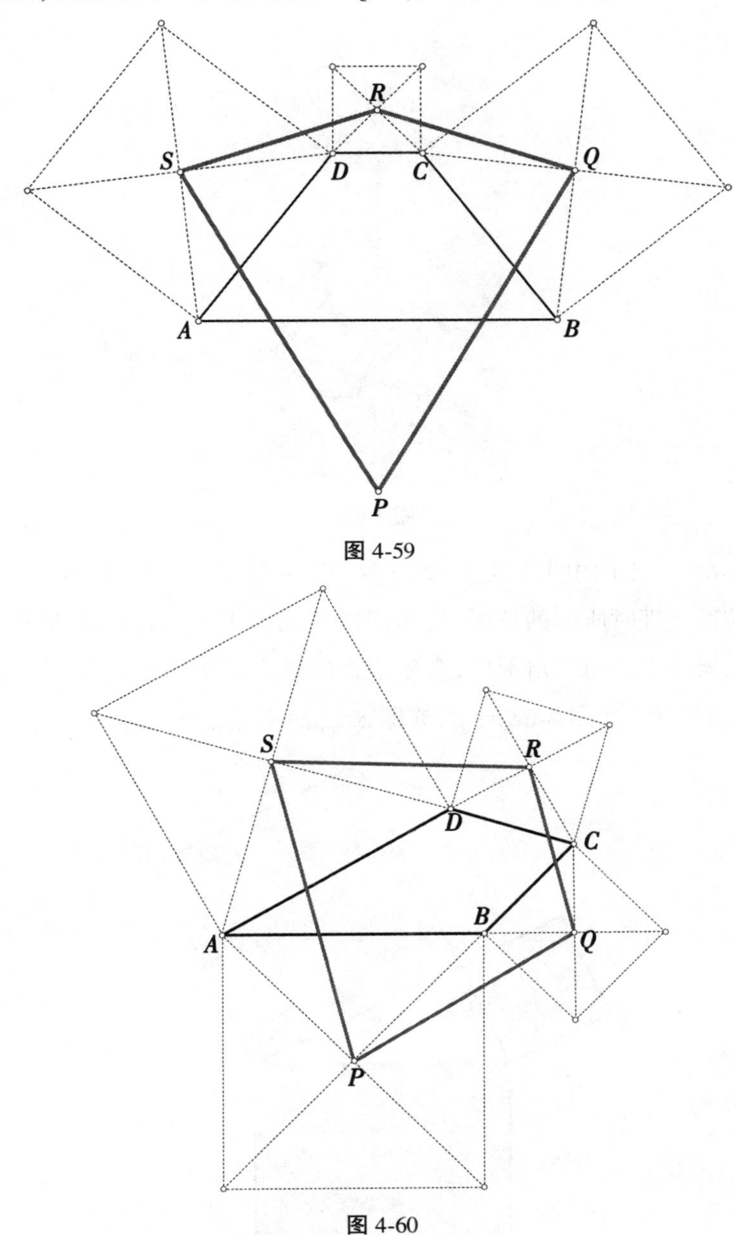

图 4-59

图 4-60

筝形和等腰梯形之间的相互“关系”挺难得一见的，值得细细欣赏。

关于在多边形上沿边画正方形的试验，最为著名的可能是以下这个：在直角三角形的三边上画正方形。

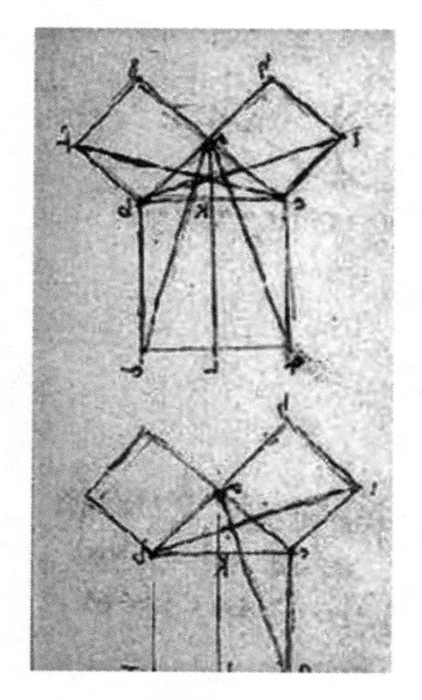

图 4-61

图 4-61 中展示的图片,是列奥纳多·达·芬奇(1452—1519)为了演示毕达哥拉斯定理时所画的草图,许多问世好几百年的古籍中都收录了这张手稿。它展示了直角三角形中,直角边上的正方形的面积之和等于斜边上的正方形的面积,如图 4-62 所示,亦即 $S_{\square ADEC}+S_{\square BCFH}=S_{\square ABJK}$。

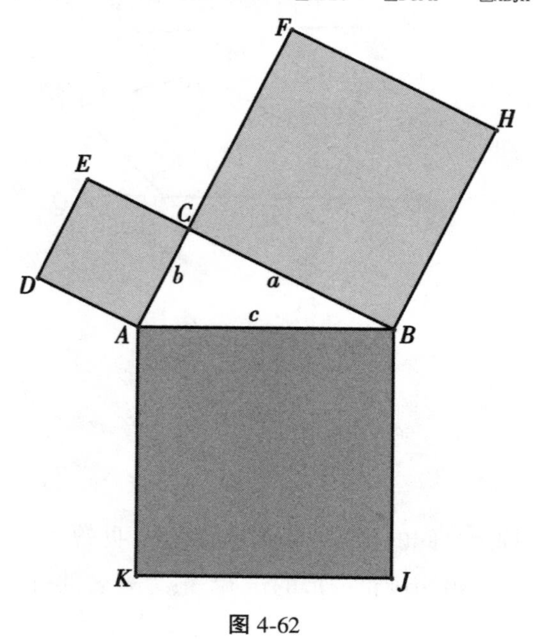

图 4-62

对于这项久负盛名的定理,已有超过 520 种不同的证明方法[1],验证过该定理的贡献者包括毕达哥拉斯(约公元前 570 年—前 510 年)、欧几里得(约公元前 365 年—前 300 年)、列奥纳多·达·芬奇(1452—1519)、阿尔伯特·爱因斯坦(1879—1955),以及美国总统詹姆斯·艾伯拉姆·加菲尔德(1831—1881,他在任职众议院议员时做的研究)等人。然而,关于这个定理,大多数人记得的是$a^2+b^2=c^2$,直角三角形的两直角边长度分别为 a 和 b,斜边长度为 c。这类似于前面在直角三角形边上作正方形的面积的表述。既然任意相似多边形的面积比等于其相似比[2]的平方,我们现在可以考虑在直角三角形边上作多边形而不是正方形。和相似多边形类似,我们甚至可以在直角三角形的边上作相似直角三角形。完成操作后,我们可以凭借直觉,"通过视觉"验证出毕达哥拉斯定理。

观察直角三角形$\triangle ABC$,其中$\angle ACB$ 为直角,高为 CD。在图 4-63 中,三个相似直角三角形为$\triangle ACD$、$\triangle CBD$ 和$\triangle ABC$。我们很容易就能看出 $S_{\triangle ACD}+S_{\triangle BCD}=S_{\triangle ABC}$。

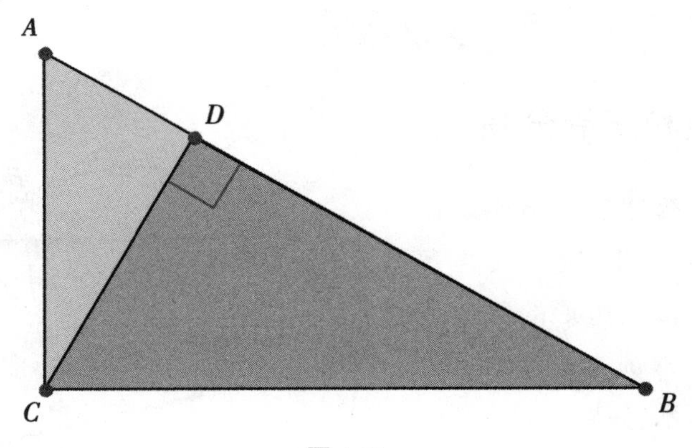

图 4-63

接下来,我们以各三角形的斜边为轴,将三角形翻转过来,如图 4-64 所示,这样我们能得出结论,沿直角三角形$\triangle ABC$ 的直角边所作的相似三角形($\triangle ACD''$和$\triangle BCD'$)的面积之和等于沿其斜边所作的相似三角形($\triangle ABC'$)

[1] 可参阅《毕达哥拉斯定理》(*The Pythagorean Proposition*)一书,作者为伊莱莎·S.卢米斯(Elisha S. Loomis),该书介绍了 370 种毕达哥拉斯定理的证明方法,首次出版于 1940 年,并于 1968 年由美国数学教师委员会再版。

[2] 相似多边形对应边的比为相似比。

的面积。正如我们此前提到的,任意相似多边形的面积比等于其对应边的平方的比,因此,$(AC)^2+(BC)^2=(AB)^2$,这就是毕达哥拉斯定理,所以我们成功验证了!

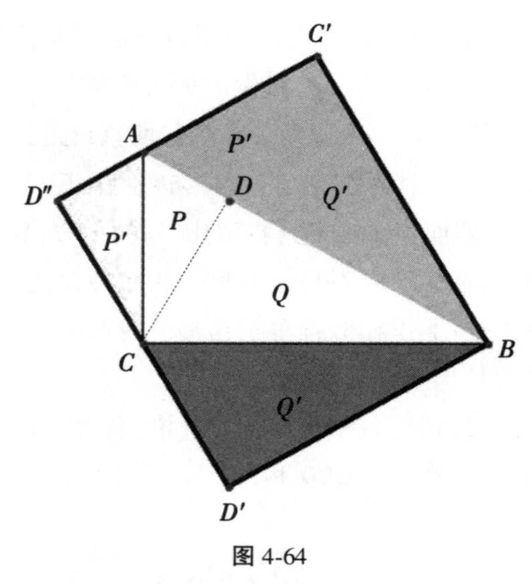

图 4-64

二等分角和三等分角

圆内接四边形是指能内接于一个圆内的四边形[1],当我们平分圆内接四边形的每个角时会出现非常惊人的结果。如图 4-65 中所示,如果我们将圆内接四边形 $ABCD$ 的每个角平分,并标记角平分线与圆的相交点,这些相交点总会构成一个矩形 $EFGH$。想象一下这有多神奇,不管圆内接四边形是什么形状,

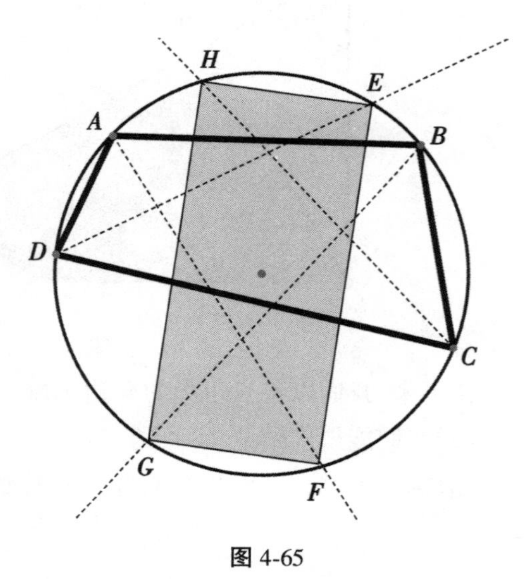

图 4-65

[1] 对于能内接于一个圆内的四边形,它的四个顶点均在同一圆上。请记住,所有三角形都能内接于一个圆中,但并非所有四边形都能内接于一个圆中,除非是圆内接四边形。

这四个角平分线与外接圆的相交点总能确定一个矩形。

我们预料到有人会问:“在哪些情况下,矩形 $EFGH$ 会变成正方形?”虽然这个问题的答案不完全是凭直觉获知的,但确实能令人满意。当圆内接四边形的对角线互相垂直时,上述矩形就会成为正方形,如图 4-66 所示。

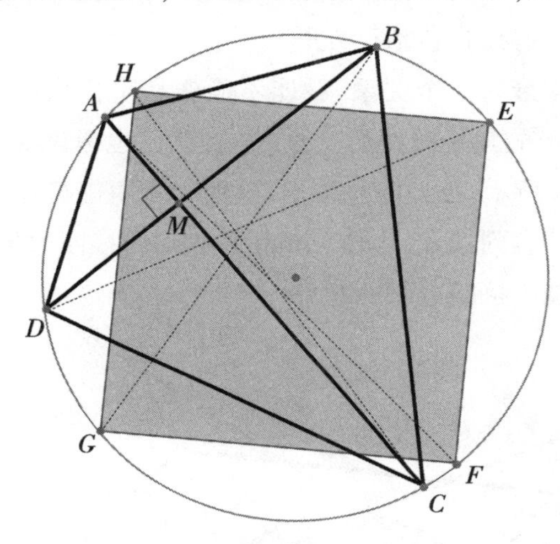

图 4-66

在几何学中,对关系的探索似乎永远没有尽头。在这个图中(见图 4-67),如果我们关注一下角平分线的四个交点,我们又能发现另一个令人惊叹、出人意料的关系。角平分线的这四个交点均在同一圆上。我们将其称为“**共圆点**”,当然我们也知道这四个点确定一个圆内接四边形。

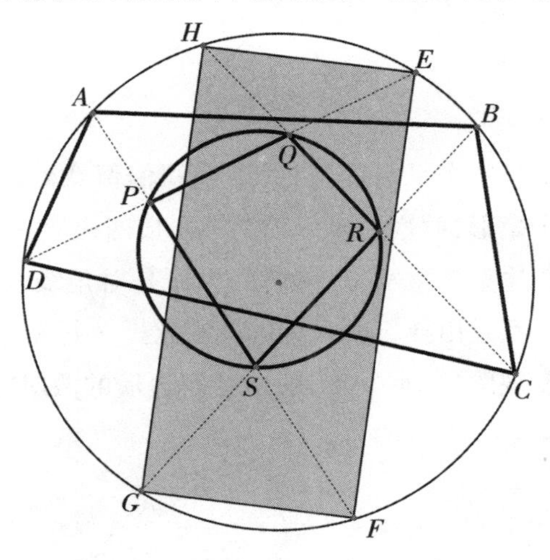

图 4-67

请不要将这个意料之中的结果认为理所当然，因为和不共线[1]的三点总能确定一个圆的性质不同，四点不一定总会存在这样的关系。当四点均在同一圆上时，则是值得关注的特殊情况。例如，如果四点是非矩形平行四边形的顶点，那么这四点不会共圆。或者换个说法，能内接于同一圆的平行四边形只有矩形（当然，也包括正方形）。

我们深入观察最后这个关系，看能不能概括出什么结论。假设我们现在找出**任意**四边形的角平分线的交点（这次我们也考虑非圆内接四边形的情况）。如图 4-68 所示，我们能总结出，这四个点也能确定一个圆内接四边形。在这里我们留意到，原四边形 *ABCD* 并非圆内接四边形，但它的角平分线却能确定一个圆内接四边形 *PQRS*。

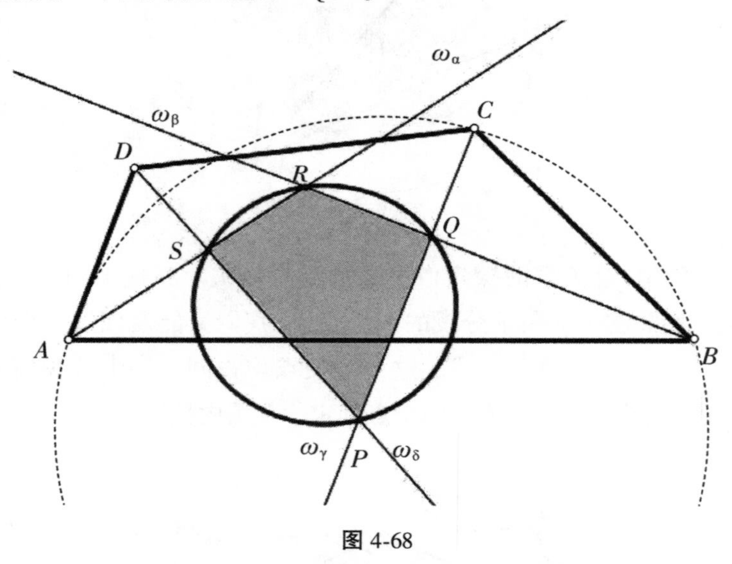

图 4-68

如果原四边形是一个平行四边形，那么我们留意到（见图 4-69）角平分线交点能确定一个矩形，而矩形永远都是圆内接四边形[2]。

关于圆内接四边形的事实，最著名的大概是对角线长度和边长的关系。这个非比寻常的关系是由亚历山大城的克罗狄斯·托勒密（约 83—161[3]，常以托勒密代称发现的）。他发现，圆内接四边形的两对对边长度乘积之和

[1] 指不在同一直线上的三点。

[2] 圆内接四边形的对角总是互补（即对角之和为 180°）。因此，矩形永远都是圆内接四边形。

[3] 有的资料显示是约 90—168。——译者注

等于两条对角线长度的乘积。在图 4-70 中,托勒密发现的关系可以表示为:$AB \cdot CD + AD \cdot BC = AC \cdot BD$。

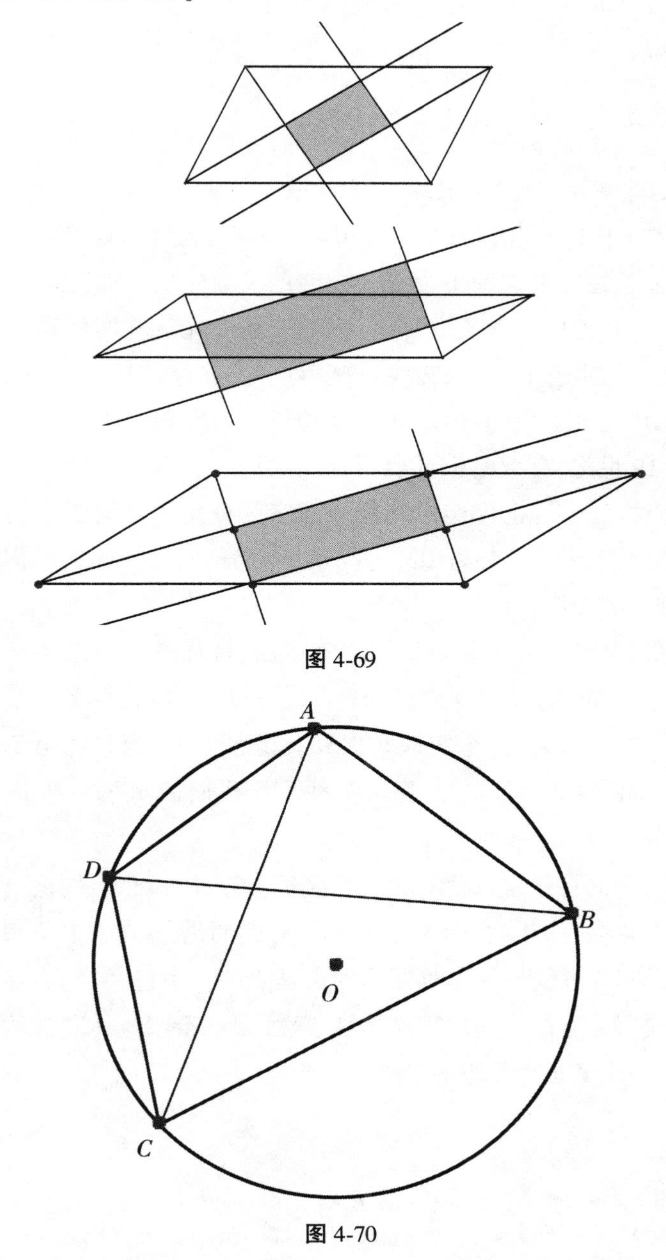

图 4-69

图 4-70

在四边形的领域短暂逗留后,接下来我们将重返三角形的范畴。关于这个无处不在的几何图形,还有很多令人大开眼界的事实等待我们去一探究竟。

莫利三角形

在欧几里得几何学中,其中一条最惊人的定理是由法兰克·莫利[1](1860—1937)于1899年发现的。你可能会好奇,为什么经过了这么多年的几何探索,才最终发现这种不为前人知晓的关系。这个非凡的几何结果涉及三等分角。在古代的漫长岁月中,数学家始终无法证明能使用常规的欧几里得工具(无刻度的直尺和圆规)将任意角三等分。当然,借助其他工具,三等分任意角是可实现的,但欧几里得几何学研究只局限于这两种工具的精确使用。19世纪,有数学家证明不存在仅用这些欧几里得工具将任意角三等分的方法[2]。这也可能对其他涉及三等分角的几何图形的研究构成了阻力。然而,我们当然还可以思考角的三等分问题,实际上我们还能因此发现一个神奇的关系。

这个冠以莫利之名的关系是这样陈述的:将任意三角形的三个内角三等分,靠近某边的两条三分角线相交得到一个交点,则这样的三个交点可以构成一个等边三角形。这个定理非常具有说服力,因为它适用于**任何**形状的三角形。如图4-71、图4-72、图4-73所示,我们展示了一些常见形状三角形。

请记住,我们将**任意**三角形的三个内角三等分后,总能构造出一个等边三角形,如图4-71、图4-72、图4-73所示。有趣的是,这个看起来很简单的关系,却是欧几里得几何学中最难证明的定理之一。不过,我们为你展示这个定理,并不是因为它的证明过程极具挑战性,而是希望让你欣赏欧几里得平面几何学中一个真正现象级的事件。

---

[1] 他是作家克里斯托弗·莫利(Christopher Morley ,1890—1957)的父亲。

[2] 由法国数学家皮埃尔·洛朗·旺策尔(Pierre Laurent Wantzel,1814—1884)首次证明,参阅"Recherches sur les moyens de reconnaître si un Problème de Géométrie peut se résoudre avec la règle et le compas," *Journal de Mathématiques Pures et Appliquées* 1, no. 2 (1837): 566-572.

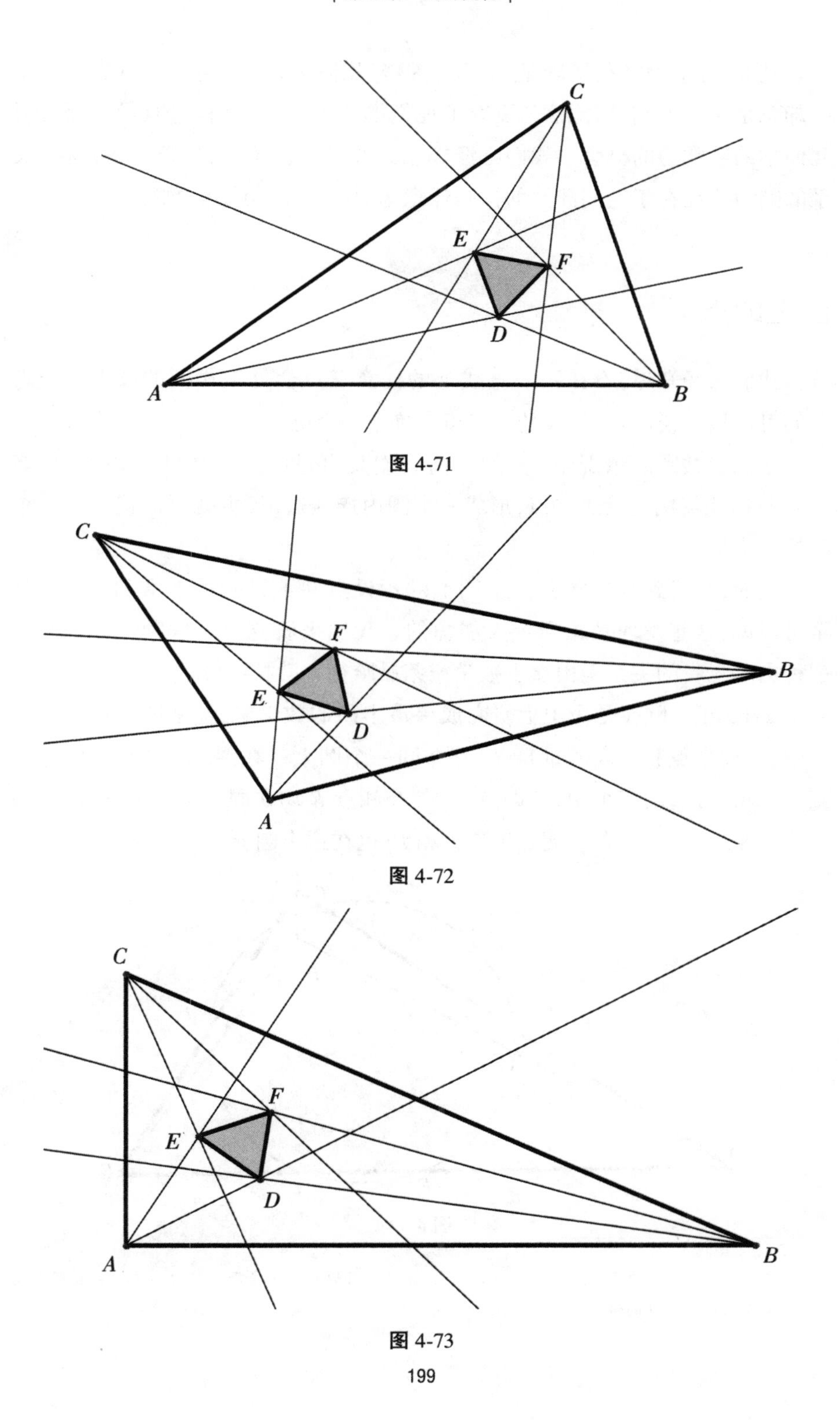

图 4-71

图 4-72

图 4-73

到此,你应该能很清晰地认识到,很多几何关系美妙有趣,但是高中学生却总是接触不到,因此这就剥夺了他们继续丰富对几何学的认知、提升对几何学的鉴赏力的机会。我们已经接触到许多几何关系,但请记得,这些关系的魅力往往在于它们涉及的都是任意选取的三角形或四边形。

圆上的点

我们已经知道,不在同一直线上的任意三点会处于相同的圆上。或者我们可以换个说法:不共线的三点可以确定一个圆。

在四点共圆的情况下(例如此前我们观察过的某些特殊四边形,如矩形),我们能依次连接这些点,形成一个**圆内接**四边形,也就是内接于同一个圆的四边形。

然而,要找到其他同在一个圆上的预设点并不是稀松平常的事——甚至可以说,这些发现是相当令人震惊的。我们来研究一下这种情况。其中一种出乎意料的关系是由瑞士数学家莱昂哈德·欧拉(1707—1783)首次发表于1765年。欧拉是历史上研究成果最丰硕的数学家,他证明了任意三角形中,三边中点和三高的垂足[1]都在同一个圆上。在图4-74中,我们能看到,$\triangle ABC$各边的三个中点,即点D,点E和点F均在同一个圆上,同时三条高线(AK、BT和CL)的垂足(点K、T和L)也在这个圆上。

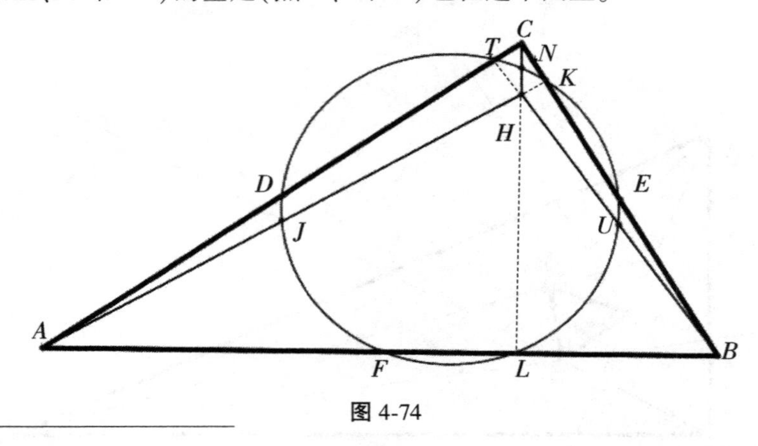

图4-74

[1] 高的垂足是指三角形的高线与对边的交点,此时此对边称为三角形的底边。可以存在两个垂足在三角形外部的情况。

如果说这还不足为奇的话,不妨再看看以下的发现。1820 年,其他三点也被证明均在上述的同一个圆上——法国数学家查尔斯-朱利昂·布里昂雄(1783—1864)和让-维克托·彭赛列(1788—1867)在一篇期刊文章中证明各顶点与垂心[1]连线的中点(即图 4-74、图 4-75 中的点 J、点 U 和点 N)均在同一个圆上。与同一个三角形相关的九点全都在同一个圆上,这真是令人叹为观止!所以这个圆被称为三角形的**九点圆**。德国数学家及数学教师卡尔·威廉·费尔巴哈(1800—1834)在这个圆上发现了另外四个点。因此,我们也把这个圆称为**费尔巴哈圆**。费尔巴哈圆与三角形的内切圆、三个旁切圆均相切(旁切圆指与原三角形的三边相切的圆)。

但关于这个圆的奥秘还没结束,还有很多其他神奇的事实掩藏其中。

假设我们考虑一下与三角形外接的圆——有时称之为三角形的**外接圆**。我们知道,每个三角形只有唯一一个外接圆。我们把目光放在外接圆圆心与垂心的连线上,即图 4-75 中的 HO。这条线我们通常被称为欧拉线。找到线段 HO 的中点 M,这个点就是九点圆的圆心(见图 4-76)。

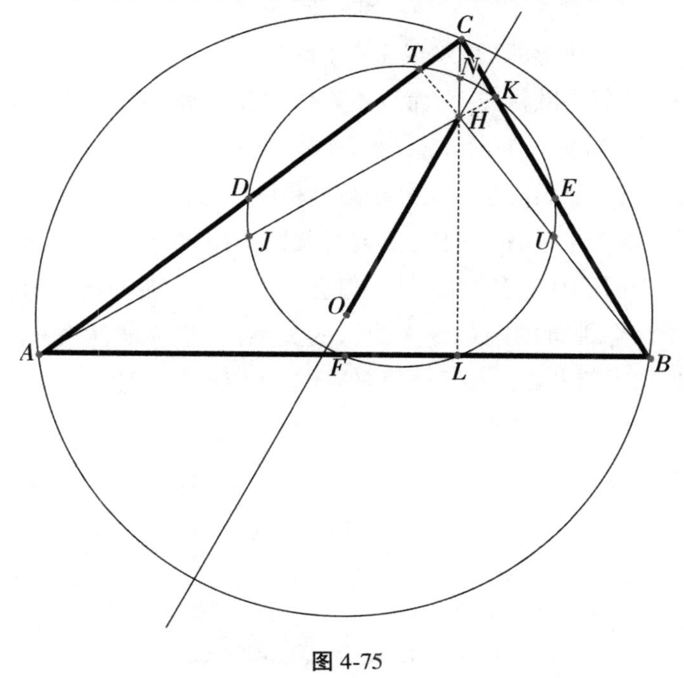

图 4-75

[1] 垂心是指三角形的三条高线的交点。

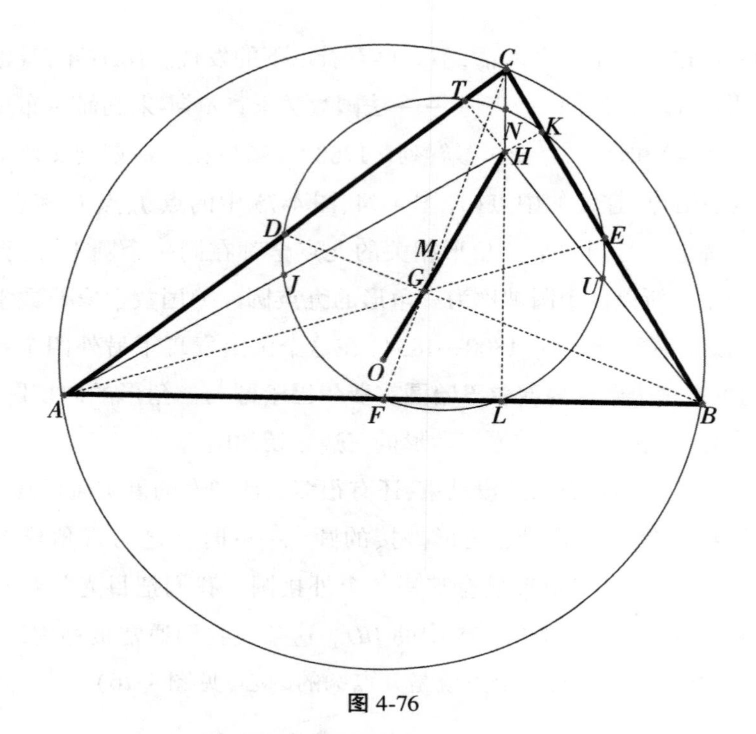

图 4-76

回忆一下,三角形的形心(或重心)是三角形的三条中线的交点。奇怪的是,形心也恰好在欧拉线上,而且正好落在欧拉线 HO 的三等分点上。在图 4-76 中,形心被标记为点 G。

更巧的是,九点圆的半径是外接圆半径的二分之一。也就是说,在图 4-77 中,JM(九点圆半径)的长度是 AO(外接圆半径)长度的二分之一。

关于九点圆还有很多关系属性,但会有点复杂。我们摘录的上述示例,展示了关于这个神奇的圆最令人惊叹的关系,希望你能体会到个中魅力。如果你希望探索与九点圆相关的更多属性,我们推荐阅读《高级欧几里得几何学》[1]一书。

[1] 参阅:A. S. Posamentier, Advanced Euclidean Geometry (Hoboken, NJ: John Wiley and Sons, 2002). 还可参阅:H. S. M. Coxeter and S. L. Greitzer, *Geometry Revisited*, New Mathematical Library 19 (Washington, DC: Mathematical Association of America, 1967).

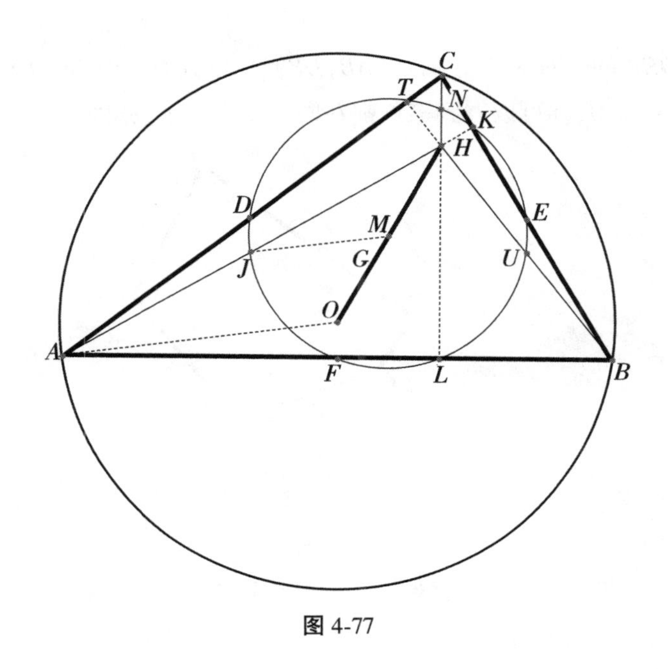

图 4-77

对偶

几何学中的许多命题都涉及点与线的关系。如果我们将这些关键词互换，就能发现一些新的几何关系。例如，把命题中的“点”替换为“线”、“线”替换为“点”，我们能得出原命题的**对偶**命题（有时候需要稍作调整，才能使命题有意义）。例如，我们都知道“两点确定一条直线”，那么这个命题的对偶命题可以是“两条（非平行且在同一平面的）线确定一个点”。

对偶命题的例子还有：

- 每一个**点**上可有无数多条**线**经过。
- 每一条**线**上可有无数多个**点**。

这种对偶原则是由查尔斯-朱利昂·布里昂雄（1783—1864）提出的，他将这个原则运用在法国数学家布莱士·帕斯卡（1623—1662）发现的定理上。我们将分别研究这两个令人惊叹的关系，既因为这两个关系自身的优美，也是为了体验对偶概念的巧妙应用。

帕斯卡发现了以下的关系：**如果一个没有平行对边的六边形内接于一个圆中，则它的三对对边（延长线）的交点在同一条直线上。**在图 4-78 中，六

边形 $ABCDEF$ 的三对对边分别是(AB,DE),(AF,CD)和(BC,EF),对边相交于点 L、N 和 M,你可以看到三点都在同一条直线上,亦即所谓的"**共线**"。

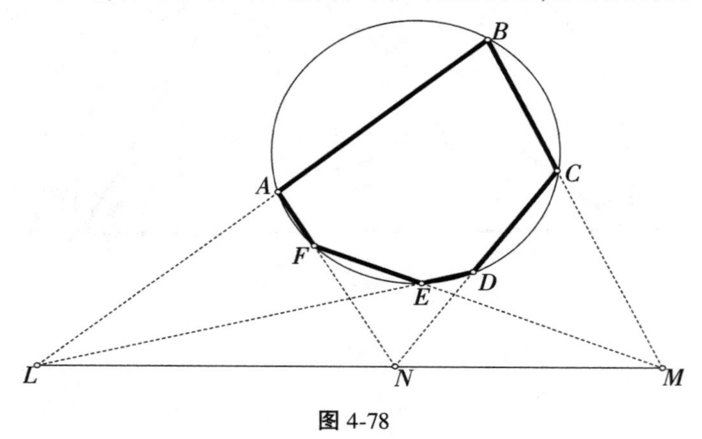

图 4-78

我们对帕斯卡发现的关系做一个比较"疯狂"的延伸,我们将点 A、B、C、D、E、F 作为六边形的各顶点,并重新调整了它们在圆上的位置。如图 4-79 所示,我们还是观察之前定义为"对边"的线,即(AB,DE)(AF,CD)和(BC,EF),然后确定它们的交点为 L、N 和 M,神奇的是,三点还在同一条直线上!也就是说,即使重新调整了圆上的顶点,之前定义为"对边"的线依然能产生共线的交点。这无疑是数学的神奇魅力啊!

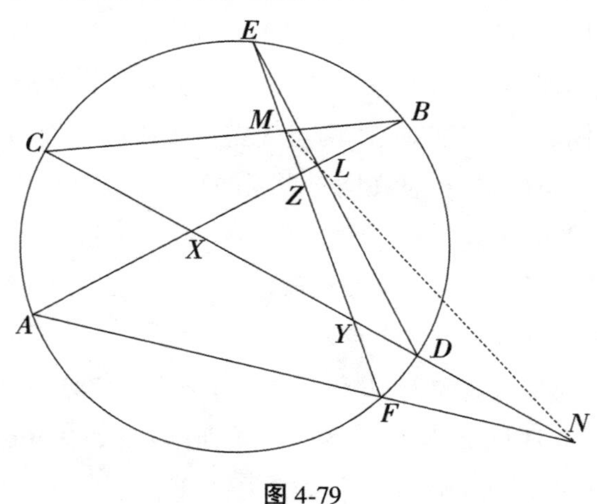

图 4-79

接下来,我们来构建一下帕斯卡定理的对偶命题。

帕斯卡定理	**帕斯卡定理的对偶命题**
内接于一条圆锥曲线[1]的六边形的对边交点是共线的。	外切于一条圆锥曲线的六边形的对顶点连线是共点的。

1806年,当时21岁的查尔斯-朱利昂·布里昂雄还是巴黎综合理工学院的一名学生,他在期刊 *Journal de L École Polytechnique* 上发表了一篇论文,这篇论文成为射影几何学中圆锥曲线研究领域的一篇奠基之作。他的发现是对当时已渐遭遗忘的帕斯卡定理的重述。

布里昂雄定理:**外切于一个圆[2]的任意六边形的三条对角线共点。**

在图4-80中,点 A 和点 D、点 C 和点 F、点 B 和点 E)是三对对顶点。我们也留意到,三条对角线(连接对顶点的线)相交于点 P。

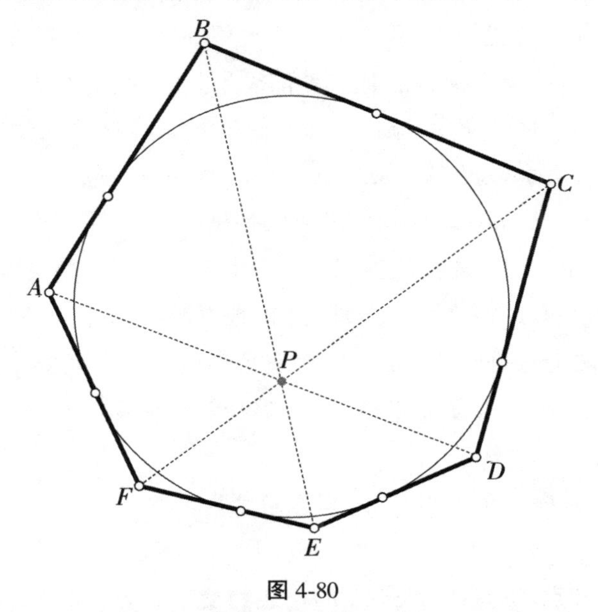

图4-80

对偶的概念将数学上很多概念联系在一起,而且如果不是以这种方式呈现,我们也无法看到如此明显的关联。

[1] 圆锥曲线是用平面切割圆锥而得到的平面图形。圆锥曲线包括圆、椭圆、抛物线和双曲线。

[2] 或者说任意一条圆锥曲线。

笛沙格发现的关系[1]

我们将要展示一个不同寻常的关系,这个关系自带对偶属性。这个关系涉及的是几何图形的实际位置,这与此前介绍过的、仅依赖形状和尺寸的关系不同,而且在前述的例子中,位置(或者说相对位置)在很大程度上不是我们关心的重点。

身为一位举足轻重的数学家,法国数学家吉拉德·笛沙格(1591—1661)在世期间并没有获得应得的敬仰,他直到辞世后才得到推崇。笛沙格没有引起重视和获得尊重,部分原因是当时盛行勒内·笛卡尔(1596—1650)提出的解析几何,也有部分原因是笛沙格在研究中引入了许多较为陌生的新词汇。(顺便提一下,我们尽可能地不在本书引入不必要的术语,确保内容始终易懂可读。我们希望大家了解的是笛沙格的经历。)

1648 年,笛沙格的学生、雕刻大师亚伯拉罕·博斯(约 1604—1676)出版了名为 *Manière universelle de M. des Argues, pour pratiquer la perspective par petitpied comme le géométral* 的作品(现在笛沙格的名字被写作"Desargues"),这本著作直到两个世纪后才得以推广。该书中提及了一个被视为 19 世纪射影几何学领域的基本命题之一的定理,这正是引起我们注意的定理。定理中提及,将任意两个三角形摆放成能使对应顶点的三条连线交于一点的位置。值得注意的是,上述位置确定后,三组对应边(或其延长线)的三个交点共线。

将这个关系展示在图 4-81 中,可以解释为:

设$\triangle A_1B_1C_1$和$\triangle A_2B_2C_2$处于图中所示位置,此时它们的对顶点点A_1和点A_2、点B_1和点B_2、点C_1和点C_2的连线相交于一点,则三组对应边(的延长线)相交,三个交点共线(笛沙格定理)。

在图 4-81 中,线段A_1A_2、B_1B_2和C_1C_2均相交于点 P。因此,根据笛沙格定理,我们可以得出:如果线段B_2C_2和B_1C_1相交于点 A',线段A_2C_2和A_1

[1] 对于文章标题的 relationship 的处理,其实改译为 xxx 定理会更自然,但是文中对定理确实是有另一个专用名词的(theorem),所以此处还是遵循原文的用词。——译者注

C_1 相交于点 B'，以及线段A_2B_2 和A_1B_1 相交于点 C'，则 A'、B'和 C'三点共线。

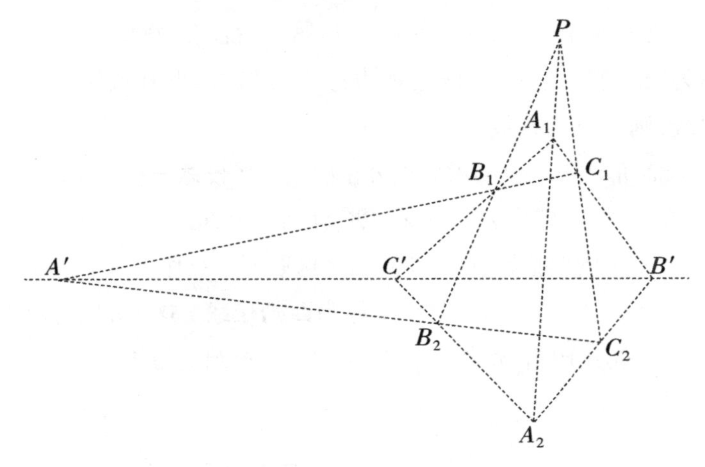

图 4-81

正如前文所述，这个定理自带对偶属性。因此，这个关系的对偶定理也成立，也就是说，设$\triangle A_1B_1C_1$ 和$\triangle A_2B_2C_2$ 处于特定位置，此时三组对应边(的延长线)相交，三个交点 A'，B'和 C'共线（线段B_2C_2 和B_1C_1 相交于点 A'，线段A_2C_2 和A_1C_1 相交于点 B'，以及线段A_2B_2 和A_1B_1 相交于点 C'），则线段A_1A_2、B_1B_2 和C_1C_2 均相交于同一点 P。

这个关系的惊人之处在于，它适用于任何形状的三角形，只要它们所放置的位置能满足共点或共线的相关条件即可。

西姆松(华莱士)发现的关系

以下这个数学概念由威廉·华莱士(1768-1843)首次发表于托马斯·利伯恩(1770—1840)所著的《数学宝库》(*Mathematical Repository*，1799-1800)一书中，但是由于引用上的疏忽，这个概念被认为是著名的欧几里得的《几何原理》英语译者罗伯特·西姆松(1687—1768)提出的，这可谓是数学史上最大的不公正事件之一。

罗伯特·西姆松的几何读本在英国印刷出版了一个多世纪，在 18 世纪、19 世纪非常流行，还成为现今不少国家高中几何课程的基础教材之一。当华莱士提出的概念为人熟知时,该发现却被归功于罗伯特·西姆松。时人认为,一个非解析几何定理不会是笛卡尔提出的,那么除了西姆松以外还有谁能提出来呢？时至今日,这种错误的归属权说法依然大行其道,这个关系也常被称为“西姆松定理”。该定理表述为:过三角形外接圆上任意一点作三边的垂线,则三垂足共线。

如图 4-82 所示,我们从△*ABC* 的外接圆上选择**任意一点**。从该点 *P* 分别作三角形三边的垂线,亦即作 *PX*、*PY* 和 *PZ*,分别与边 *BC*、*AC* 和 *AB* 相交于点 *X*、*Y* 和 *Z*。无论三角形的形状如何、在外接圆上选取哪一点作为点 *P*,*X*、*Y* 和 *Z* 三点总是在同一直线上(即共线)。此线常称为**西姆松线**。这真的是引人瞩目的成果,因为该定理适用于任何形状的三角形,以及外接圆上的任意一点。

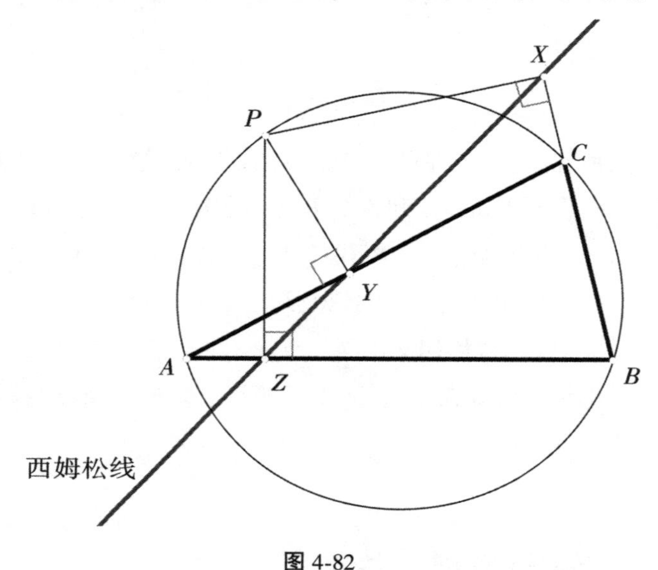

图 4-82

在图 4-83 中,我们能在三角形 *ABC* 中得出由点 *P* 和点 *Q* 确定的两条西姆松线。为了不让图示变得过于杂乱,我们省去了垂线,只保留能确定两条西姆松线的垂足。神奇的事情发生了,两条西姆松线形成的夹角($\angle XTW$)的大小是点 *P* 和点 *Q* 之间夹角($\angle QBP$)的二分之一,亦即 $\angle XTW = \frac{1}{2}\angle QBP$。关于西姆松线还有更多值得探索的关系,我们就留待你来发掘了。

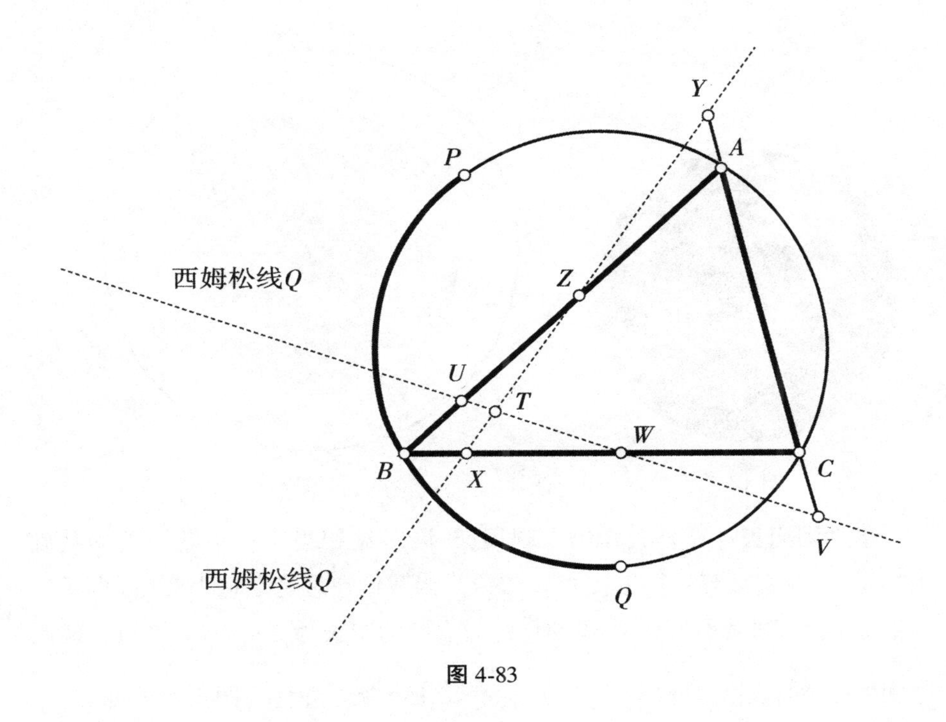

图 4-83

一个几何惊喜

有时候,几何关系完全是不可预期的,甚至令人难以置信的。例如,假设我们用一根 40 000 km 长的绳子紧紧系在地球的赤道上,环绕整个地球(见图 4-84)。现在我们假设给这根长绳延长 1 米,此时绳子不再紧紧系在地球上了。如果我们将这根较松的绳子从赤道上均匀地抬升起来,使绳子各部分与赤道之间的距离相等,那么绳子下能钻过一只老鼠吗?

要研究这种情况,我们先观察图 4-85,我们能看到图中有两个同心圆:绳子与地球。根据问题,我们需要确定这两个圆之间的距离。假设圆的大小未知(见图 4-85)。我们看看能不能就这两个圆之间的距离做出一些归纳性的结论。在不影响一般性的前提下,我们先假设小圆(内圆)无限小,小到其半径(r)和周长(C)长度为 0,这样我们相当于把内圆缩小成一个点。那么此时两圆之间的距离就是大圆的半径(R)。

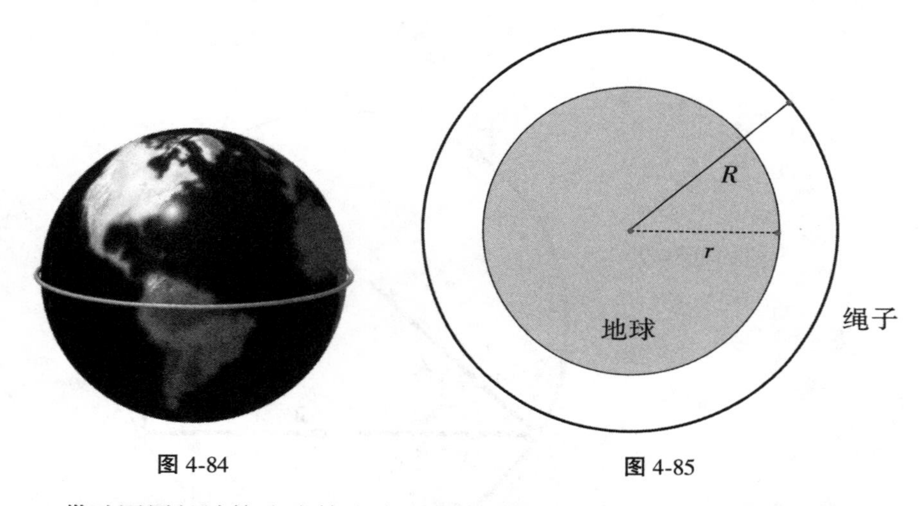

图 4-84　　　　图 4-85

借助圆周长计算公式算出大圆周长,同时这相当于在小圆周长的基础上加 1 米,我们很容易得出:$2\pi R=C+1$。当我们在理论上将小圆(即例子中的地球)缩小到大小为 0($C=0$)时,此时大圆的周长为 $2\pi R=0+1=1$。两圆之间的距离即是大圆的半径,为 $R=\frac{1}{2\pi}=0.159$ 米。即使内圆大小改变,这个结果仍保持不变[1]。因此,我们可以回答,0.159 米(大约 0.52 英尺)的宽度足够一只老鼠轻松地钻在绳子底下。想象一下,只需将环绕地球的绳子延长 1 米,绳子底下就能多出能容纳一只猫的空间!这就证明,即使在几何学中,也不是所有事情都是"直观明显的"(正如我们在本章开头所看到的那样),而且有些几何"事实"会从直觉和视觉上欺骗你。

至此,你应该能很清晰地认识到,哪怕几何学是高中阶段的学习重点,很多几何关系都没有在这一阶段呈现给学生。这可能会剥夺了很多人感受几何学真正魅力的机会。我们在本章中接触过许多几何图形的神奇属性,请记住,我们使用的都是普通的几何图形——通常越是强调这种选择的随机性,就越能呈现出其美的特征。本章即将结束,请将此铭记于心:几何学的方方面面都渗透着众多迷人的关系,这是一片完全开放、供你尽情探索的领域!

---

[1] 关于这个结论的证明及更多信息,请参阅:"A Rope around the Equator" and "A Rope around the Regular Polygons," in A. S. Posamentier and I. Lehmann, π: *A Biography of the World's Most Mysterious Number* (Amherst, NY: Prometheus Books, 2004).

第五章
数学小知识:奇妙却真实

在我们的日常生活中,我们经常会计算事件发生的概率。很多时候,结果是可预测的。比如,如果我们抛 100 次硬币,预计会出现 50 次正面、50 次反面,或者说至少结果不会差得太多。如果从 52 张扑克牌中随机抽出 12 张,预计有四分之一(即 3 张)是黑桃,或者至少相差无几。但是,有些概率是有违我们的直觉的。我们将在本章中研究这些令人诧异、出乎意料的情况,当中很多看似普通平常的事件往往会出现与直觉相悖的结果。如果你一开始因质疑自己的直觉而感到沮丧,我们希望这种失落感最终会被恍然大悟的喜悦感所取代。

生日匹配

首先我们将呈现一个在数学中令人最为震惊的结果,相信这个例子能让不了解数学的人感受到概率的“威力”。带来乐趣之余,我们还可能会打乱你的直觉。

假设你与大概 35 个人在同一个房间里。如果只考虑月份和日期,你觉得房间里至少有两人在同一天生日的概率有多大?出于直觉,人们通常会开始思考在一年 365 天中(假设没有闰年),两人生日在同一天的概率。如果将这个思考过程转换成数学语言,则概率为$\frac{2}{365}=0.005\ 479\approx\frac{1}{2}\%$,可能性微乎其微。

我们将前35任美国总统假定为这个“随机”选择的群体,因为这个人数规模可以代表一个学生人数较多的班级。你可能会很惊讶地发现竟然有两人生日相同:第11任总统詹姆斯·K.波尔克和第29任总统沃伦·G.哈定在同一天生日,前者出生于1795年11月2日,后者出生于1865年11月2日。

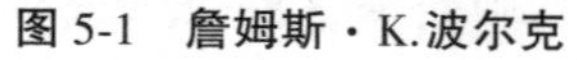

图5-1 詹姆斯·K.波尔克

图5-2 沃伦·G.哈定

在一个35人的群体里,至少有两个人生日相同的概率要大于80%,这一事实可能会让你大吃一惊吧。

如果你有机会,你也可以开展自己的实验:选择10组实验对象,每组约35人,并比对每人的生日,看是否出现匹配。你应该会发现,在10组人中大约有8组出现了至少两人生日相同的情况。如果每组人数改为30人,则在10组人中会出现两人生日相同的概率大于70%;或者说所有10个房间里会有7个房间出现两人生日相同的情况。是什么原因导致这种不可思议、意想不到的结果?这是真的吗?这似乎违背了我们的直觉。

明明有365种[1]可能的生日日期,为什么出现两人生日相同的概率会这么高?不妨再仔细思考一下这个情况,我们会慢慢分析整个推理过程,最终你会心悦诚服地承认这是真实的概率数据。假设一个班上有35个学生。你觉得对于第一个被选中的学生,他与自己的生日相同的概率是多少?当

[1] 实际上有366种可能,但为了方便讲解,同时简化计算,我们暂不考虑生日是2月29日的概率情况。

然是**必然**，或者说概率为 1，因为第一个人能从 365 天中挑选自己的生日，也就是有 365 种可能性。

我们可以将这个概率写为$\frac{365}{365}$。

第二个学生与第一个学生的生日**不**匹配（即生日日期不相同）的概率是$\frac{365-1}{365}=\frac{364}{365}$。

第三个学生与前两个学生的生日都**不**匹配的概率是$\frac{365-2}{365}=\frac{363}{365}$。

全部 35 个学生生日都不相同的概率为上述所有概率的乘积：$p=\frac{365}{365}\cdot\frac{365-1}{365}\cdot\frac{365-2}{365}\cdot\dots\cdot\frac{365-34}{365}$。

因为同一组中至少**有**两个学生生日相同的概率（q）和同一组中**没有**学生生日相同的概率（p）构成了必然（亦即没有其他可能性），所以这两种概率的和肯定是 1，也就代表了必然。

因此 $p+q=1$，所以 $q=1-p$。

在这种情况下，把 p 代入，得出：$q=1-\frac{365}{365}\cdot\frac{365-1}{365}\cdot\frac{365-2}{365}\cdot\dots\cdot\frac{365-34}{365}\approx 0.8143832388747152$

也就是说，在一个随机挑选的 35 人群组中，至少有两个人生日相同的概率大于$\frac{8}{10}$。考虑到会有 365 个日期可供选择，这个概率结果乍一看很不可思议。愿意继续探索的读者可以深入研究下概率函数的性质。以下的列表展示了其他数值，供你参考：

同一组中的人数	出现生日匹配的概率	出现生日匹配的概率（百分比）
10	0.1169481777110776	11.69 %
15	0.2529013197636863	25.29 %
20	0.4114383835805799	41.14 %
25	0.5686997039694639	56.87 %

续表

同一组中的人数	出现生日匹配的概率	出现生日匹配的概率(百分比)
30	0.7063162427192686	70.63 %
35	0.8143832388747152	81.44 %
40	0.891231809817949	89.12 %
45	0.9409758994657749	94.10 %
50	0.9703735795779884	97.04 %
55	0.9862622888164461	98.63 %
60	0.994122660865348	99.41 %
65	0.9976831073124921	99.77 %
70	0.9991595759651571	99.92 %

我们可以从表中留意到,随着组内人数的增多,很快就出现了几乎必然的状态。如果一个房间里有大约 60 个学生,那么根据表中的数据,几乎必然(99%)会出现两个学生生日相同的情况。

如果考虑的是前 35 任总统的忌日,那么我们能留意到,其中两位的忌日是 3 月 8 日——米勒德·菲尔莫尔于 1874 年离世,威廉·H.塔夫脱于 1930 年离世;其中三位的忌日是 7 月 4 日——约翰·亚当斯和托马斯·杰斐逊均于 1826 年离世,詹姆斯·门罗于 1831 年离世。看来忌日有可能是一个不那么随机的事件?

从上述的表格中我们看到,在一个 30 人的群组中,至少出现两个人生日相同的概率大约是 70.63%。但是,如果我们将场景设定变换一下,假设你走进一个有 30 人的房间,那么可以判定房间里有人和你生日相同的概率大概是 7.9%,可见概率明显变小了,因为这种情形下我们要找到的是某一个特定的生日日期,而不只是任一生日日期的匹配。

我们来看看这个概率是怎么计算出来的。我们先确定没有人和你的生日日期匹配的概率,然后再用 1 减去这个概率,即可得出结果。

$$p_{\text{没有人和你生日相同}} = \left(\frac{364}{365}\right)^{30}$$

那么有人和你生日相同[1]的概率则是：

$$q = 1 - p_{没有人和你生日相同} = 1 - \left(\frac{364}{365}\right)^{30} \approx 0.0790085980895507 69$$

还有一个可能更令你惊讶的事实：如果同一个房间里有随机挑选的200人，那么这个房间中至少两人同年同月同日生的概率大约是50%！

最重要的是，我们希望通过展示这个令人惊奇的示例，扩宽大家的眼界，让你们认识到过度依赖直觉是不明智的。

预测硬币的正反面

接下来这个小单元比较简短，我们将为你展示，如何利用最基础的代数知识进行机智的推理，帮助你解决一些看起来"难到无法想象"的问题。

思考以下问题。

你身处一个黑暗的房间，坐在一张桌子前。桌上有12枚硬币，其中5枚正面朝上，7枚反面朝上。（你知道硬币的位置，所以你可以移动或翻转任何硬币，但因为房间里太暗，你不知道你摸到的硬币最初是正面朝上还是反面朝上。）你需要将硬币分成两堆（可能需要翻转其中一些硬币），使得当灯亮起后，每堆硬币中正面朝上的硬币数量相等。

你的第一反应可能是："你在逗我吗！"怎么会有人能在看不见硬币正反面的情况下完成这个任务？在这里，只要巧妙运用一些非常简单的代数知识，问题就能迎刃而解。

我们直奔主题吧。（你也可以试着用12枚硬币亲自实践一下）。将硬币分成两堆，一堆5枚，一堆7枚。然后将数量较少的那堆硬币全部翻转过来。现在两堆硬币中正面朝上的硬币数量就相等了！就是这样，非常简单！

---

[1] 30人里没有人和你生日相同。这句话，我个人觉得此处原文有误，因为p"没有人和你生日相同"的概率，而$q=1-p$应是"有人和你生日相同"的概率。所以直接在译文中更正了。——译者注

你可能会想，这是魔法吧，这是怎么发生的？这时候就需要引入代数知识，帮我们弄清楚其中的来龙去脉。

我们假设，你在黑暗房间中将硬币分成两堆，7 枚硬币的那堆中有 h 枚硬币正面朝上。而另一边，5 枚硬币的这堆中有 $5-h$ 枚硬币正面朝上。要得出 5 枚硬币堆中反面朝上的硬币数量，我们可以用这枚硬币堆的硬币数量减去正面朝上的硬币数量，亦即：$5-(5-h)=h$。

5 枚硬币堆	7 枚硬币堆
$5-h$ 个正面 $5-(5-h)$ 个反面 $=h$ 个反面	h 个正面

当你把数量较少的那堆硬币（5 枚硬币堆）全部翻转过来时，此时原本 $5-h$ 个正面朝上的硬币成了反面朝上，而 h 个反面朝上的硬币成了正面朝上。现在每堆硬币中都包含 h 个正面朝上的硬币了！

将数量较少的那堆硬币翻转过来后

5 枚硬币堆	7 枚硬币堆
$5-h$ 个反面 h 个正面	h 个正面

这个结果确实让人大吃一惊，从这个例子中你能学到，如何利用最简单的代数知识来解释一个非常复杂的推理问题。

几何学中的概率

以下这个概率例子似乎非常具有误导性，我们希望它不会打乱你正常的思维模式。假设有两个同心圆，小圆的半径是大圆半径的一半，如图 5-3 所示。

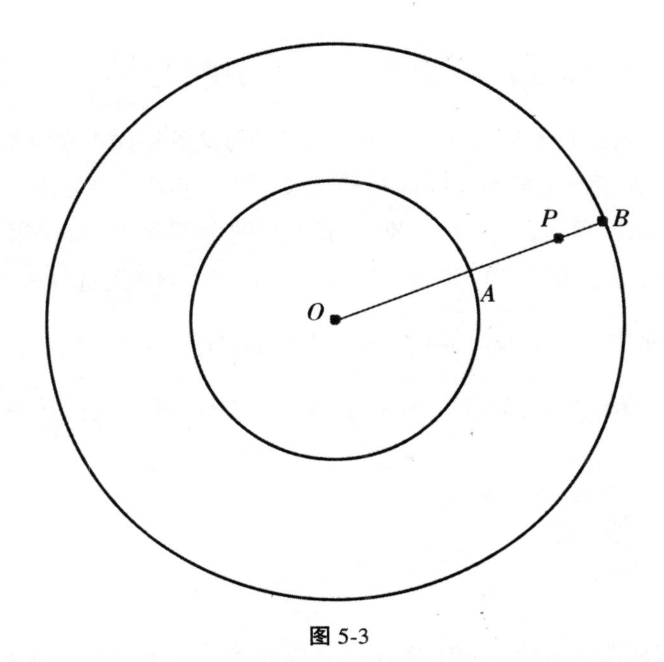

图 5-3

如果**在大圆里选**一个点，该点同时在小圆里的**概率是多少**？

经典（且正确）的答案是$\frac{1}{4}$。

我们知道小圆的面积是大圆面积的$\frac{1}{4}$：

$$r_{小圆}=\frac{1}{2}R_{大圆}\text{且}S_{大圆}=\pi R_{大圆}{}^{2}\text{且}S_{小圆}=\pi r_{小圆}{}^{2}$$

$$=\pi\left(\frac{1}{2}R_{大圆}\right)^{2}=\frac{1}{4}\pi(R_{大圆})^{2}$$

$$=\frac{1}{4}S_{大圆}$$

因此，如果在大圆里随意选一个点，该点同时在小圆里的概率是$\frac{1}{4}$。

但是，有人会从不同的角度思考这个问题。随机选择的点 P 必然落在大圆的某条半径上，比如 OAB，其中 A 是中点。在线段 OAB 上，点 P 落在 OA 段（即在小圆里）的概率是$\frac{1}{2}$，因为 $OA=\frac{1}{2}OB$。如果我们考虑的是大圆里的任意一点,那么就能推出该点同时在小圆里的概率是$\frac{1}{2}$。这种算法当然是**错误**的,尽管它看起来逻辑自洽。所以第二种算法的错误出在哪里?

“错误”在于两个样本空间的初始定义不同,即实验中可能结果的集合有差异。在第一种解法中,样本空间是大圆的全部面积,而在第二种解法中,样本空间是 OAB 上点的集合。很显然,如果在 OAB 上选择一点,则点落在 OA 上的概率是$\frac{1}{2}$。但这是两个完全不同的问题,尽管它们看上去是一样的。第二种“解法”对于问题本身并不具有代表性,因为点是从**整个**圆里随机选择的。

拼出正方形

我们的常规思维经常会引导我们寻找舒服的解决方案。这时“打破常规思维”的声音就会在耳边萦绕,让我们意识到必须放弃常规的思考模式。以下这个示例中,我们会从一个稍有不同的几何学角度去思考。最后的结果可能会让你大吃一惊。

假设你有 5 个全等直角三角形,其中一条直角边的长度是另一条直角边长度的两倍(见图 5-4)。你只能在其中一个直角三角形上剪一刀,使得 5 个直角三角形能拼成一个正方形。在看答案之前,你不妨自己先尝试一下。

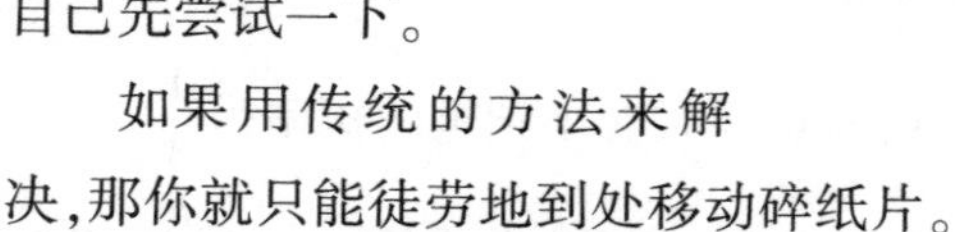

图 5-4

如果用传统的方法来解决,那你就只能徒劳地到处移动碎纸片。

然而,如果我们将其中一个直角三角形沿着较长直角边的垂直平分线剪开(见图 5-5),然后将它按照图 5-6 所示的位置摆放,就能按要求拼出一个正方形。

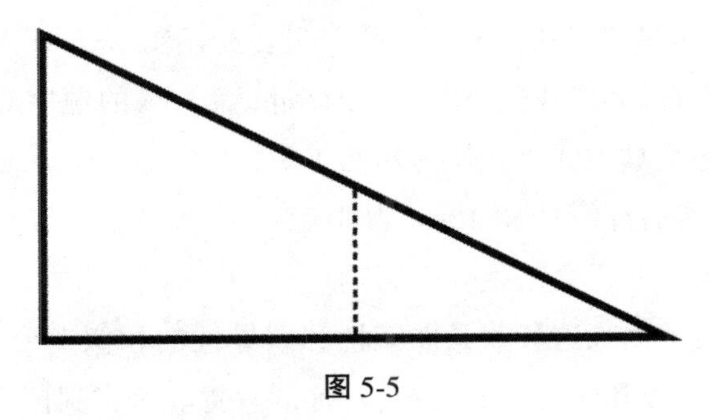

图 5-5

请留意，裁剪后的三角形的两个锐角互为余角（即两角之和是 90°），所以它们能拼成一个直角。同时，裁剪斜边后形成的两角互补（即两角之和是 180°），这样才能拼出最后的正方形。

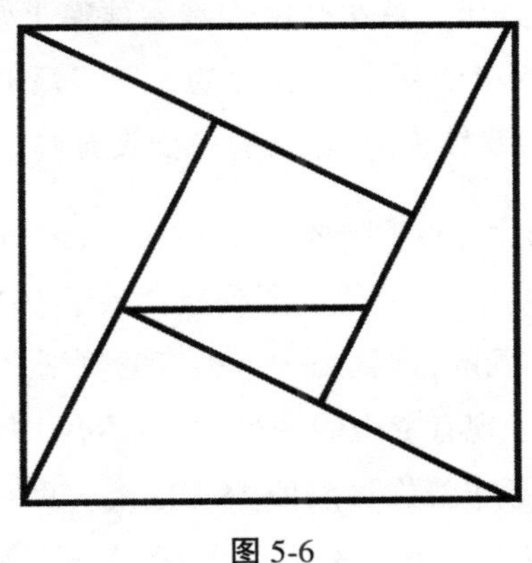

图 5-6

无用的增长

假设你现在的工作加薪 10%，但因为行业不景气，你的老板迫于无奈只能又给你降薪 10%。此时你的工资还和原来的工资相同吗？答案竟然是非常明确的“不”！

这个小故事很令人困惑，因为加薪和降薪的幅度都是一样的，按理说你应该还是会降回原来的工资。这是一个出于直觉的判断，但却是错误的。你可以选择一个具体的数额，尝试跟着上述描述计算一遍，就能找到说服自己的理由了。

我们假设初始工资是 100 美元。加薪 10%后得出工资为 110 美元，然后再降薪 10%，得出最终工资为 99 美元，可见比初始工资还少了 1 美元。

你可能会好奇，如果我们将加薪 10%和降薪 10%的顺序对调，结果会不会产生变化。还是拿 100 美元作为初始工资，我们先计算降薪 10%，得出工资为 90 美元。然后计算加薪 10%，得出工资为 99 美元，和上述结果一致。因此加减薪的顺序并不会产生什么影响。

赌徒可能也会面临这种兼具欺骗性和误导性的相似情形。思考一下以下的情境，你也可以和朋友一起模拟，看你的直觉能否得到证实。

> **你获得了一个玩游戏的机会。游戏规则很简单。有 100 张卡牌，全都牌面朝下，其中 55 张写着“赢”，45 张写着“输”。你的启动资金是 10 000 美元。每次翻牌你都需要赌上全部资金的一半，而你输赢的结果取决于所翻卡牌上的文字。所有卡牌翻完后，游戏结束。那么在游戏结束时，你会有多少资金？**

此处适用的规律与上一个例子相似。很明显，你赢的次数比你输的次数多 10 次，所以看起来你最后剩余的资金貌似会多于 10 000 美元。但是，最显而易见的反而不总是正确的，这就是一个很好的例子。假设你翻的第一张牌子是“赢”，这时你赢得了现有资金的一半，亦即共有 15 000 美元；再假设你在第二次翻牌时输了，这意味着你将赔掉 15 000 美元的一半，所以现在你剩下 7 500美元。如果你先输了一次，又赢了一次，那你也会只剩下7 500美元，因为你的资金先是从 10 000 美元减少至 5 000 美元，然后在此基础上增加了 2 500 美元。我们总结一下，你每输赢一个轮回，就会输掉原来资金的 1/4。正常游戏中，你会经历 45 次输赢的轮回，然后再赢上 10 次。因此，你最后剩下的资金为 $\$10\,000\left(\frac{3}{4}\right)^{45}\left(\frac{3}{2}\right)^{10}=\$10\,000\cdot(0.000\,137\,616\cdots)$。也就是说，结束时你只剩 1.38 美元。意不意外？

源自电视节目“我们来做个交易”的蒙提霍尔问题

“我们来做个交易”是一档老牌电视游戏节目，其中展示了一个问题情境：主持人随机从观众席中抽一位观众上台，并向这位观众展示三扇关闭的门。其中两扇门背后藏有驴子，而另外一扇门背后则是一辆汽车，观众需要猜出汽车在哪扇门后面。在观众开门之前，会有一段小插曲：主持人蒙提·霍尔事前知道哪扇门背后藏有汽车，当参加游戏的观众选中一扇门后，主持人会开启剩下两扇门的其中一扇，露出其中一头驴（此时仍剩两扇门未开启），主持人其后会问参赛者是坚持原来的选择，还是改变主意选择另一扇未开启的门。这时，为了营造悬念，在场的观众会争相喊出“别换”或“换吧”，两方呼声似乎势均力敌。那这时该怎么办？换不换门会有影响吗？如果会产生影响，获胜概率更大的策略是什么呢？

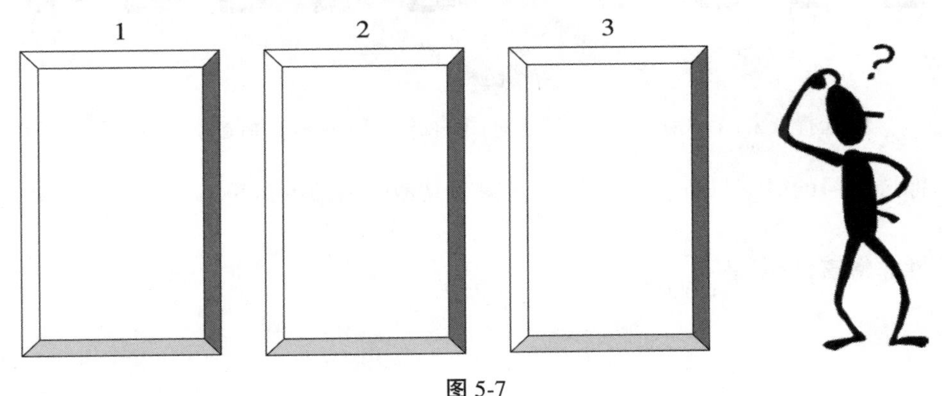

图 5-7

我们一点点地梳理这个问题，结果便会逐渐变得明晰。三扇门后分别有两头驴和一辆汽车。你肯定是想要汽车的。假设你选了 3 号门，此时蒙提·霍尔打开你**没有**选择的两扇门中的其中一扇，露出一头驴。

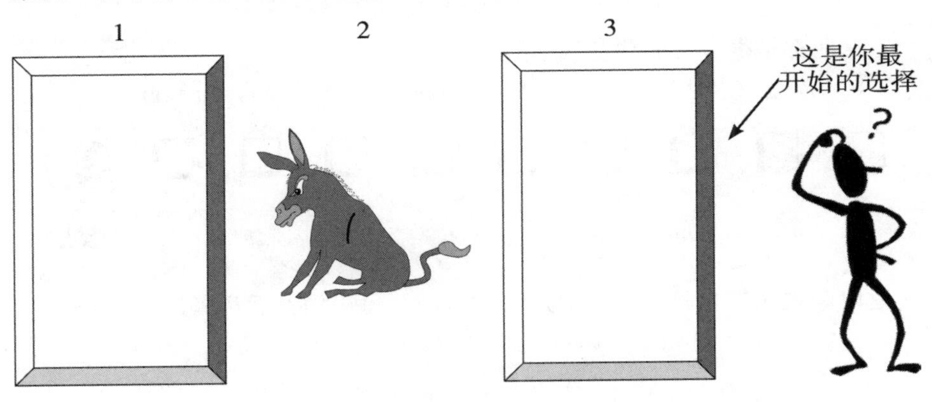

图 5-8

这时蒙提会问你:“你是坚持原来的选择,还是想换到另一扇未打开的门?”

这样一问,所有的困惑和争议便接踵而至。为了帮助你做出决定,不妨考虑下这种**极端情况**:

假设你面对的是 1 000 扇门,而不只是三扇门。

1　2　3　4　…　998　998　999　1 000

图 5-9

你选择了第 1 000 号门。你选对门的概率有多大?**可能性非常低**,因为你选对门的概率只有$\frac{1}{1\ 000}$。那汽车藏在其他门后面的概率有多大呢?**可能性非常高**,概率是$\frac{999}{1\ 000}$。

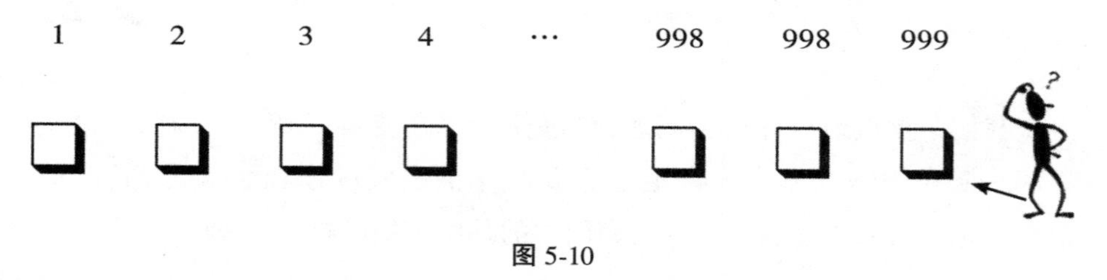

图 5-10

这些都是**很有可能**藏有汽车的门!

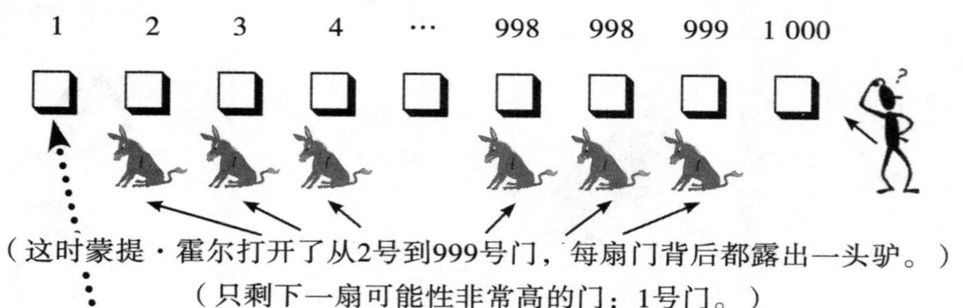

图 5-11

现在我们已经准备好回答最开始的问题了：哪个才是更佳的选择？

- 是 1 000 号门（**可能性非常低**的门）
- 还是 1 号门（**可能性非常高**的门）？

答案就不言而喻了。我们应该选择**可能性非常高**的门，也就是说，对参加游戏的观众而言，“换门”是更好的策略。

相比于分析只有三扇门的情况，借助极端案例，我们更容易找到最佳策略。两种情况下适用的原则都是相同的。

这个问题曾引发学术圈的广泛争论，甚至见诸《纽约时报》和其他主流出版物。约翰·蒂尔尼在 1991 年 7 月 21 日周日出版的《纽约时报》中评论道：“也许这只是一种幻觉，但是是时候给这场辩论画上句号了——数学家们、《大观杂志》的读者们、电视游戏节目‘我们来做个交易’的粉丝们，你们的争论似乎已经有了定论。玛丽莲·沃斯·莎凡特于 1990 年 9 月 9 日在《大观杂志》上刊出了那个谜题，并因此掀起了一阵舆论热议。沃斯·莎凡特小姐在该周刊中开设了‘问问玛丽莲’的专栏，专门回答读者的提问，虽然她是吉尼斯世界纪录所认定拥有最高智商的人类及女性，但在她回答完读者的这个问题后，即使有吉尼斯的背书也未能让她说服大众。”她给出的答案是正确的，但是却遭到很多数学家的质疑。连保罗·埃尔德什（1913—1996）这位 20 世纪研究成果最为丰硕的数学家也曾被这个问题难住，但他最终被说服了，承认自己的想法有误[1]。

不妨看看以下这个问题，看看自己能否顺利应对相似的情形。假设你有三张卡片：其中一张卡片的双面都是蓝色，一张卡片的双面都是红色，还有一张卡片一面是红色，一面是蓝色。现在有一张卡片摆在桌上，你不能翻看这张卡片的背面。如果卡片的正面是蓝色，那么很显然这张卡片不是红-红卡。如果这张卡片是蓝-蓝卡，那么它的背面应是蓝色，如果这张是蓝-红卡，那么它的背面应是红色。换作以前，你可能会想，这张卡片背面是红色或蓝色的概率是一样的。但现在你可能意识到并非如此。这与上述两扇门的选择问题是相似的。正确的分析应该是，我们看到的可能是蓝-蓝卡的第一面、蓝-蓝卡的第二

[1] 参阅：Paul Hoffman, *The Man Who Loved Only Numbers* (New York: Hyperion, 1998), pp. 249-56.

面或者蓝-红卡的蓝色面。可见,存在三种蓝色面的可能,且三种可能性的概率相等。这三种可能性中,其中两种对应的是蓝色背面,一种对应的是红色背面。因此,背面是红色和背面是蓝色的概率并不相等。

锻炼概率思维

1. 抛硬币示例 1

假设我们抛 4 枚硬币,至少两枚硬币正面朝上的概率是多少?我们描述一下可能的结果,这会让问题变得更明朗(H 代表正面;T 代表反面)。

正面朝上的数量	根据抛硬币的顺序,可能出现的结果
4	HHHH
3	HHHT,HHTH,HTHH,THHH
2	HHTT,HTHT,TTHH,THHT,HTTH,THTH
1	TTTH,TTHT,THTT,HTTT
0	TTTT

在所有 16 种可能的结果中,出现至少两枚硬币正面朝上的有 11 种情况(1+4+6=11)。这意味着,至少两枚硬币正面朝上的概率是$\frac{11}{16}=0.687\,5$。

2. 抛硬币示例 2

这次我们抛 10 次硬币。第一轮抛完的结果如下:

1. H,T,T,H,T,T,T,H,T,H

第二轮抛完的结果如下:

2. H,T,H,T,H,T,H,T,H,T

第三轮抛完的结果如下:

3. H,H,H,H,H,H,H,H,H,H

我们要回答的问题是：这三种抛硬币的结果哪个出现的概率最高？有人可能会想选第一种，因为他们觉得无序的结果是最有可能出现的。这种假设是错误的！有序的结果（比如第 2 种和第 3 种）与无序的结果（如第 1 种）出现的概率都相同。

因为，每次抛硬币时，正反面朝上的可能性都是相等的，亦即都是 $\frac{1}{2}$ 的概率，所以上述三种结果出现的概率也相等：$\left(\frac{1}{2}\right)^{10}=\frac{1}{1\ 024}=0.000\ 976\ 562\ 5$。

著名法国数学家让·勒朗·达朗贝尔（1717—1783）曾提出一个错误的设想："如果你已经抛了 9 次硬币，每次都是正面朝上，那么你抛第 10 次硬币时硬币更有可能反面朝上。"然而这个设想受到另一位法国数学家皮埃尔·雷蒙·德蒙莫尔（1678—1719）的质疑，他表示"过去不能决定未来。"参与这场辩论的还有著名的瑞士数学家莱昂哈德·欧拉（1707—1783），他曾表示："按这种说法，每一次抛硬币都要取决于上一次抛硬币的结果，不管上一次抛硬币发生在哪个城镇，哪怕上一次抛硬币发生在 100 年前——这种想法可谓荒唐至极。"

我们需要注意的是，第 1 种结果中的顺序并不重要，第 2 种结果也是。但我们在研究概率问题时，有些细微的差别是必须考虑的。

样本空间简介

我们在面对数学问题（或游戏）时，会倾向于不假思索地解决问题。有时这会适得其反，事与愿违。在解决涉及概率的问题时，明智的做法应该是设定样本空间，观察实际发生的情况。这种做法能将你放置于游戏情境中，此时你的直觉可能帮不上忙了。在接下来要介绍的游戏中，除非你能真正设立起样本空间，否则你无法解决游戏中的不公平问题。

游戏开始，将 1 枚红色筹码和 2 枚黑色筹码放进一个信封里。这场读者和作者之间的对决即将开始，以下是游戏规则：

1.你从信封中盲抽 2 枚筹码。
2.如果 2 枚筹码的颜色不一样，我们得 1 分；如果颜色相同，你得 1 分。

3.首先赢得 5 分的一方胜出比赛。

4.每次抽取后，将筹码放回信封里，然后摇动信封。

你觉得这是一个公平的游戏吗，或者说，你觉得游戏里任何一方玩家得分的概率相同吗？你也邀请朋友扮演作者那一方，一起尝试一下这个游戏。几轮游戏下来，你可能会察觉到，游戏并不公平。大多数情况下，作者一方（或者扮演作者这一方的人）都会赢得比赛。你能添加一枚筹码，使游戏变得公平吗？如果可以，你会添加什么筹码？通常，大家会提议往信封里添加一枚红色筹码。我们最好设立一个样本空间，深入研究下这个问题。

第一种情况：1 枚红色筹码和 2 枚黑色筹码

抽取的结果可能是（R 代表红色筹码[1]，B 代表黑色筹码）：

RB_1　　RB_2　　$\mathbf{B_1B_2}$

因此，你在 3 次机会中只有 1 次可以得分，得分概率是$\frac{1}{3}$。由此可见，原来的游戏是不公平的。

第二种情况：增加 1 枚红色筹码，现在有 2 枚红色筹码和 2 枚黑色筹码

抽取的结果可能是：

R_1B_1　　R_1B_2　　$\mathbf{R_1R_2}$

R_2B_1　　R_2B_2　　$\mathbf{B_1B_2}$

惊喜吧！你在 6 次机会中只有 2 次可以得分，得分概率是$\frac{1}{3}$。调整后的游戏，依然是，不公平的。

第三种情况：在原来的筹码中增加 1 枚黑色筹码，现在有 1 枚红色筹码和 3 枚黑色筹码

抽取的结果可能是：

[1] 中文读者存在 R for red 的信息差，译文中补充说明。——译者注

R_1B_1　　R_1B_2　　R_1B_3

B_1B_2　　B_1B_3　　B_2B_3

这次，你在 6 次机会中有 3 次可以得分，得分概率是$\frac{1}{2}$。现在游戏公平了。

借助样本空间，我们可以看出直觉并不能给出一个正确的解决方案，因此样本空间的概念是“不可或缺的”。

使用样本空间解决棘手的概率问题

你已经体会到定义样本空间很有帮助，我们还想通过以下这个违反直觉的问题来继续向你证明样本空间的价值。思考以下这个问题。

> **一个人有 3 张唱片。第 1 张唱片两面都录制了声乐，第 2 张唱片两面都录制了器乐，第 3 张唱片一面录了声乐，另一面录了器乐。这个人在黑暗的房间里播放其中一张唱片，他能听到声乐的概率有多大？**

为了让问题更加清晰可控，我们借用符号来表述，如下所示：

第 1 张唱片的第 1 面，用$v_{1,1}$表示
第 1 张唱片的第 2 面，用$v_{2,1}$表示
第 2 张唱片的第 1 面，用$i_{1,2}$表示
第 2 张唱片的第 2 面，用$i_{2,2}$表示
第 3 张唱片的第 1 面，用$v_{1,3}$表示
第 3 张唱片的第 2 面，用$i_{2,3}$表示

这个问题情境的样本空间包含 6 种概率相等的可能结果：$v_{1,1}$，$v_{2,1}$，$i_{1,2}$，$i_{2,2}$，$v_{1,3}$和$i_{2,3}$。具体而言，其中$v_{1,1}$，$v_{2,1}$，$v_{1,3}$三种情况包含声乐。因此能听到声乐的概率是$\frac{3}{6}=\frac{1}{2}$。这是一个合理的答案，一个符合我们直觉的答案。

现在我们思考一个难度更大的问题。

一个人有 3 张唱片。第 1 张唱片两面都录制了声乐,第 2 张唱片两面都录制了器乐,第 3 张唱片一面录了声乐,另一面录了器乐。这个人在黑暗的房间里播放其中一张唱片,他听到的是声乐。那么这张唱片的另一面录制的也是声乐的概率有多大?

通常反应是$\frac{1}{2}$,给出答案的人是这样推理的:在两张录了声乐的唱片中,其中一张的另一面录的也是声乐。这种推算是错误的!

正确的推算方法应该是:3 张唱片总共有 6 面,每一面播放的概率都相等,而问题中,播放的是录有声乐的一面,那么此时样本空间仅限于集合$\{v_{1,1},v_{2,1},v_{1,3}\}$。样本空间集中包含 3 个元素,其中$\{v_{1,1},v_{2,1}\}$这两个元素代表它们的另一面录有声乐。因此,概率应是$\frac{2}{3}$。这个很容易错解的问题体现出设置样本空间非常有用。另外,你也可以对比一下"条件概率"$\left(\frac{2}{3}\right)$和第一个问题中涉及的概率$\left(\frac{1}{2}\right)$。

通过计数得出概率

我们首次遇到概率问题时,需要转变一下思维模式。在简单的示例里(比如从一副 52 张的纸牌中抽出纸牌 A)不太需要想象力。但像以下这个问题,就需要你调动一些概率思维的技巧。

思考以下的问题:

两个相同的纸袋中装有红色和黑色的棋子。

- **A 袋中有 2 枚红色棋子和 3 枚黑色棋子。**
- **B 袋中有 3 枚红色棋子和 4 枚黑色棋子。**

我们随机选一个袋子,并从中抽出了 1 枚红色棋子。这个袋子是 A 袋的概率是多少?

图 5-12 应该能帮助你在思考问题时整理思路。

因为5和7(袋里棋子的数量)的最小偶数公倍数是70,所以我们把70作为假想实验的试验次数。因为袋子是随机抽选的,为方便起见,我们假设每个袋子分别被选了35次。

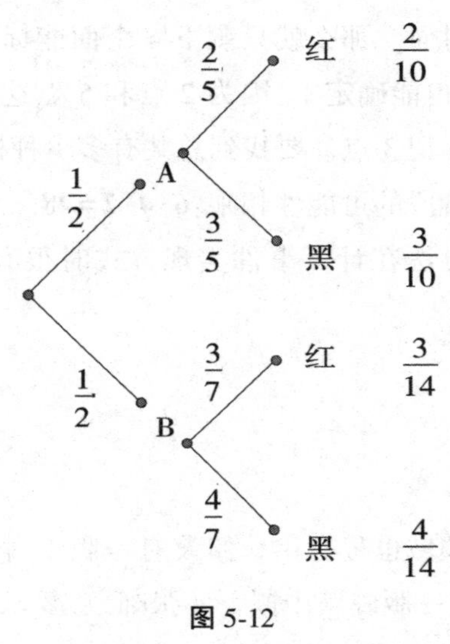

图 5-12

在这种情况下:

若从A袋中抽:5次抽取中,红色棋子会被抽中2次。

所以在35次的抽取试验中,红色棋子会被抽中14次。

若从B袋中抽:7次抽取中,红色棋子会被抽中3次。

所以在35次的抽取试验中,红色棋子会被抽中15次。

因此,红色棋子会被抽中的次数是14+15=29次,其中有14次是从A袋中抽出的。所以,从A袋中抽出红色棋子的概率是$\frac{14}{29}$。

这个例子说明了,在确定事件概率时使用对比的方法很有帮助。

合理的计数

系统性计数的方法很实用,有时还能得出一些让人意想不到的结果。思考以下这个任务:将一个立方体的每一面标记上1,2,3,4,5,6点,要求1点和6点需在立方体的相对面,同理2点和5点相对,3点和4点相对。这看起来很简单，但如果你不能系统性地思考这个问题，问题就可能会变得复杂费解。你会惊讶地发现，这个任务有多种完成方式。

假设我们先给任意一面标记 1 点。当然，这能有 6 种可能性。然后我们知道 6 点在 1 点的相对面。那么就只剩下 4 个面能标记 2 点。标记好 2 点后，相应地 5 点的位置也能确定了，因为 2 点和 5 点这两个面相对。然后就剩下 2 个可选的面来标记 3 点。要找到总共有多少种标价点的方式，我们只需简单地将三个标记阶段的可能性相乘：**6 · 4 · 2 = 48**。

这种有序计数的方法在计算事件实现方式时很有用，而且很多时候这是违反直觉的。

有序计数

有序计数在几何领域也很有用。假设有一版 12 枚邮票，邮票排成 3 行 4 列。现在你需要从这一版邮票中撕下 4 张邮票，要求撕下的邮票中每一张必须有一边与其他邮票相连。那么有多少种撕下这 4 枚邮票的方式？在这个问题里你将了解到有序计数的方法有多巧妙。观察一下图 5-13 所示的这一版邮票。

我们需要关心的是，4 枚邮票能够构成多种不同形状，然后我们可以数一下在整版邮票中能找到多少种对应形状的方式。

A	B	C	D
E	F	G	H
J	K	L	M

图 5-13

ABCD型：3个

A	B	C	D

E	F	G	H

J	K	L	M

ABFE型：6个

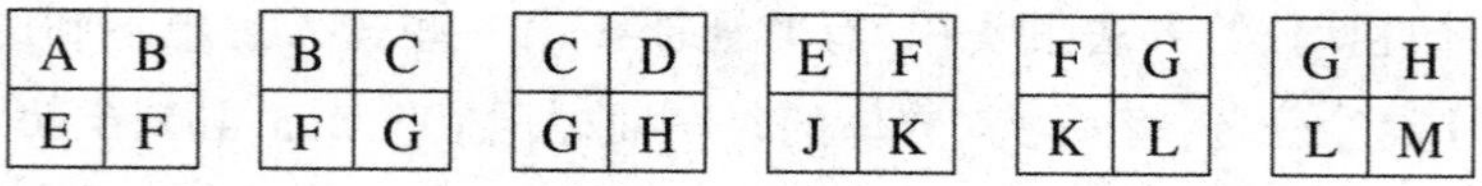

A	B
E	F

B	C
F	G

C	D
G	H

E	F
J	K

F	G
K	L

G	H
L	M

EABC, ABCG, AEFG, EFGC, ABEJ, AEJK, ABFK或BFKJ型：28个

A B C　　B C D　　E F G　　F G H
E　　　　F　　　　J　　　　K

A B C　　B C D　　E F G　　F G H
　　G　　　　H　　　　L　　　　M

A　　　　B　　　　E　　　　F
E F G　　F G H　　J K L　　K L M

　　C　　　　D　　　　G　　　　H
E F G　　F G H　　J K L　　K L M

A B　　B C　　C D　　A　　　B　　　C
E　　　F　　　G　　　E　　　F　　　G
J　　　K　　　L　　　J K　　K L　　L M

A B　　B C　　C D　　　B　　　C　　　D
　F　　　G　　　H　　　F　　　G　　　H
　K　　　L　　　M　　J K　　K L　　L M

ABCF, BEFG, AEFJ或BEFK型：14个

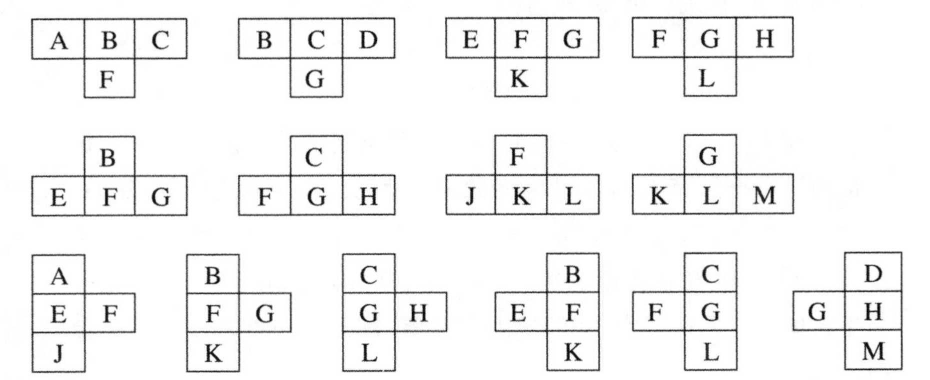

ABFG, CBFE, AEFK或BFEJ型：14个

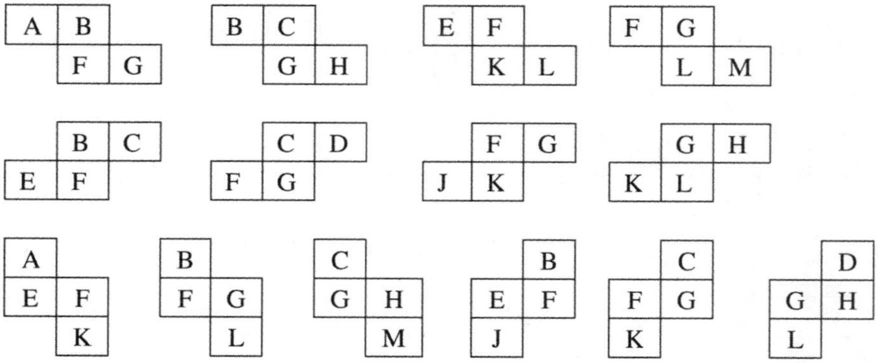

A B
F G

B C
G H

E F
K L

F G
L M

B C
E F

C D
F G

F G
J K

G H
K L

A
E F
K

B
F G
L

C
G H
M

B
E F
J

C
F G
K

D
G H
L

形状类型	能构成该形状的方式数量
ABCD	3
ABFE	6
EABC,ABCG,AEFG,EFGC,ABEJ,AEJK,ABFK 或 BFKJ	28
ABCF,BEFG,AEFJ,或 BEFK	14
ABFG,CBFE,AEFK 或 BFEJ	14
总计	**65**

图 5-14

这种系统性的计数方法能使我们更有条理地进行推算，也让我们见识了一个颇为惊人的结果。

有序计数如何解决令人费解的难题

思考以下问题：

有 10 位宫廷珠宝商，他们每人给了国王的顾问洛格先生一摞金币。每一摞有 10 个金币。每枚真金币正好重 1 盎司[1]。然而，有一摞金币，而且只有这一摞金币，是“不足秤”的，因为这一摞“假”金币中，每枚金币的边缘都被刮掉了 0.1 盎司的黄金。洛格先生希望只需称量一次，即可识别出奸商，找出那一摞缺斤少两的金

[1] 1 盎司 = 28.349523125 克。——译者注

币。他需要怎么做呢?

传统的做法是随机选择一摞金币进行称量,但这种试错法只有十分之一的正确概率。你也可以通过推理来解决问题:如果所有金币都是真币,那么总重量是(10)(10),亦即 100 盎司。其中有 10 个较轻的假币,所以少了(10)(0.1),亦即 1 盎司的重量。但考虑整体的重量缺失没有太大意义,因为无论假币是在哪一摞金币中,整体重量都会少掉 1 盎司。

让我们试着用不同的方法整理数据。我们必须找到一种对重量缺失有所区分的方法,从而帮助我们确定假币是从哪一摞金币中拿出来的。我们先把每一摞金币标号为#1,#2,#3,#4,…, #9,#10。现在,我们从#1 金币堆中抽出 1 枚金币,从#2 金币堆中抽出 2 枚金币,从#3 金币堆中抽出 3 枚金币,从#4 金币堆中抽出 4 枚金币,依此类推。所以我们总共抽取了 1+2+3+4+⋯+8+9+10=55 枚金币。如果它们都是真金币,那么总重量是 55 盎司。如果总重量轻了 0.5 盎司,则表明有 5 枚假金币,这 5 枚币是来自#5 金币堆的。如果总重量轻了 0.7 盎司,则表明有 7 枚假金币,这 7 枚币是来自#7 金币堆的,其他情况同理。这样,洛格先生就能轻松地识别出假金币堆,也能确定是哪位珠宝商对金币动过手脚。

必要时,有序计数可以帮忙理出顺序

图 5-15 中有多少个三角形?

传统的解题方法(或者说是“老师期待你用的方法”)是依赖正式的计数方法:先计算 6 条线能构成的组合数量,再排除掉重复的组合。因此,从 6 条线中每次取 3 条线,组合数量则是$C_6^3=20$。然后我们去掉 3 个顶点重合的三角形。因此,图 5-15 中共有 17 个三角形。

如果学生尝试在图中数三角形,那么他们很可能会漏掉部分三角形。显然,为了得出准确的答案,他们需要一些整理信息的方法。

为了简化问题,我们先重构这个图形,再逐步往图形中加线,通过这种**有序数据**形式计数——也就是,每往图形中增加一部分,数出因此产生的新三角形的个数。

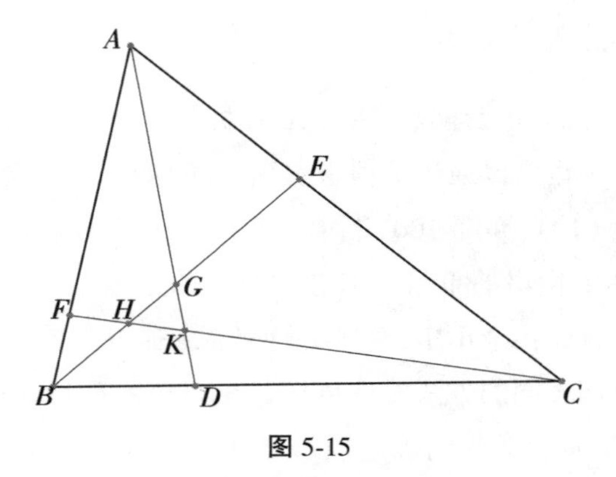

图 5-15

我们从原三角形△*ABC* 开始,如图 5-16 所示。此时,只有 1 个三角形。

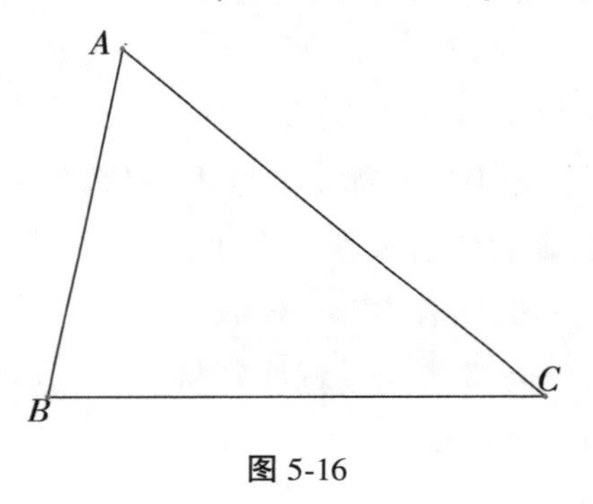

图 5-16

现在,在△*ABC* 内增加一条线 *AD*(见图 5-17)。现在有 2 个新三角形,△*ABD* 和△*ACD*。

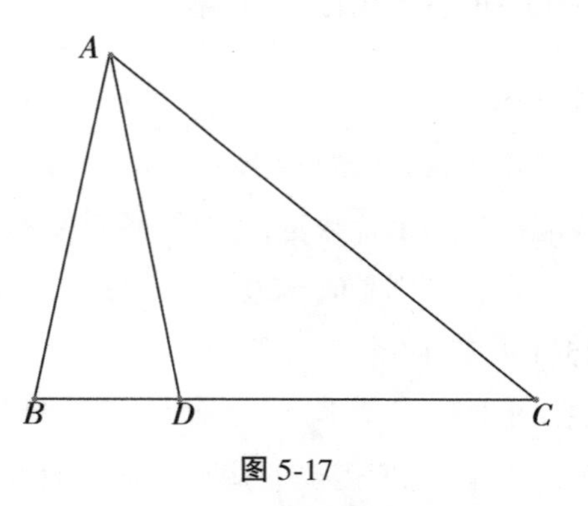

图 5-17

现在再在三角形内增加一条线 *BE*,如图 5-18 所示,以 *BE* 为边的新三角形包括:△*ABG*,△*BDG*,△*AEG*,△*BCE* 和△*ABE*。

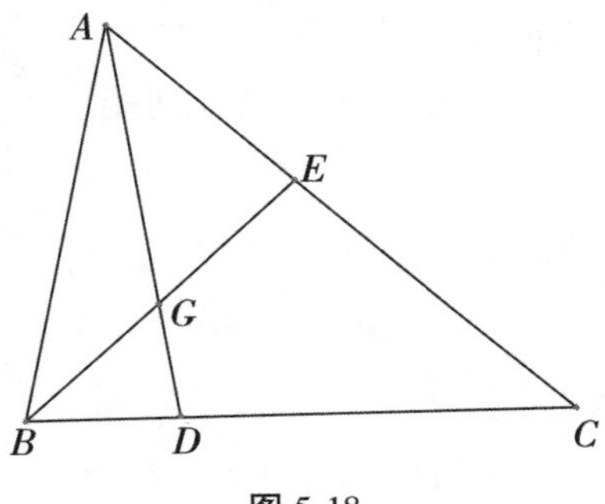

图 5-18

我们继续这个流程,增加线 CF,如图 5-19 所示。同样,数出以 CF 为边的新三角形:$\triangle BFH$,$\triangle ACF$,$\triangle BCH$,$\triangle AFK$,$\triangle CDK$,$\triangle ACK$,$\triangle BCF$,$\triangle GHK$ 和 $\triangle CEH$。

因此,图形中共有 17 个三角形。

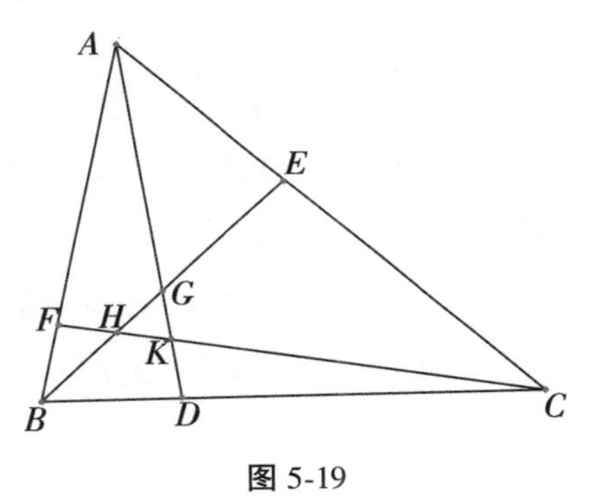

图 5-19

理解相对性的概念

虽然相对性的概念比较难理解,但这是我们在日常生活中经常遇到的概念,而我们并没有理解到位。我们一起来研究以下的问题,看是否能帮助你理解这一概念。

戴维正划着船逆流而上,这时他把一个篮球扔到水里,自己继续逆流划了 10 分钟。然后他调转船头,顺流而下追赶篮球,当他重新捡回篮球时,篮球已经顺水漂流了 1 英里。请问水流的流速是多少?

我们不采用代数课中常见的传统方法来解决这个问题,我们改用以下的思考方法。这是一个关于相对性概念的例子。水是流动的还是静止的,戴维是否顺流而下,这些都不影响结果。我们只需考虑戴维和篮球的远离和靠近的过程。如果水是静止的,那么戴维划船靠近篮球所需的时间和他划船离开篮球所花的时间是一致的。所以,他总共花了 10+10=20 分钟。因为篮球在这 20 分钟内漂流了 1 英里[1],所以水流的速度是 3 英里/小时。

可能有人还是觉得理解起来很困难,但是还是建议大家安静地思考一下,因为这是值得钻研的概念,而且经常能被实际应用到日常生活的思维过程中。毕竟,掌握应用也是学习数学的众多目标之一。

你处在世界的哪个地方?

一些趣味数学能(以温和的方式)拓展思维,让人身心愉悦,满心欢喜。这样的例子还能让人惊叹不已,进一步激发我们对数学的喜爱。我们即将要展示的就是这样的例子。这个广为流传的问题,以及后续衍生的有趣变体,都需要我们拥有打破常规的思维方式。

你需要站在地球上的哪个地方,才能实现向南走 1 英里,向东走 1 英里,再向北走 1 英里,最后回到最初的起点?(见图 5-20)

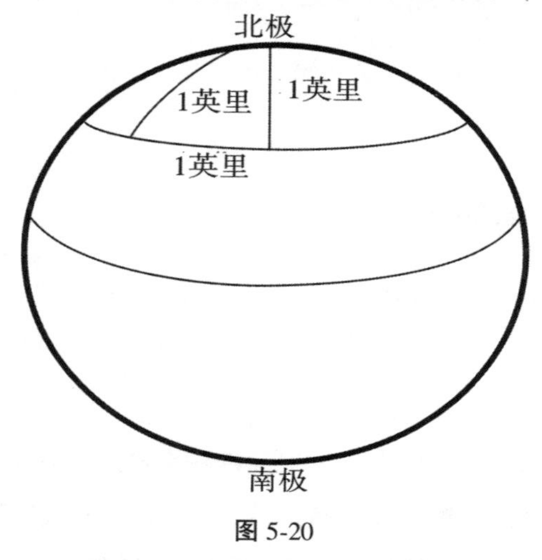

图 5-20

(显然,我们没有按比例画图!)

[1] 1 英里=1 609.344 米。——译者注

大多数人会用试错法来解决这个问题。为了不让你灰心丧气,我们直接告诉你答案吧:是北极点!为了检验这个答案,你可以想象自己从北极点出发,向南走 1 英里。然后沿着纬度线向东走 1 英里,这时你会始终保持和北极点相距 1 英里的距离。最后向北走 1 英里,你就会回到最初的起点,北极点。

熟悉这个问题的大多数人都会满足于这个答案。然而我们还想问:是否还存在其他类似的起点,可以让我们走 3 次相同距离的路程,最终回到原点?令大多数人惊讶的是,答案是**有的**。

我们先找到一个最靠近南极点且周长为 1 英里的纬圆。从这个纬圆上(沿地球的大圆[1])向北走 1 英里,然后形成另一个纬圆。第二个纬圆上的任意一点都满足上述问题的要求。我们来试一下(见图 5-21)。

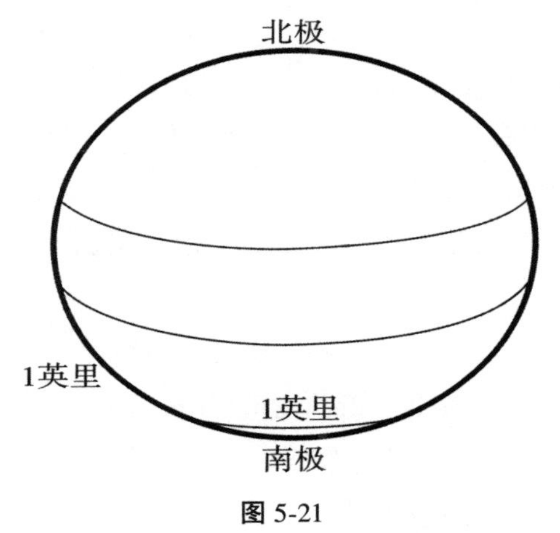

图 5-21

(显然,我们还是没有按比例画图!)

我们从第二个纬圆开始(即更靠北的纬圆)。向南走 1 英里(此时我们到达第一个纬圆),然后向东走 1 英里(刚好是绕着这个纬圆走一圈),然后再向北走 1 英里(此时我们回到起点)。

假设我们绕着走的那个纬圆周长是$\frac{1}{2}$英里,此时我们仍能满足题目的指示,只是这回我们绕着圆走了 **2 圈**,最终还是能回到最初的起点。如果这

[1] 球体的大圆是指球面上最大的圆,被定义为过球心的平面和球面的交线。

个纬圆的周长是$\frac{1}{4}$英里,那么我们只需要绕着圆走 **4 圈**即可回到起点,然后继续往北走 1 英里就能回到原点。

现在我们能大胆往前总结下,发现更多能满足题目要求的点!实际上,这样的点有无限多个!我们可以先找出一个最靠近南极点,且周长为$\frac{1}{n}$英里的纬圆。向东走 n 英里,你会回到最开始沿着这个纬圆走的那个起点。剩下的流程和此前一样,向南走 1 英里,然后向北走 1 英里。

你能将一张纸对折多少遍?

如果将一张纸连续对折(折线需经过它的中心),那么这张纸能折叠多少次?数学计算能很好地解释这个问题,并且还能揭示一个令人震惊的物理事实。我们还可以在这个问题的基础上追问另一道问题:你需要将一张纸对折多少次(每次对折都需要通过它的中心),才能使纸张的厚度等于地球到月球的距离?当然,第二道问题主要从理论层面上讨论,因为并不能真正实现。

拿出一张正常厚度的纸,试试看你能将它对折多少次(要确保每次对折都将剩下的矩形折半)。你会惊讶地发现,你最多能对折 8 次。

这多数是由于对折面之间的摩擦以及手指与纸张之间的摩擦造成的,纸张厚度产生的影响反而较小。

现在,假设我们能继续对折下去,比方说,我们将一张厚度为 0.1 mm 的纸对折 42 次。每次对折后,纸的厚度会翻倍。对折 8 次后,纸的厚度应为 $0.1\ \text{mm}\cdot 2\cdot 2\cdot 2\cdot 2\cdot 2\cdot 2\cdot 2\cdot 2=0.1\ \text{mm}\cdot 2^8=0.1\ \text{mm}\cdot 256=25.6\ \text{mm}$,即 2.56 cm。

在第 9 次对折中,你需要对折一张厚度为 2.56cm 的纸,光凭手指的力量根本无法做到。假设我们将纸对折了 42 次,此时纸的厚度为 $0.1\ \text{mm}\cdot 2^{42}=0.1\ \text{mm}\cdot 4\ 398\ 046\ 511\ 104=43\ 980\ 465\ 111.04\ \text{cm}=439\ 804\ 651.1104\ \text{m}\approx 439\ 804.651\ \text{km}$。这已经超过从地球到月球的距离(约 384 400 km)了。

64＝65？怎么可能？

假设有一个 8×8 的正方形（你可以使用方格纸），然后将正方形如图 5-22 所示裁剪。将所有纸片像图 5-23 那样拼起来。现在我们得到一个 5×13 的矩形。

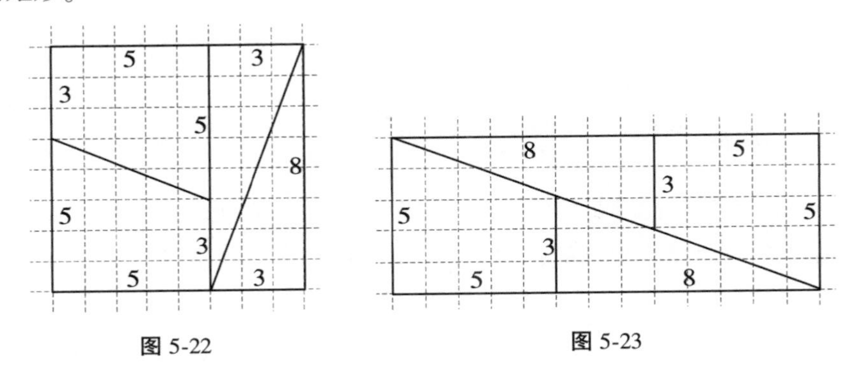

图 5-22　　　　图 5-23

既然我们用的是同一张纸，我们很可能会假定图 5-22 和图 5-23 中的两个矩形面积相等。但是，计算两个图形的面积后，我们发现正方形的面积是 $8 \cdot 8 = 64$，而矩形的面积是 $5 \cdot 13 = 65$。这怎么可能呢？它们应该面积相等。两个图形使用的是相同的纸片，我们怎么会弄丢了一个单位方格呢？

答案是，我们在图 5-23 中用来拼凑矩形的纸片并不能像图示那样完美无缝地拼在一起——这是视觉错觉引致的失望！

我们用更准确的图示来展现拼凑矩形的过程，可以看见，我们以为某些角能拼凑成直角，但其实并不可行，如图 5-24 所示。

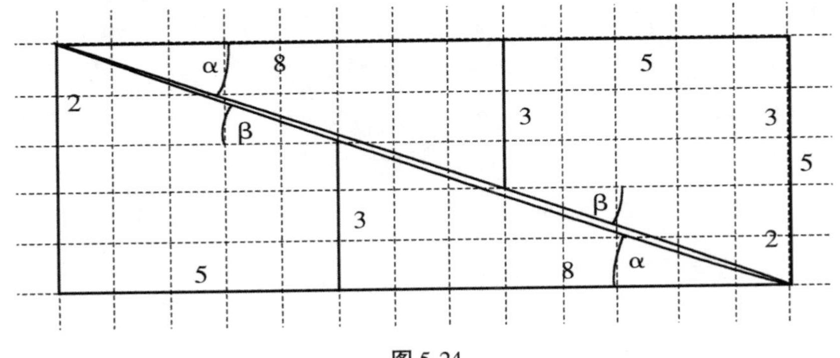

图 5-24

如果我们使用正切三角比,就能很容易地计算出角度。

$\tan\alpha=\frac{3}{8}$,或 $\alpha\approx20.6°$;$\tan\beta=\frac{2}{5}$,或 $\beta\approx21.8°$;β 和 α 的角度之差非常小,只有 $\beta-\alpha\approx1.2°$,但只有这两个角相等,我们才能得到真正的矩形。

这个角度差光凭肉眼很难分辨出来。

聪明的读者还可能在这个例子中发现斐波那契数列:1,1,2,3,5,8,13,…[1]

已解和未解之谜

谁说所有数学问题都能解决?未解的问题其实在数学中占据很大的比例。在尝试解决这些问题的过程中,研究者有时会探索出其他类型的重大发现。未解之谜,这种连世界上最聪明的头脑都无法解决的谜题,它总是在悄悄地试探我们,激起我们求解的好奇心,尤其当这个问题本身非常容易理解时,我们会更想追寻到问题的答案。

1900 年 8 月 8 日,在巴黎举行的第二届国际数学家大会上,德国数学家戴维·希尔伯特(1862—1943)提出了 23 道未解的数学难题。许多 20 世纪的数学研究都受到这一系列未解问题的影响,在数学家力图攻克难关的过程中,这些成功或失败的尝试催生了许多重要的发现。

为了纪念这一载入史册的事件,也为了给数学进入 21 世纪(正是 100 年后)提供一个良好的开端,新近成立的克雷数学研究所(位于马萨诸塞州剑桥市)公布了七道尚未解决的经典问题。2000 年 5 月 24 日,千年数学会议在巴黎的法兰西学院举行,会上有数学家以“数学的重要性”为题做了演讲,随后公布了这七大难题。克雷数学研究所的创始人和赞助人是商人兰登·T.克雷(Landon T. Clay),他毕业于哈佛大学数学系。他认为,数学研究资金不足,并致力于普及这门学科。对于这些迄今为止尚未解决的数学问题,他承诺,每成功解决一题,他都会提供一百万美元作为奖励。2000 年,俄罗斯

[1] 如需了解这些无处不在的数字,请参阅:A.S.Posamentier and I.Lehmann, *The Fabulous Fibonacci Numbers* (Amherst NY: Prometheus Books, 2007), in particular pp. 142-143.

数学家格里戈里·佩雷尔曼（1966—）解决了七大难题之一——庞加莱猜想，但他拒绝接受奖励。2006 年，他被授予菲尔兹奖[1]，但同样他拒绝领奖。

我们可以研究一下这些未解的问题，帮助我们更好地理解数学的历史。近年来，数学曾四次登上报刊头条，每次都是因为在长期未解的难题上取得突破。

四色问题可追溯至 1852 年，当时弗朗西斯·格思里（1831—1899）正给英国国家地图着色，他发现地图都可以只用四种颜色着色。是不是**任何**地图都可以只用四种颜色着色，使得相接壤的地区（指地区之间有共同的边界线，而不只是相接于某点）都能着有不同的颜色？他拿着问题询问他的弟弟弗雷德里克，弗雷德里克·格思里随后与著名的数学家奥古斯塔斯·德·摩根（1806-1871）沟通了这个猜想。

早在 1879 年，英国数学家艾尔弗雷德·B.肯普（1849—1922）就曾尝试提出证明，但在 1890 年珀西·J.希伍德（1861—1955）指出该证明是错误的。许多后续的研究也陆续被证明有谬误。

直到 1976 年，所谓的“四色地图问题”才被肯尼思·阿佩尔（1932—）和沃尔夫冈·哈肯（1928—）这两位数学家解决了。他们借助计算机，对所有可能的地图做出判断，结果发现完全不需要第五种颜色来给地图着色，就能使有共同边界线的两个区域用不同颜色来表示[2]。他们使用的是 IBM 360 计算机，总共花了 1 200 个小时，验证了 1 936 个案例，后来又发现需要验证另外 1 476 个案例。

这种“计算机证明”未能让纯粹的数学家广泛接受。然而在 2004 年，数学家本杰明·维尔纳和乔治·贡蒂尔对四色地图问题提出了正式的数学解决方案，验证了阿佩尔和哈肯的推断。

四色地图问题的魅力在于，问题本身很容易理解，但是解决方法却异常复杂，难以解释。

接下来要介绍的是“费马大定理”。就在 1993 年 6 月 23 日，普林斯顿大

[1] 菲尔兹奖是数学界中的最高奖项，只颁发给未满 40 岁的数学家。

[2] 参阅：Kenneth Appel and Wolfgang Haken, “The Solution of the Four-Color-Map Problem,” *Scientific American* 237, no. 4 (1977): 108-121.

学数学教授安德鲁·怀尔斯(1953—)宣布证明了有350年历史的"费马大定理"。他又花了1年时间修正证明中的纰漏,但终于还是解决了这个困扰了数学家们几个世纪的难题。大约在1630年,皮耶·德·费马(1607—1665)在阅读丢番图的《算术》时,在这本数学读本的边缘写下这个"定理",费马的儿子在其辞世后才发现这行注释。但费马只给出了这个定理的表述,他表示书籍边缘的空白处太狭窄,写不下证明过程,所以就把证明的工作留给了世人。时至今日,我们仍无法知晓费马是否真的想出了证明,或者这可能只是留给后世的玩笑。也有人认为,他可能以为自己已经得出证明,但是他的证明不一定正确。无论如何,我们先来看看这个著名的定理是怎么表述的吧。

费马大定理[1]:当 $n>2$ 时,方程 $x^n+y^n=z^n$ 没有非零的整数解。

费马的确说明了,当 $n=4$ 时,这个猜想(或者说假设"定理")是正确的。莱昂哈德·欧拉(1707—1783),一位多产的瑞士数学家,在此基础上进一步研究,证明当 $n=3$ 时,费马的猜想也是正确的。1825年,彼得·古斯塔夫·勒热纳·狄利克雷(1805—1859)和阿德利昂·玛利·埃·勒让德(1752—1833)继续证明该定理在 $n=5$ 时成立。然后在1839年,加布里埃尔·拉梅(1795—1870)证明当 $n=7$ 时,定理是正确的。越来越多学者使用不同数字的案例来证明费马的猜想成立。1857年,恩斯廷·爱德华·库默尔(1810—1893)证明该定理对 $n\leqslant 100$ 的情况成立;1937年,哈里·范迪弗(1882—1973)更进一步,证明了该定理对 $n\leqslant 617$ 的情况成立。在计算机的加持下,研究进度突飞猛进:1954年,推进至 $n\leqslant 2\ 500$;1976年,推进至 $n\leqslant 125\ 000$;1987年,推进至 $n\leqslant 150\ 000$;1991年,推进至 $n\leqslant 1\ 000\ 000$。

终于在1993年,在一场长达几天的讲座中,安德鲁·怀尔斯演示了对上述猜想的一般情况的证明,在场的数学家们为之震惊。怀尔斯证明了费马的猜想对所有的 n 值成立,因此它成为一项真正意义上的定理。

1998年,第3个未解之谜得到解决,并因此登上了当时的报刊头条——美国数学家托马斯·C.黑尔斯(1958—)借助计算机证明了有400年历史的

[1] 也就是说,不存在 x, y 和 z 的整数值能使上述方程成立,$n\leqslant 2$ 时除外。

开普勒猜想[1]。

在这段时间里，许多至今仍存在的未解的问题引起人们的猜测。其中两个未解之谜很容易理解，但显然极难证明，且也尚未得到证明。我们打算在这里向大家展示一下。请记得，虽然最优秀的数学家们仍未能证明这些关系，但我们也找不到反例来说明这些关系并非总是正确。计算机已经能够生成大量的例子来验证这些说法的真实性，但令人惊讶的是，这依然不能证明该说法对所有情况成立。为了得出该说法为真的结论，我们需要合理充分的证据来证明它在所有情况下都成立。

1742 年 6 月 7 日，德国数学家克里斯蒂安 · 哥德巴赫（1690—1764）写信给莱昂哈德 · 欧拉（1707—1783），他在信中提出了以下猜想，此猜想至今依然没有得到证明。这就是**哥德巴赫猜想**，具体表述如下：

任一大于 2 的偶数都可写成两个质数之和。

你也可以试着列出下列偶数，并对应着将其写成两个质数之和。继续这个流程，说服自己这个流程显然能无限进行下去。

大于 2 的偶数	两个质数之和
4	2+2
6	3+3
8	3+5
10	3+7
12	5+7
14	7+7
16	5+11
18	7+11
20	7+13
…	…
48	19+29
…	…
100	3+97

图 5-25

[1] 开普勒猜想认为，每个球大小相同的状况下，没有任何装球方式的“密度”比立方紧密堆积与六方紧密堆积要高。

同样,后世便涌现出众多著名数学家,为解决这个难题而付出大量努力:1855 年,A.德博夫证实哥德巴赫猜想对小于 10 000 的数字成立。然而在 1894 年,著名的德国数学家格奥尔格·康托尔(1845—1918)证明了该猜想对 1 000 以内的所有偶数都成立;1940 年,N.皮平验证了该猜想对所有小于 100 000 的偶数都成立。在计算机的辅助下,数值的验证范围逐渐扩大,从 1964 年的 33 000 000,到 1965 年的 100 000 000,再到 1980 年的200 000 000。1998 年,德国数学家约尔格·里希施泰因验证了哥德巴赫猜想对 400 万亿以内的所有偶数都成立。2008 年 2 月 16 日,奥利韦拉·席尔瓦将数值扩大至 $1.1\times10^{18}=1\ 100\ 000\ 000\ 000\ 000\ 000$!哥德巴赫猜想的证明的悬赏金额高达 100 万美元,但至今仍无人能赢得这笔丰厚的奖金。

弱哥德巴赫猜想表述为:

大于 5 的奇数都可写成三个质数之和。

同样,我们也给你准备了以下例子,如果你感兴趣的话,可以继续补充这个列表(见图 5-26)。

大于 5 的奇数	三个质数之和
7	2+2+3
9	3+3+3
11	3+3+5
13	3+5+5
15	5+5+5
17	5+5+7
19	5+7+7
21	7+7+7
…	…
51	3+17+31
…	…
77	5+5+67
…	…
101	5+7+89

图 5-26

几个世纪以来,这些悬而未决的问题一直困扰着数学家们,尽管关于这些问题的证明方法还没找到,但是在计算机的协助下,越来越多的证据表明这些猜想是成立的,因为迄今为止还没有找到反例。有趣的是,在寻找这些问题的答案的过程中,学者们也因此发掘到一些重大的数学发现,如果不是因为这个契机,很多发现可能仍然无迹可寻。

这些未解之谜不仅为我们提供了研究的动力,还是数学趣味的源泉。

另一个令人费解的数学问题涉及的是一个长方体的**棱长和对角线**。问题是这样的:是否存在一个长方体,其棱长(长、宽、高)的长度是整数,同时任意两个顶点的距离也是整数(见图 5-27)?

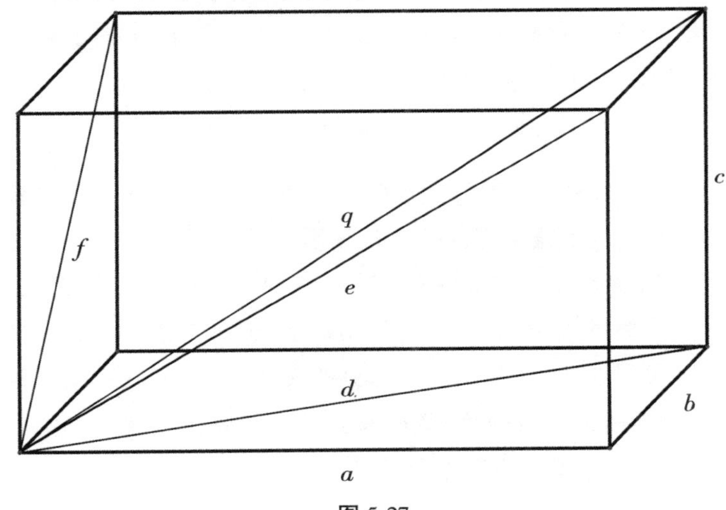

图 5-27

要解决这个问题,我们必须应用毕达哥拉斯定理,按照问题要求,以下的每个等式都需要有整数解:

$$a^2 + b^2 = d^2$$

$$a^2 + c^2 = e^2$$

$$b^2 + c^2 = f^2$$

$$a^2 + b^2 + c^2 = g^2$$

莱昂哈德·欧拉与答案的距离非常接近,因为他找到了以下数值:

$a=240, b=44, c=117, d=244, e=267, f=125$

但是这并非完美答案,因为最后一个等式($a^2+b^2+c^2=g^2$)没能得出整数解,$g\approx270.60$。直到 2000 年,瑞士数学老师马塞尔·吕蒂(Marcel Lüthi)证明所有顶点之间的距离均为整数的长方体不存在[1]。于是,我们再次陷入问题在数百年内持续无解的困境。

逻辑思维

当我们遇到一个问题时,乍一看让人望而却步,但是当我们知道答案时(尤其是这个答案很简单易懂),我们时常会自问为什么连这么简单的答案都想不出来。遇到过这些能让我们“哎呀”一声叫出来的问题后,我们在未来遇到相似情况时就可能会更加游刃有余。接下来我们一起来看看这个问题。

丹尼在地下室的架子上放了三个存钱罐。其中一个罐子里只有5分硬币,一个罐子里只有1角硬币,剩下一个罐子里既有5分硬币又有1角硬币。原本罐子上贴着“5分”、“1角”、“混合”三个标签,后来标签掉下来了,被人重新贴上,但每个罐子上的标签都贴错了(见图5-28)。丹尼没有打开罐子查看,他只从一个标错标签的罐子里掏出一枚硬币,就能重新给罐子贴上正确的标签。请问丹尼是从哪个罐子里取出硬币的?

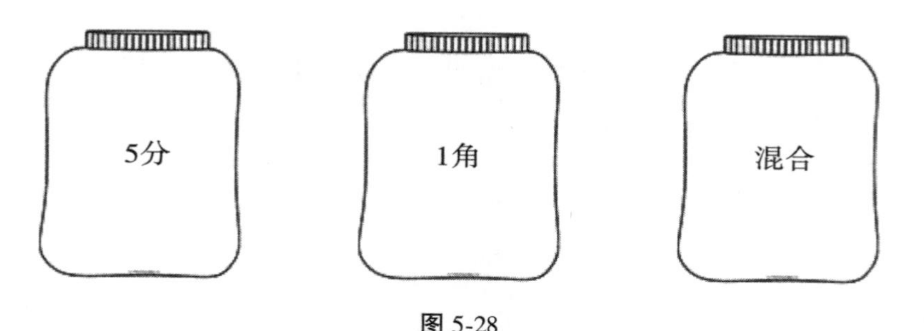

图5-28

有人可能会这样推理:这个问题有“对称性”,无论我们从错标为“5分”还是错标为“1角”的罐子里取硬币,能做出的推理都是相似的。因此,如果丹尼从标有这两个标签的罐子里取硬币,结果没什么差别。

[1] 参阅:Marcel Lüthi, “Zum Problem rationaler Quader ”, *Praxis der Mathematik* 42, no.4 supplement (2000): 177.

因此，你应该集中注意力，思考一下如果丹尼从错标为“混合”的罐子里取硬币，会发生什么情况。假设丹尼从“混合”的罐子里取出的是一个 5 分硬币。因为罐子的标签是错的，所以这个罐子肯定不是“混合”的，而是只存有 5 分硬币。因为标为“1 角”的罐子不可能只存有 1 角硬币，所以它肯定是“混合”罐子。那么剩下的第三个罐子就肯定是 1 角硬币的罐子。你可能会想，原来这个问题这么简单，你现在已经得出答案了。相信这个例子能很好地彰显出逻辑思维的独特魅力。

蜜蜂的旅程

有的问题所描述的情境，需要非常机智的解决办法。很多时候，看完这些办法后，我们会带着震惊重新思考答案。正是从这些另辟蹊径的解决路径中，我们才能习得解决问题的能力，因为我们在解决问题时，最常使用的方法之一就是自问：“我之前遇到过这样的问题吗？”这点你可以先记着，下面这个问题会给你上非常实用的“一课”。不要被较长的题目说明吓倒，你读完题目才能理解问题。当你看到答案竟然如此简单时，你肯定会觉得非常惊喜，饶有趣味。

> **从芝加哥到纽约的火车线路全长 800 英里，在这条线路上两列火车同时出发，沿同一轨道相向驶出。一列火车以每小时 60 英里的速度匀速行驶，另一列火车则以每小时 40 英里的速度匀速行驶。此时，其中一列火车的车头有一只蜜蜂同时出发，以每小时 80 英里的速度飞向另一列火车。遇到另一列火车的车头后，它立即回头，同样以每小时 80 英里的速度飞向第一列火车。蜜蜂就这样来回反复地飞行，直到两列火车相撞，把蜜蜂压死了。请问，蜜蜂在死亡前一共飞了多少英里的路程？**

很自然，我们会倾向于找出蜜蜂每一段飞行的距离。第一反应是运用在高中数学学过的著名距离计算公式：速度乘以时间等于距离。但是往返飞行的路径却很难确定，其中涉及大量的计算，光是想到要这么算就让人很崩溃。先不要让这种挫败感把你击倒。即使你能确定蜜蜂每一段飞行路程，也很难得出最终答案。

一个更为简单的办法是从一个全然不同的视角切入。我们要算出的是蜜蜂飞行的**距离**。如果我们知道蜜蜂飞行的**时间**,自然就能确定它飞行的距离,因为蜜蜂的飞行**速度**是已知的。根据“速度×时间=距离”的公式,只要知道其中两项,就能得出第三项了。尽管蜜蜂飞行的方向有变化,但是只要找出它飞行的**时间**和**速度**,就能得出它飞行的距离。

蜜蜂飞行的时间很容易算出,因为它飞行的全部时间正好是两列火车在相撞前相向行驶的时间。要确定火车相遇的时间 t,我们需要列出以下方程:第一列火车行驶的距离[1]是 $60t$,第二列火车行驶的距离是 $40t$。两列火车行驶的总距离是 800 英里。所以可得出:$60t+40t=800$,所以 $t=8$ 小时,这也就是蜜蜂飞行的时间。现在我们就能计算蜜蜂飞行的距离,还是利用上述“速度×时间=距离”的公式,即:$(8)(80)=640$ 英里。

我们想强调的是,不要总是试图按照题目的要求直接求解,要避免陷入这种陷阱。很多时候,使用迂回的方法反而更有效。从上述的解题方法中,我们获益良多。你看,意想不到的解决办法经常比传统办法更有用,因为前者能让我们有机会“跳脱出固有思维模式”。

了解极限

我们需要谨慎对待极限的概念,因为它非常复杂,也很容易产生误解。有时,涉及极限这个概念的问题非常微妙。如果产生误解,很可能会造成奇怪的情况(当然取决于你怎么看,也可能是可笑的窘况)。以下两个示例非常能说明问题。不要因为你即将得出的结论而感到沮丧,这一切都是为了发现乐趣。分别思考下这两个示例,并留意它们之间的联系。

在图 5-29 中展示了一组楼梯,楼梯的踏步高度和踏面宽度不一,由垂直和水平的线段构成(图中加粗线段)。

将这些垂直和水平的加粗线段(即“楼梯”)整合在一起后,会发现其总长度是 $a+b$,因为垂直线段总长度等于 a,水平线段总长度等于 b。即使增加楼梯的数量,楼梯总长度依然是 $a+b$。

[1] 距离等于时间和速度的乘积。

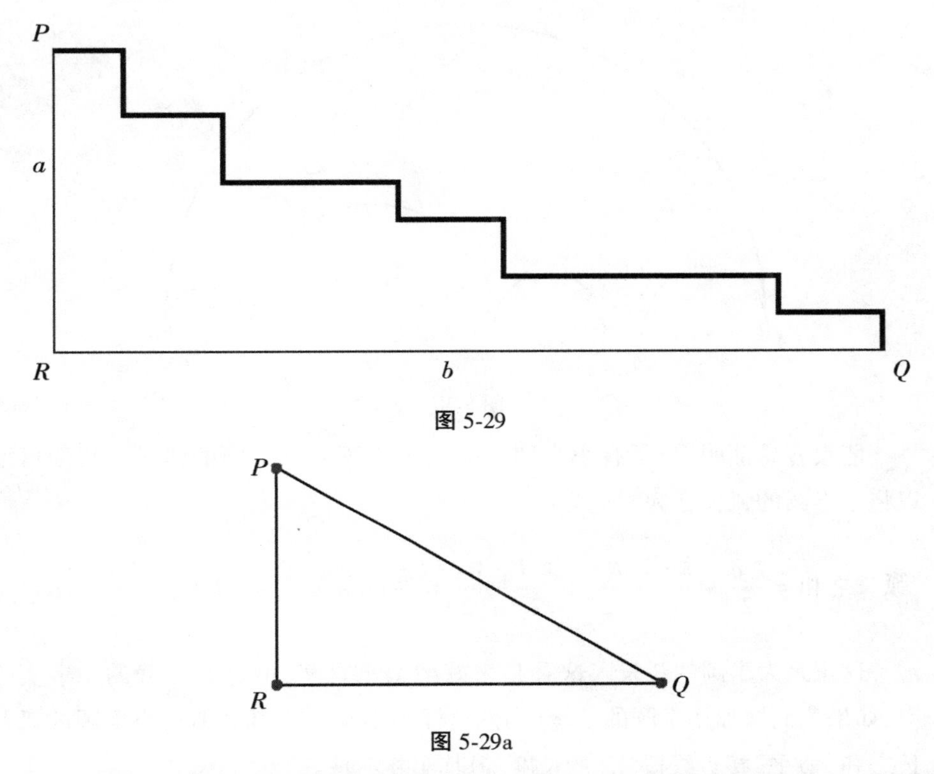

图 5-29

图 5-29a

但是，当我们将楼梯增加至“极限”时，那么这组楼梯似乎就成了一条直线（见图 5-29a），这时矛盾的情况就出现了。此时，楼梯就成了 $\triangle PQR$ 的斜边。此时似乎就推导出 PQ 的长度为 $a+b$。然而根据毕达哥拉斯定理，我们知道 $PQ=\sqrt{a^2+b^2}$，PQ 不等于 $a+b$。所以，是哪里出错了？

其实哪都没错！当组成楼梯的线段越来越趋近于直线段 PQ 时，此时垂直和水平的加粗线段的长度**总和不会**趋近于 PQ 的长度，这和大家的直觉是相违背的。所以不存在矛盾的情况，只是我们的部分直觉出现了误判。

这种情况还可以有另一种解释：“楼梯”变得越来越小后，它们的数量也相应增加了。在极端的情况下，楼梯的长度为 0，哪怕有无限多级楼梯，长度也是 $0\cdot\infty$，而这是没有意义的！

以下这个例子也出现了相似的情形。在图 5-30 中，小半圆沿着大半圆的直径，从大半圆的一端延伸至另一端。

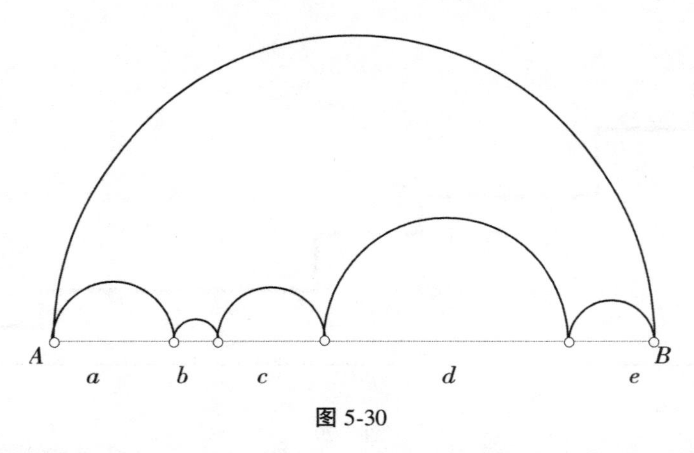

图 5-30

能很容易证明出,所有小半圆的弧长之和等于大半圆的弧长。我们可以将小半圆的弧长之和表述为:

$$\text{弧长之和} = \frac{\pi a}{2} + \frac{\pi b}{2} + \frac{\pi c}{2} + \frac{\pi d}{2} + \frac{\pi e}{2} = \frac{\pi}{2}(a + b + c + d + e) = \frac{\pi}{2}(AB)$$

这正是大半圆的弧长。这看起来好像很不真实,但这是正确的。事实上,如果我们增加小半圆的数量(当然这样小半圆会变得更小),小半圆的弧长之和“似乎”接近线段 AB 的长度,但其实并不是!

同理,由小半圆组成的集合确实接近直线线段 AB 的长度,但这并**不等同于**,这些小半圆的弧长之**和**接近极限(此处指 AB)的**长度**。

“明显的极限和”是荒谬的,因为点 A 和 B 之间的最短距离是线段 AB 的长度,而不是半圆弧 AB(你应该记得,半圆弧 AB 等于小半圆的弧长之和)。极限的概念很重要,但也总是很难构想出来,但我们最好借助上述的示例解释一下,以免日后会产生误解。

钱去哪儿了?

有时候看似为真的事物未必为真。我们可以从一些简单的买卖例子中感受一下。假设有两个小摊贩在街上卖皮带,他们每个人都有 120 条皮带的库存。一个小贩的开价是 2 条皮带 5 美元,另一个小贩的售价则是 3 条皮带 5 美元。第一个小贩卖完了所有皮带,收入为 $60 \cdot 5$ 美元 $=300$ 美元,另一个小贩也卖完了所有皮带，收入为 40 · 5 美元 = 200 美元。两人一共进账 500 美元。

第二周，他们打算合作摆摊，一起摆卖 240 条皮带，这回售价统一为 5 条皮带 10 美元——他们觉得这个定价综合了两人此前的定价（2 条皮带 5 美元和 3 条皮带 5 美元）。当他们卖掉所有皮带后，计算出总收入为 48 · 10 美元 = 480 美元。为什么会少了 20 美元？

乍一看，似乎一切都逻辑自洽。当他们计算两人平均售价时，他们是用各自出价除以皮带数量，亦即前者的单价为$\frac{2}{5}$，后者的单价为$\frac{3}{5}$。然而，他们应该用总收入除以总数量，亦即：$\frac{240}{500}=\frac{12}{25}$，这才能算出两人合作售卖时正确的单价$\frac{12}{25}$美元。第二周，他们以$\frac{240}{480}=\frac{1}{2}$美元的单价卖出 240 条皮带。由此，你可以看到两次销售过程中售价的差别。整个计算过程比较费解，会让我们质疑自己的计算能力，但无论我们是否使用计算器，我们都必须确保推理过程是正确的。

当“平均数”不是平均数时

我们先来熟悉一下“棒球打击率[1]”的概念。大多数人在尝试解释这个概念之后，都会意识到这里的“average”（意为“平均”）不是我们通常理解的算术平均数。最好能浏览下当地报纸的体育版，比较最近拥有相同打击率记录的两位棒球运动员，看看他们是如何在打数不同的情况下取得相同的打击率的。我们可以利用以下这个假设例子说明。

假设有西蒙和米丽娅姆两名运动员，他们的打击率都是 0.667。西蒙在 30 个打数中击出 20 个安打数，因此取得 0.667 的打击率；而米丽娅姆在 3 个打数中击出 2 个安打数，获得与西蒙相同的打击率。

第二天，他们双方的表现相当，均在 2 个打数中击出 1 个安打（取得

[1] 打击率是棒球运动中，评量打击手成绩的重要指标，其计算方式为选手击出的安打数，除以打数。——译者注

0.500的打击率）。有人可能会认为这天结束时两人的打击率依然保持一致。那么我们不妨分别计算出他们的打击率：西蒙在 30+2=32 个打数中击出 20+1=21个安打，打击率为$\frac{21}{32}\approx 0.656$。

米丽娅姆在 3+2=5 个打数中击出 2+1=3 个安打，打击率为$\frac{3}{5}=0.600$。

惊喜吧！现在他们的打击率数据不同了。

假设在下一天，米丽娅姆表现得比西蒙更出色，她在 3 个打数中击出 2 个安打，而西蒙在 3 个打数中击出 1 个安打。现在我们再来分别计算出两人的打击率：

西蒙在 32+3=35 个打数中击出 21+1=22 个安打，打击率为$\frac{22}{35}\approx 0.629$。

米丽娅姆在 5+3=8 个打数中击出 3+2=5 个安打，打击率为$\frac{5}{8}=0.625$。

让人惊讶的是，虽然米丽娅姆那天发挥得比西蒙好，她的打击率依然较低（在最开始时是和西蒙的打击率相同的）。这个打击率并非取真正意义上的平均值，而是一个"打击的比率"，你也知道，比率是不能直接增加的，比率采用的是不同的计算方式。在这个例子中，我们考虑的是平均比率，我们还可能遇到购买率、速率等等。

我们直接进入下一个类似的问题：周一，一架飞纽约市-华盛顿往返航线的飞机从华盛顿返程，返程的平均速度为每小时 300 英里。第二天周二，飞机飞行时遇到每小时 50 英里的恒速风，风向始终是从纽约市吹往华盛顿。飞机的飞行速度与周一设定的一致，这架飞机也依然完成一趟往返飞行。相比于周一，周二的航程会花费更多、更少还是相同的时间？

请留意，两天里唯一变化的条件是顺风和逆风，其他距离、速度调节、飞机状况等可控因素都保持不变。意料之内的回答应该是两次航程的飞行时间相同，尤其是因为在往返飞行中顺风和逆风对两段航程的影响可以相互抵消。

然而，我们稍微岔开一下话题，把上述问题先搁置，进入一个完全不同的情形。假设一个学期里，一名学生在 10 次测验中有 9 次得了 100%，有 1 次只得了 50%。如果我们说这个学生的学期成绩是 75%$\left(即\frac{100+50}{2}\times100\%\right)$，这公平吗？我们的回答是，建议对这两个分数施加适当的权重。取得 100%成绩的次数是取得 50%成绩的次数的 9 倍，因此应该给予合适比例的权重。所以这名学生的平均成绩应为$\frac{9\cdot100+50}{10}=95$。这显然就更公平了！

现在要思考的是，这个例子和上述的飞机航程有什么关系？我们要意识到，在风的作用下，飞机在去程和返程的两段航程中所需的时间是不一样的，所以两段航程中的速度权重是不一样的。因此，我们应该计算出每段航程的时间，然后按照时间比例给相应的速度加权。同理，我们可以使用"速度×时间=距离"的公式，或者说，在这个例子中，使用的是"时间=$\frac{距离}{速度}$"。

首先，在有风的情况下，飞机的两段航程时间为：$t_1=\frac{d}{350}$和 $t_2=\frac{d}{250}$。

在有风情况下的往返飞行总时长为：$t=\frac{d}{350}+\frac{d}{250}$。

"总速度"（或者说是受风影响的往返飞行速度）是真正意义上的平均速度：$r=\frac{2d}{\frac{d}{250}+\frac{d}{350}}=\frac{(2)(350)(250)}{250+350}\approx291.67$。可以看出，这个速度比无风影响下的飞行速度要慢，所以航程用时更长。

这个例子下的平均速度称为调和平均数[1]，约为 291.67，介于 350 英里/小时和 250 英里/小时之间。

---

[1] 调和平均数是总体各统计变量倒数的算术平均数的倒数。和的调和平均数计算公式为：$\frac{1}{\frac{1}{a}+\frac{1}{b}}=\frac{2}{\frac{1}{a}+\frac{1}{b}}=\frac{2ab}{a+b}$，$a$、$b$ 和 c 的调和平均数计算公式为：$\frac{1}{\frac{\frac{1}{a}+\frac{1}{b}+\frac{1}{c}}{3}}=\frac{3}{\frac{1}{a}+\frac{1}{b}+\frac{1}{c}}=\frac{3abc}{ab+ac+bc}$。

数学悖论

想象一下，我们能在代数中展示某些看似为真、实则非然的东西。如果这种情况真的存在，那么我们可能会对这种最主流的数学语言丧失信心。你可能会发现，这种错误的情况很容易避免。本着这种原则，请跟随下列2=1的“证明”，看看你是否能识别错误。

设	$a=b$
等号两边同乘 a：	$a^2=ab$
等号两边同减去b^2：	$a^2-b^2=ab-b^2$
分解因式：	$(a+b)(a-b)=b(a-b)$
等号两边同时除以$(a-b)$：	$(a+b)=b$
因为 $a=b$，所以：	$2b=b$
等号两边同时除以 b：	$2=1$

观察敏锐的读者会留意到，在第 5 步我们将等式两边同除$(a-b)$，但因为$a=b$，所以 $a-b$ 为 0。这违反了 0 不能做除数的定义。你可能会问，为什么 0 不能做除数？答案是显而易见的，如果允许 0 做除数，那么在上述“证明”中，2=1 的矛盾情况就会成立。回想你学过的算术知识，你应该知道，如果$\frac{x}{0}=y$（此处 $x\neq0$），那么 $y\cdot0=x$，但并不存在能让该等式成立的 y 值。因此，0 做除数会引发“不一致”，所以 0 做除数必须设定为没有意义。除此之外，还有很多因为没有重视这条规则而得出奇怪结果的证明。

1.“证明”任意两个不相等的数字相等。假设 $x=y+z$，且 x,y,z 都是正数。这意味着 $x>y$。等式两边同时乘以 $x-y$，则$x^2-xy=xy+xz-y^2-yz$。等式两边同时减去 xz：$x^2-xy-xz=xy-y^2-yz$。分解因式，得出 $x(x-y-z)=y(x-y-z)$。等式两边同时除以$(x-y-z)$，得出 $x=y$。因此，原本设定为比 y 大的 x，却被证明出与 y 相等。谬误出现在除以$(x-y-z)$的那一步，因为$(x-y-z)$为零。

2.“证明”所有正整数都相等。对于任意值 x，我们做以下的除法运算：

$$\frac{x-1}{x-1}=1$$

$$\frac{x^2-1}{x-1}=x+1$$

$$\frac{x^3-1}{x-1}=x^2+x+1$$

$$\frac{x^4-1}{x-1}=x^3+x^2+x+1$$

$$\vdots$$

$$\frac{x^n-1}{x-1}=x^{n-1}+x^{n-2}+\cdots+x^2+x+1$$

将 $x=1$ 代入上述所有恒等式[1]中,则等式右边为值 1,2,3,4,…,n。在 $x=1$ 时,每条恒等式的左边均为值$\frac{0}{0}$。这个问题再次表明,$\frac{0}{0}$没有意义。

还有一个经常被忽视的定义,我们借以下这个例子展示一下。你肯定记得$\sqrt{a}\sqrt{b}=\sqrt{ab}$;例如,$\sqrt{2}\sqrt{5}=\sqrt{2\cdot5}=\sqrt{10}$。但这也会引致另一种矛盾的情况:$\sqrt{-1}\sqrt{-1}=\sqrt{(-1)(-1)}=\sqrt{1}=1$,因为我们也知道$\sqrt{-1}\sqrt{-1}=(\sqrt{-1})^2=-1$,继而推出 $1=-1$ 的结论,因为等式两边都等于$\sqrt{-1}\sqrt{-1}$。你能解释其中的谬误吗?简言之,我们不能把一般的根式乘法规则应用于虚数[2]。只有当 a 和 b 均不是负数时,$\sqrt{a}\sqrt{b}=\sqrt{ab}$才成立。

由于错误处理两个虚数的乘积而造成矛盾的情况,我们还可以通过下面的例子来感受一下:

观察以下“证明”$-1=+1$ 的过程:

$$\sqrt{-1}=\sqrt{-1}$$

---

[1] **恒等式**是无论其变量如何取值,等式永远成立的算式。

[2] 负数的平方根称为**虚数**。

$$\sqrt{\frac{1}{-1}}=\sqrt{\frac{-1}{1}}$$

$$\frac{\sqrt{1}}{\sqrt{-1}}=\frac{\sqrt{-1}}{\sqrt{1}}\sqrt{1}$$

$$\sqrt{1}=\sqrt{-1}\sqrt{-1}$$

$$1=-1$$

如果将$\sqrt{-1}$替换为 i,将 i^2替换为-1,则能很容易地发现错误。请记住,$i^2=-1$。

如果违反了定义,就产生尴尬或奇怪的结果,而这也反过来证明了定义本身。

$1-1+1-1+1-1+1-1+\cdots$,这个无穷级数[1]的和是多少?这是个挺费解的问题,也会将我们引至矛盾情况。首先,我们先利用以下关系:$\frac{1}{x+1}=1-x+x^2-x^3+x^4-x^5+\cdots$。

我们假设 $x=1$,则上述等式写成:$\frac{1}{2}=1-1+1-1+1-1+1-1+\cdots$,那么我们要计算的答案似乎是$\frac{1}{2}$。

然而,如果我们考虑以下这个同样成立的表述:

$\frac{1}{x^2+x+1}=1-x+x^3-x^4+x^6-x^7+\cdots$,假设 $x=1$,

得出$\frac{1}{3}=1-1+1-1+1-1+1-1+\cdots$

所以$\frac{1}{2}=\frac{1}{3}$?

我们继续深入,思考以下公式:

[1] 无穷级数是研究有次序的可数或者无穷个数函数的和的收敛性及和的数值的方法,理论以数项级数为基础,数项级数有发散性和收敛性的区别。只有无穷级数收敛时有一个和,发散的无穷级数没有和。——译者注

$$\frac{1}{x^3+x^2+x+1}=1-x+x^4-x^5+x^8-x^9+\cdots$$

这次，当 $x=1$ 时，得出 $\frac{1}{4}=1-1+1-1+1-1+1-1+\cdots$，所以继续推导出 $\frac{1}{2}=\frac{1}{3}=\frac{1}{4}$？

如果我们继续这种模式，我们能得出结论 $\frac{1}{2}=\frac{1}{3}=\frac{1}{4}=\cdots=\frac{1}{n}$，这显然是荒谬的！

产生“困惑”的原因在于 $1-1+1-1+1-1+1-1+\cdots$ 的结果要么是 0 要么是 1。

我们可以通过对无穷级数的项进行分组来得出上述结论。如果我们将其分组为：

$$\begin{aligned}&(1-1)+(1-1)+(1-1)+(1-1)+\cdots\\&=0+0+0+0+0+\cdots\\&=0\end{aligned}$$

换个角度，我们也可以将其分组为：

$$\begin{aligned}&1-1+1-1+1-1+1-1+1\cdots\\&=1-(1-1)-(1-1)-(1-1)-(1-1)\cdots\\&=1-0-0-0-0-\cdots\\&=1\end{aligned}$$

简而言之，上述“谬误”会出现是因为 $1-1+1-1+1-1+1-1+\cdots$ 没有确定的和。

有时物理观察很难解释，甚至可能自相矛盾。例如，我们知道当一个圆沿直线滚动一圈后，它滚动的距离等于这个圆的周长。在图 5-31 中，当大圆从点 D 滚动到点 E 时，它滚动的距离为 DE，这等于大圆的周长。如果我们考虑这种情况：两个同心圆同时滚动，而这两个同心圆的周长不相等，小圆是怎么同时滚动了一个大圆周长的距离，因为按理说大圆滚动的距离应该更长。如图 5-31 所示，AB 等于 DE，但这不可能是小圆的周长。这是怎么发生的？

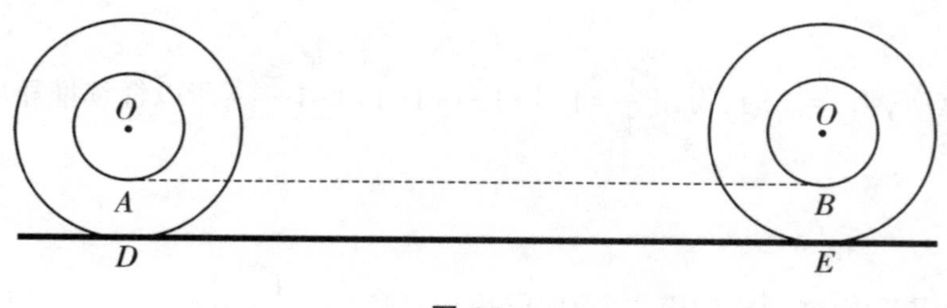

图 5-31

一组数列能违背物理学吗？

偶数数列 2,4,6,8,10,12,…在数学中非常常见。如果我们取这些数字的倒数，我们会得到另一个拥有特殊性质的序列，让人联想到调和数列[1]。取倒数后的序列可以写成：$\frac{1}{2},\frac{1}{4},\frac{1}{6},\frac{1}{8},\frac{1}{10},\frac{1}{12},\cdots$

你会留意到，这些分数的分母都是连续的偶数。

分数的数列$\frac{1}{2},\frac{1}{4},\frac{1}{6},\frac{1}{8},\frac{1}{10},\frac{1}{12},\cdots$属于调和数列 $1,\frac{1}{2},\frac{1}{3},\frac{1}{4},\frac{1}{5},\cdots$中的一部分。

这个数列肯定会带有一些调和数列的性质。如果你在吉他上使用相同张力的琴弦，并按照上述数列设定长度，然后弹拨这些琴弦，就能听到非常和谐的声音。现在我们看看这些数列会给我们展示什么物理现象吧。

图 5-32 中有一些多米诺骨牌，它们的摆放方式似乎很容易倾翻。

顶层骨牌的重心看似在最底层骨牌之外。这种堆砌方式有可能实现吗？

神奇的是，这是有可能实现的，不过需要一种独特的堆砌方式。为了找

[1] 调和级数是各项倒数为等差数列的级数，通常指项级数 $1+\frac{1}{2}+\frac{1}{3}+\cdots+\frac{1}{n}+\cdots$ 各项倒数所成的数列（不改变次序）为等差数列。从第 2 项起，它的每一项是前后相邻两项的调和平均，故名调和级数。——译者注

到骨牌之间的合适间隔，我们需要采用一种不同寻常的方法。这种堆砌骨牌的方法（或者说至少是确定骨牌该怎么堆砌的合适方法）是从后往前推导，也就是，从最顶层的骨牌开始，逐步往下推算。

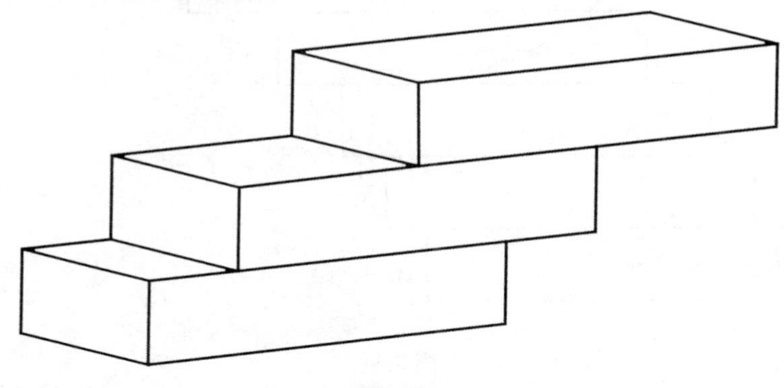

图 5-32

我们堆砌多米诺骨牌的方法是，在骨牌逐张叠放的基础上，将每块骨牌向外延伸至骨牌长度的一定比例。往外延伸的部分占骨牌长度的比例正是遵循单位分数的（调和）数列：$\frac{1}{2},\frac{1}{4},\frac{1}{6},\frac{1}{8},\frac{1}{10},\frac{1}{12},\cdots$。

图 5-33 展示了每块骨牌的叠放方式，每块骨牌既有一部分直接叠在下一层的骨牌上，也会按照其长度的特定单位分数比例往外延伸。

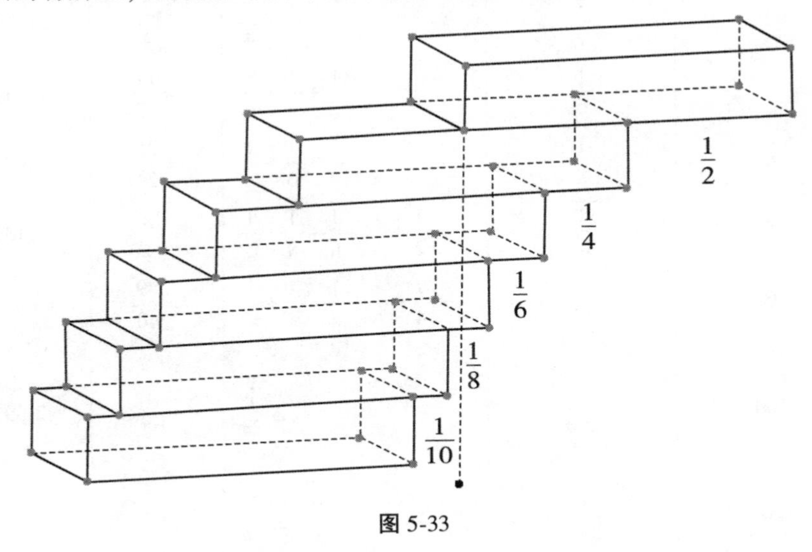

图 5-33

图 5-33 所示的骨牌堆侧视图可见图 5-34。

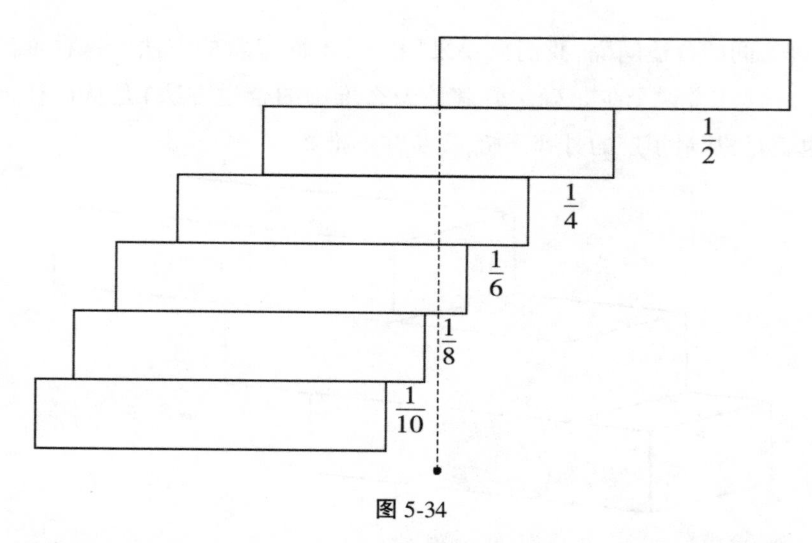

图 5-34

因为悬空的部分逐渐变大，整个骨牌堆的重心会不断偏离最底层的骨牌。在数学中，我们称$\frac{1}{2}+\frac{1}{4}+\frac{1}{6}+\frac{1}{8}+\cdots$的和是发散的，也就是不断增大。

多米诺骨牌序号（从上往下数）	延伸至前一块骨牌以外的长度	悬空部分的和		
1	$\frac{1}{2}$	$\frac{1}{2}$	$=\frac{1}{2}$	$=0.5$
2	$\frac{1}{4}$	$\frac{1}{2}+\frac{1}{4}$	$=\frac{3}{4}$	$=0.75$
3	$\frac{1}{6}$	$\frac{1}{2}+\frac{1}{4}+\frac{1}{6}$	$=\frac{11}{12}$	≈ 0.9166
4	$\frac{1}{8}$	$\frac{1}{2}+\frac{1}{4}+\frac{1}{6}+\frac{1}{8}$	$=\frac{25}{24}$	≈ 1.0416
5	$\frac{1}{10}$	$\frac{1}{2}+\frac{1}{4}+\frac{1}{6}+\frac{1}{8}+\frac{1}{10}$	$=\frac{137}{120}$	≈ 1.1416
6	$\frac{1}{12}$	$\frac{1}{2}+\frac{1}{4}+\frac{1}{6}+\frac{1}{8}+\frac{1}{10}+\frac{1}{12}$	$=\frac{49}{40}$	$=1.225$
…				
100	$\frac{1}{200}$	$\sum_{n=1}^{100}\frac{1}{2n}$		≈ 2.5936
…				
1000	$\frac{1}{2000}$	$\sum_{n=1}^{100}\frac{1}{2n}$		≈ 3.7427

图 5-35

正如前文所述，堆砌这堆骨牌的正常逻辑方式是从底部开始，但是这里我们必须另辟蹊径，按照我们的方式从上往下砌。当我们砌到从下往上数第 5 层的多米诺骨牌时，我们发现，这块骨牌完全在最底层骨牌之外（见图 5-34）。难以置信的是，最底层的骨牌依然能支撑起这块骨牌。

如果我们按照这个模式延伸至第 100 块骨牌，我们发现，顶层的骨牌已经外延至距离底层骨牌 $2\frac{1}{2}$（比照图 5-35，≈2.5936）个多米诺骨牌长度的位置。

这该怎么解释呢？多米诺骨牌的中心就是它的重心。只要上层的多米诺骨牌的重心在下层骨牌的上方，它就不会倾覆。极限状态就是上层骨牌的重心在下层骨牌的边缘。（可参见图 5-36 中的黑点。）

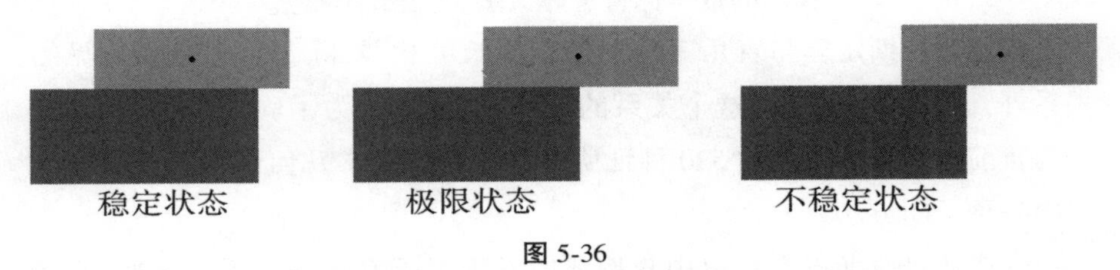

图 5-36

随着每一块多米诺骨牌的叠加，整堆多米诺骨牌的重心（见图 5-37 中的白点）会向外偏移。通过第 4 块骨牌我们能得出让我们意想不到的结论，因为下一块骨牌（第 5 块骨牌）就会延伸至底层骨牌以外。

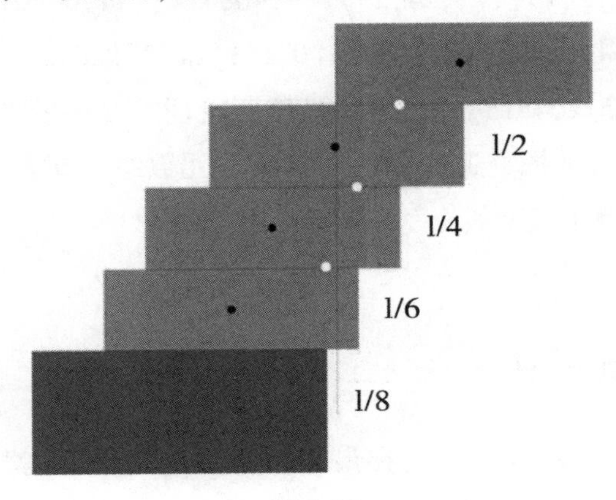

图 5-37

这种“有违直觉的状态”是基于非常常见的调和数列构建起来的，虽然看起来难以置信,但却是真实存在的!

一个小小的惊喜

大多数人都能回忆起课本上学的毕达哥拉斯定理(勾股定理)。即使他们不记得这个定理,也肯定能想起 $a^2+b^2=c^2$ 这个公式。请记住,这个关系适用于直角三角形的三边 a,b 和 c。这个关系最常见的应用是:$3^2+4^2=5^2$。这是唯一一组能使勾股定理成立的三个连续数字,构成了所谓的“毕达哥拉斯三元数组”[1]。神奇的是,我们可以在这三个连续数字上做点延伸:从原始公式中取两个数字的平方和,延伸至取三个数字的立方和。没错,$3^3+4^3+5^3=6^3$ 这个等式刚好成立。所以,我们的数学惊喜宝库又多了一份小奇迹。

毕达哥拉斯定理与直角三角形的三边长度相关,除了这个显而易见的关系外,还存在很多验证这个关系的证明。实际上,为了验证这个关系,迄今为止前人已发表了多达 520 种证明方法。每本高中几何课本至少会收录其中一种证明方法。

在毕达哥拉斯三元数组中我们还能发现很多有趣的关系。例如,原始的毕达哥拉斯三元数组的乘积总是能被 60 整除。毕达哥拉斯三元数组的类型和性质还有待深入研究。比如,有的三元数组包含一对连续的数字,例如:(3,4,5),(5,12,13),(7,24,25),(9,40,41),(11,60,61),(13,84,85),(15,112,113),(17,144,145),(19,180,181),(21,220,221),甚至有的数值还挺大,如(95,4512,4513)。对毕达哥拉斯定理的介绍就暂告一段落,我们希望你能更加深入地探究这些毕达哥拉斯三元数组。探索个中关系和性质的旅程肯定是永无止境的!

π值:从过去到现在

告诉大家一个惊人的事实:在最早的历史记载中,也就是在《圣经·旧

[1] **原始的毕达哥拉斯三元数组**是一组没有公因数的三个整数,其中两个数的平方和等于第三个数的平方。

约》中，π值被定为3。然而最近有学者做了些“侦查工作”，发现情况并非如此[1]。

人们总是喜欢看到，因为一个隐藏的密码，遗失多年的秘密昭然若揭。《圣经》中对π值的常见解释便佐证了此点。在《圣经》中出现了两处相同的经文，除了一个单词在两处引文中拼写不同外，其余表述完全一致。在《列王纪上》7:23及《历代志下》4:2中，应该能找到对所罗门圣殿中的一个贮水池或喷泉的描述，原文如下：

他又铸一个铜海[2]，样式是圆的，高五肘，径十肘，围三十肘。

据说，此处描述的圆形结构外围周长30肘[3]，直径10肘。由此我们可以看出，《圣经》有$\pi=\frac{30}{10}=3$的记载。这显然是一个非常原始的π的近似值。时间来到18世纪后期，维尔纳[4]的埃利亚（1720—1797）不仅是一位伟大的现代圣经学者，被誉为“维尔纳的加昂”（意为维尔纳的光），还是一位数学家和拉比（犹太教经师）。他公布过一个卓越不凡的发现，对于所有记载过《圣经》曾估算π近似值为3的数学史书而言，这意味着它们均被埃利亚指出了错误。维尔纳的埃利亚留意到，“line measure”（线量）这一词语的希伯来文在上述两段经文中写法有所不同。

在《列王纪上》7:23它的写法是קוה，而在《历代志下》4:2它的写法是קו，但需要从右往左读。

《列王纪上》7：23			《历代志下》4：2	
ה Hey 5	ו Vav 6	ק Kaf 100	ו Vav 6	ק Kaf 100

图5-38

埃利亚应用的是一种名为“gematria”（可称“希伯来字母代码”）的古代研究圣经方法，塔木德研究学者至今仍沿用这种方法。根据这种方法，每个

---

[1] 参阅：A. S. Posamentier and I. Lehmann, π: *A Biography of the World's Most Mysterious Number* (Amherst, NY: Prometheus Books, 2004).

[2] “铜海”（是一个大型青铜水缸，位于第一圣殿（约公元前966—前955年）的庭院中，专供沐浴净体仪式所用。铜海支撑于12头铜牛的背上，容量约为45 000升。

[3] 肘是古代的长度单位，从手指尖到手肘的距离为一肘。

[4] 那时维尔纳在波兰，而如今该镇被命名为维尔纽斯，位于立陶宛。

希伯来字母会基于其在希伯来字母表中的排序而被赋予特定的数值，所以埃利亚应用这种数术后，发现“line measure”的字母拼写是代表一定数值的。这些字母代表的数值分别是：ה=100，ו=6，ק=5。因此，《列王纪上》7：23 中“line measure”的拼写קוה=5+6+100=111，而《历代志下》4：2 中קו=6+100=106。以通用的方式应用“希伯来字母代码”方法后，他取两个数值的比：$\frac{111}{106}=1.047\ 2$（精确到小数点后四位），他认为这是必要的“校正因数”。将《圣经》提及的π值与此“校正因数”相乘，则可得出 3.1416，这正与π值的小数点后四位一致！“哇！”你自然会感到惊讶不已，因为考虑到古代的时代背景，这种准确度的确是相当惊人的。

我们换一个恰当的视角，回到现代，在超级计算机的辅助下，如今π值已经能确定到小数点后 1.24 万亿位！这个数值发现于 2002 年 12 月，发现者为东京大学信息技术中心的金田康正教授和其他研究员。值得一提的是，金田本人一直是π值的忠实追随者。他们使用日立 SR8000 超级计算机完成此项壮举，该计算机每秒可以进行 2 万亿次运算。

除了确定其数值外，π还蕴藏着无穷无尽的惊喜[1]。要做深入研究的话，不妨从它开始吧。

追寻π值只是数学能给我们带来的许多乐趣之一。我们希望，在浏览了这么多令人兴奋不已的数学奇迹后，你的好奇心能被充分激发起来，引导你深入到下一步的探索和研究中去。

阿基米德的秘密

1998 年 10 月 29 日，位于纽约的佳士得拍卖行以 220 万美元的高价卖出一本 13 世纪的小书。从外观上看，它似乎只是一本祈祷书，但这并非它身价不菲的原因。这本古籍是一本羊皮书，只是在 13 世纪时，有僧侣用化学手段将原字迹擦拭涂抹掉，重制成一本祈祷书。虽然古籍遭受了损毁，但是借

[1] 我们推荐参阅此书：A. S. Posamentier and I. Lehmann, π: A Biography of the World's *Most Mysterious Number* (Amherst, NY: Prometheus Books, 2004).

助现代科技手段，我们仍然能检测出这本书的原稿作者是阿基米德（约公元前287年—前212年），现在这个小本被称为“抄本C”。这本流失多年的抄本得以重见天日，在当年着实引起了一番轰动。这本书被认为是阿基米德传世著作的三本抄本之一。在这一发现中起到关键作用的是斯坦福大学线性加速器中心，借助他们的技术手段，被覆盖的抄本内容得以重现。

隐藏在这个手抄本中的其中一个宝藏，便是对“十四巧板”[1]的讨论。这也许是目前已知最古老的拼图游戏之一，它由14个拼图块组成，其中包含三角形、四边形和五边形（见图5-39）。

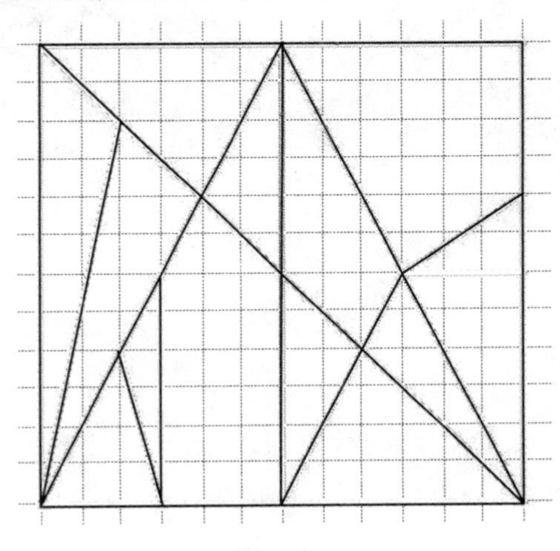

图 5-39

这个拼图的最终目的是将14块图形拼成一个正方形。虽然它看起来和现代的七巧板游戏很类似，但这个拼图显然难度更大。自1906年[2]就有著作称阿基米德一直在寻找这个拼图的答案。但是直到小抄本的面世，我们才意识到，阿基米德通过思考这14块图形能以多少种方式拼成正方形，在组合数学[3]领域展开研究。要知道，直到17世纪，皮埃尔·德·费马（1607—1665）和布莱士·帕斯卡（1623—1662）才把组合数学正式引入现代

---

[1] 这个词来源于希腊语，原意为“胃痛”，大概是指人们为了破解以此命名的难题而感到沮丧，因而引发胃痛。

[2] 参阅：Reviel Netz and William Noel, *The Archimedes Codex: Revealing the Secrets of the World's Greatest Palimpsest* (London: Weidenfeld & Nicolson, 2007).

[3] 组合数学属于概率领域，研究的是给定的一组对象可以组合的方式和数量。

数学知识体系中。现在已经有人解答了阿基米德的问题——十四巧板一共有 17 152 种拼法,即使排除掉对称的方案,也有 536 种不同的拼法。我们可在图 5-40 和 5-41 中看到其中两种拼法,注意这 14 块图形拼在一起时,各图形之间没有重叠。

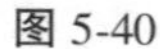

图 5-40

图 5-41

永恒之谜拼图

上述拼图问题解决了,我们继续深入,增加挑战难度。永恒之谜拼图是十四巧板拼图的分支,要求利用 209 块图形拼成一个十二边形(有 12 条边的多边形)。起源自十四巧板的拼图游戏至今仍层出不穷,永无止境。

永恒之谜拼图身为阿基米德十四巧板的"孙辈",向我们证明了光靠完成一个拼图是可以发家致富的。另外,阿基米德十四巧板的"曾孙"永恒之谜 II 至今仍未被破解。两位来自剑桥的年轻数学家亚历克斯·塞尔比和奥利弗·奥莱尔登破解了永恒之谜拼图,赢得了 100 万英镑奖金。

与十四巧板中将 14 个图形拼成正方形的规则不同,永恒之谜拼图中包含 209 个图块,所有图块都需要拼在一个封闭的十二边形中,这个十二边形几乎是一个正多边形[1]。

永恒之谜拼图的创作者是来自苏格兰阿伯丁郡的克里斯托夫·蒙克顿

[1] 正多边形是各边相等、各角也相等的多边形。

(1952—)[1],1999 年 6 月英国公司 Racing Champions 将这个拼图推向市场。拼图由不规则的多边形组成,这些多边形是由“30° - 60° - 90° 三角形”[2]构成的,有 6 条边至 11 条边不等。

例如,图 5-42 中就展示了拼接在一起的三个多边形。试图破解这个拼图的人一开始就会陷入一个两难境地:每一块图形似乎都能拼接在任何地方。我们无法从形状或颜色中获取充分的信息,判断这块图形应该拼接在哪里才能完成拼图。因为所有图形的颜色都相同,所以如图 5-42 那样给图形加以颜色区分会对破解很有帮助。再者,将多边形切分为多个直角三角形也能有助于解题,如图 5-42 所示。

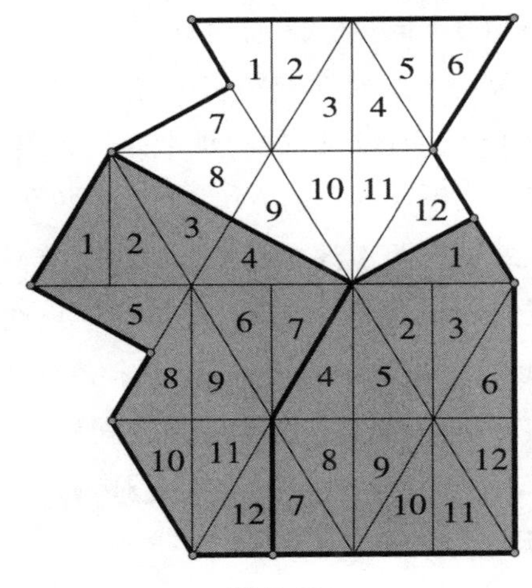

图 5-42

坊间盛传,这个拼图是创作者为了报复其前上司——英国前首相玛格丽特 · 撒切尔而创作出来的。1986 年,蒙克顿卸任首相顾问,他离职时送给撒切尔夫人一幅包含 12 块图形的银质拼图。显然,在经过多年的失败尝试后,撒切尔夫人来信询问拼图的正确拼法。这一举动似乎让蒙克顿灵机一动,产生了要将拼图推出市场,并提供一百万英镑作为悬赏奖金的想法。他预估能在 3 年内得到答案。然而也有人并不期待能在有生之年等到答案。

计算机似乎能提供找到答案的路径——仅仅过了一年,在 2000 年 5 月

[1] 全名为克里斯托夫 · 沃尔特 · 蒙克顿,布伦奇利蒙克顿子爵三世(Christopher Walter Monckton, 3rd. Viscount Monckton of Brenchley)。

[2] Drafter's triangles 是三角分别为 30°-60°-90°的三角形。

塞尔比和奥莱尔登就成功找到拼图的破解办法。他们在当年 9 月领取了属于他们的奖金。

2000 年 7 月,德国数学家冈特 · 斯泰特布林克提出了第二个答案。有趣的是,他的答案与前述两位英国人的截然不同。这个拼图有多少可能的拼法尚不可知,但新近的说法认为大约有 10^{100} 种可能(googol,即 10 的 100 次幂)。

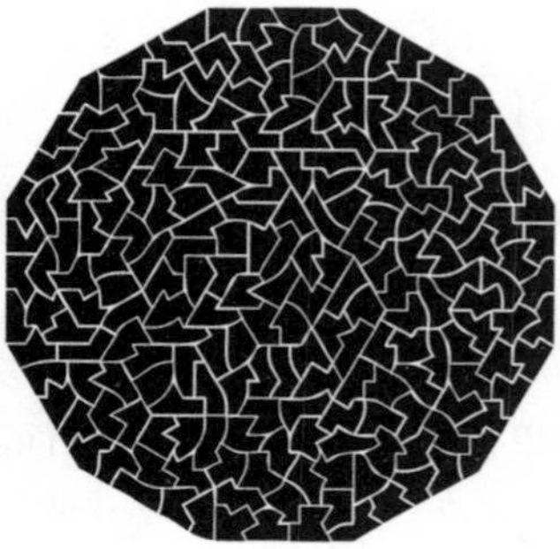

亚历克斯 · 塞尔[1]比提供的答案

图 5-43

升级版的拼图被称为永恒之谜 II,是克里斯托夫 · 蒙克顿在 2007 年 6 月 28 日设计的。这次他还与上一版拼图的奖金获得者塞尔比和奥莱尔登展开了合作。这次奖金升至 200 万美元,而这次的拼图是十四巧板实至名归的继任者,因为拼图包含 256 块颜色和设计各异的方块。

与上一代的永恒之谜拼图不同,永恒之谜 II 可能只有为数不多的破解办法。蒙克顿在接受《时代》周刊采访时,他是这样描述的:“即使你用全球最强的超级电脑,从现在一直算到世界末日,也未必能找到破解办法。”[2]

虽然我们当代很多拼图游戏都是从最初的娱乐活动中延伸至今的,但是没人会预料到,像阿基米德这样的数学家会对一个拼图游戏做如此复杂的分析。数学中的奇迹真的是层出不穷!

---

[1] 对该图形的使用已征得亚历克斯 · 塞尔比的同意。拼图小块的版权属于克里斯托夫 · 蒙克顿(1999 年),我们征得其同意并将拼图复制于此。

[2] 参阅:*Times* online, December 4, 2005。

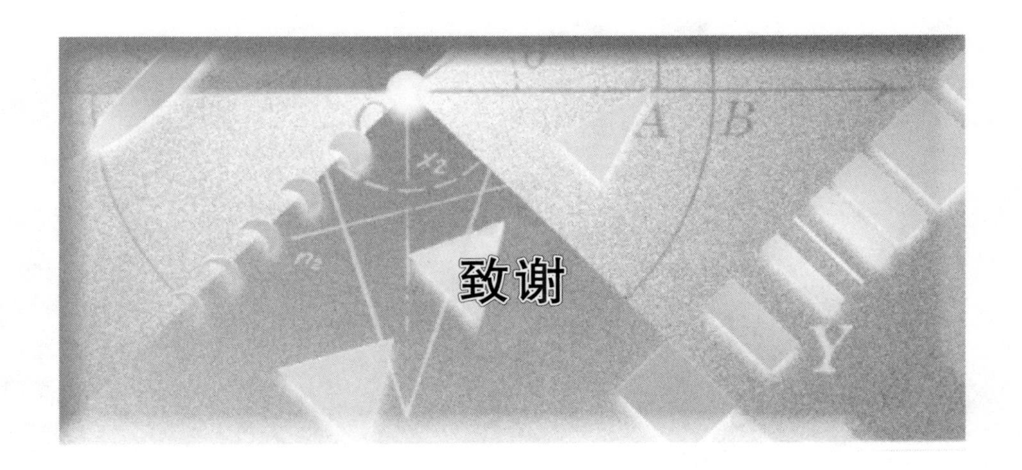

致谢

作者在此感谢佩姬·迪默尔和琳达·格林斯潘·里根为我们提供了优秀的编辑工作,同时感谢彼得·普尔认真仔细地帮助我们校对文稿。我们还想感谢柏林洪堡大学的埃尔克·瓦尔穆特博士为我们提供在推测学领域的专业帮助。

三角数、平方数和立方数列表

n	三角数(t_n)	平方数(n^2)	立方数(n^3)
1	1	1	1
2	3	4	8
3	6	9	27
4	10	16	64
5	15	25	125
6	21	36	216
7	28	49	343
8	36	64	512
9	45	81	729
10	55	100	1 000
11	66	121	1 331
12	78	144	1 728
13	91	169	2 197
14	105	196	2 744
15	120	225	3 375
16	136	256	4 096
17	153	289	4 913
18	171	324	5 832

续表

n	三角数(t_n)	平方数(n^2)	立方数(n^3)
19	190	361	6 859
20	210	400	8 000
21	231	441	9 261
22	253	484	10 648
23	276	529	12 167
24	300	576	13 824
25	325	625	15 625
26	351	676	17 576
27	378	729	19 683
28	406	784	21 952
29	435	841	24 389
30	465	900	27 000
31	496	961	29 791
32	528	1 024	32 768
33	561	1 089	35 937
34	595	1 156	39 304
35	630	1 225	42 875
36	666	1 296	46 656
37	703	1 369	50 653
38	741	1 444	54 872
39	780	1 521	59 319
40	820	1 600	64 000
41	861	1 681	68 921
42	903	1 764	74 088
43	946	1 849	79 507
44	99o	1 936	85 184
45	1 035	2 025	91 125
46	1 081	2 116	97 336
47	1 128	2 209	103 823

续表

n	三角数(t_n)	平方数(n^2)	立方数(n^3)
48	1 176	2 304	110 592
49	1 225	2 401	117 649
50	1 275	2 500	125 000
51	1 326	2 601	132 651
52	1 378	2 704	140 608
53	1 431	2 809	148 877
54	1 485	2 916	157 464
55	1 540	3 025	166 375
56	1 596	3 136	175 616
57	1 653	3 249	185 193
58	1 711	3 364	195 112
59	1 770	3 481	205 379
60	1 830	3 600	216 000
61	1 891	3 721	226 981
62	1 953	3 844	238 328
63	2 016	3 969	250 047
64	2 080	4 096	262 144
65	2 145	4 225	274 625
66	2 211	4 356	287 496
67	2 278	4 489	300 763
68	2 346	4 624	314 432
69	2 415	4 761	328 509
70	2 485	4 900	343 000
71	2 556	5 041	357 911
72	2 628	5 184	373 248
73	2 701	5 329	389 017
74	2 775	5 476	405 224
75	2 850	5 625	421 875
76	2 926	5 776	438 976

续表

n	三角数(t_n)	平方数(n^2)	立方数(n^3)
77	3 003	5 929	456 533
78	3 081	6 084	474 552
79	3 160	6 241	493 039
80	3 240	6 400	512 000
81	3 321	6 561	531 441
82	3 403	6 724	551 368
83	3 486	6 889	571 787
84	3 57	7 056	592 704
85	3 655	7 225	614 125
86	3 741	7 396	636 056
87	3 828	7 569	658 503
88	3 916	7 744	681 472
89	4 005	7 921	704 969
90	4 095	8 100	729 000
91	4 186	8 281	753 571
92	4 278	8 464	778 688
93	4 371	8 649	804 357
94	4 465	8 836	830 584
95	4 56	9 025	857 375
96	4 656	9 216	884 736
97	4 753	9 409	912 673
98	4 851	9 604	941 192
99	4 950	9 801	970 299
100	5 050	10 000	1 000 000

请注意,在这 100 个数字的列表中,只有 20 个数字的三角数、平方数和立方数的个位数是相同的。

参考文献

我们在本书中介绍过很多有趣神奇的关系，如果想要检索资源、了解验证过程，不妨参考以下书目：

Alsina, Claudi, and Roger B. Nelson. *Math Made Visual: Creating Images for Understanding Mathematics*. Washington, DC: Mathematical Association of America, 2006.

Altshiller-Court, Nathan. *College Geometry. A Second Course in Plane Geometry for Colleges and Normal Schools*. New York: Barnes & Noble, 1952.

Conway, John H., and Richard K. Guy. *The Book of Numbers*. New York: Springer, 1996.

Coxeter, H. S. M. *Introduction to Geometry*. 2nd ed. New York: Wiley, 1989.

Coxeter, H. S. M., and Samuel L. Greitzer. *Geometry Revisited*. Washington, DC: Mathematical Association of America, 1967.

Dörrie, Heinrich. 100 *Great Problems of Elementary Mathematics*. New York: Dover, 1993.

Gay, David. *Geometry by Discovery*. Hoboken, NJ: John Wiley & Sons, 1998.

G.-M., F. (=Frère Gabriel-Marie). *Exercices de géométrie, comprenant l'exposé des méthodes géométriques et* 2000 *questions résolues*. 6th ed. Paris: Editions Jacques Gabay, 1991. Reprint of the 1920 edition.

Johnson, Rober A. *Modern Geometry*. Boston: Houghton Mifflin, 1929.

Maxwell, E. A. *Geometry for Advanced Pupils*. Oxford: Clarendon, 1949.

Nelson, Roger B. *Proofs without Words*. Washington, DC: Mathematical Association of America, 1993.

——. *Proofs without Words II*. Washington, DC: Mathematical Association of America, 2000.

Posamentier, Alfred S. *Advanced Euclidean Geometry*. Hoboken, NJ: John Wiley, 2002.

Posamentier, Alfred S., J. Houston Banks, and Robert L. Bannister. *Geometry: Its Elements and Structure*. New York: McGraw-Hill, 1977.

Posamentier, Alfred S., and Ingmar Lehmann. π: A Biography of the World's Most Mysterious Number. Amherst, NY: Prometheus Books, 2004.

——. *The Fabulous Fibonacci Numbers*. Amherst, NY: Prometheus Books, 2007.

Posmentier, Alfred S., and Charles T. Salkind. *Challenging Problems in Geometry*. New York: Dover, 1988.

Pritchard, Chris, ed. *The Changing Shape of Geometry: Celebrating a Century of Geometry and Geometry Teaching*. Cambridge: Cambridge University Press, 2003.

Singh, Simon. *Fermat's Last Theorem*. London: Fourth Estate, 1998.

图书在版编目(CIP)数据

数学的惊奇：意想不到的图形和数字 / (美)阿尔弗雷德·S. 波萨门蒂尔(Alfred S.Posamentier)，(德)英格玛·莱曼(Ingmar Lehmann)著；区颖怡译
. --重庆：重庆大学出版社，2023.1
(微百科系列)
书名原文：Mathematical Amazements and Surprises：Fascinating Figures and Noteworthy Numbers
ISBN 978-7-5689-3707-8

Ⅰ.①数… Ⅱ.①阿… ②英… Ⅲ.①数学—普及读物 Ⅳ.①O1-49

中国版本图书馆 CIP 数据核字(2022)第 255479 号

数学的惊奇：意想不到的图形和数字
SHUXUE DE JINGQI：YIXIANGBUDAO DE TUXING HE SHUZI

[美]阿尔弗雷德·S. 波萨门蒂尔(Alfred S.Posamentier)
[德]英格玛·莱曼(Ingmar Lehmann) 著
区颖怡 译
策划编辑：王 斌
责任编辑：赵艳君 版式设计：赵艳君
责任校对：邹 忌 责任印制：赵 晟
*
重庆大学出版社出版发行
出版人：饶帮华
社址：重庆市沙坪坝区大学城西路 21 号
邮编：401331
电话：(023) 88617190 88617185(中小学)
传真：(023) 88617186 88617166
网址：http://www.cqup.com.cn
邮箱：fxk@ cqup.com.cn (营销中心)
全国新华书店经销
印刷：重庆市正前方彩色印刷有限公司
*
开本：720mm×1020mm 1/16 印张：18.25 字数：291 千
2023 年 2 月第 1 版 2023 年 2 月第 1 次印刷
ISBN 978-7-5689-3707-8 定价：68.00 元

Mathematical Amazements and Surprises: Fascinating Figures and Noteworthy Numbers
by Alfred S. Posamentier and Ingmar Lehmann

Amherst, NY: Prometheus Books, 2009.

版贸核渝字(2018)第 148 号